智能系统与技术丛书

UAV Networks and Communications

无人机网络与通信

[美] 卡米什·纳莫杜里（Kamesh Namuduri）
[法] 塞尔日·肖梅特（Serge Chaumette）
[美] 耶格·H. 金姆（Jae H. Kim）
[美] 詹姆斯·P. G. 斯特本兹（James P. G. Sterbenz）
著
刘亚威 闫娟 杜子亮 余骅欣 陈蕾 译

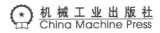

机械工业出版社
China Machine Press

图书在版编目（CIP）数据

无人机网络与通信 /（美）卡米什・纳莫杜里（Kamesh Namuduri）等著；刘亚威等译．—北京：机械工业出版社，2019.7（2025.1 重印）
（智能系统与技术丛书）
书名原文：UAV Networks and Communications

ISBN 978-7-111-63430-0

I. 无… II. ①卡… ②刘… III. 无人驾驶飞机－研究 IV. V279

中国版本图书馆 CIP 数据核字（2019）第 179872 号

北京市版权局著作权合同登记 图字：01-2018-6837 号。

无人机网络与通信

出版发行：机械工业出版社（北京市西城区百万庄大街 22 号 邮政编码：100037）

责任编辑：李忠明 责任校对：李秋荣

印 刷：北京捷迅佳彩印刷有限公司 版 次：2025 年 1 月第 1 版第 7 次印刷

开 本：186mm×240mm 1/16 印 张：14.75

书 号：ISBN 978-7-111-63430-0 定 价：99.00 元

客服电话：（010）88361066 68326294

FOREWORD

推 荐 序

近年来，各类无人机快速发展，在国民经济领域以航拍、植保、物流、安防、应急救援等为代表的无人机应用大放异彩，为社会民生做出了独特的贡献。本书针对无人机系统两个关键问题——通信组网和管控体系做了比较全面和深入的描述和探讨，特别是以大量笔墨分析了现有无线通信解决方案，对比了不同通信协议，得出了很有价值的研究结论。无人机的跨越式发展将涉及公共安全管理的问题，构建管控体系是当务之急，分级管理以及制定相应的适航标准是一件大事情，本书对此也进行了系统的、建设性的讨论。未来，高档无人机和无人机集群将对环境具有更强的感知能力和自适应能力，还有对任务的自规划和学习、调整能力，本书讨论的内容将为它们的发明、部署和监督提供宝贵的信息。

中国工程院院士、飞行器导航控制专家

THE TRANSLATOR'S WORDS

译 者 序

无人机技术的飞速创新开辟了许多前所未有的应用机遇，而无人机网络和通信则是当前一个新兴的研究领域。随着世界各国对无人机技术的不断重视，多无人机协同概念逐渐兴起，无线自组网应用研究也迅猛发展，无人机组网协同已成为新的研究热点。2018 年 10 月，美国国防高级研究计划局（DARPA）发布“进攻性集群战术”（OFFSET）项目第三波“集群冲刺”的跨部门公告，聚焦于人机编队和集群战术的技术开发；2017 年 1 月，美军采用三架 F/A-18 战斗机释放出 103 架“山鹑”（Perdix）无人机，集群间共享信息进行决策，相互协调行动，很好地展示了先进的群体行为和相互协调能力；2016 年和 2017 年，我国电子科技集团有限公司（CETC）曾分别完成了 67 架和 119 架固定翼无人机集群飞行试验，刷新了无人机集群飞行数量的新纪录。无论是在军事、民用还是在商业上，无人机协同都具有广阔的研究空间和应用前景。

几乎任何尺寸的无人机都可以实现组网，但除了某些军事用途，可能只有使用小 / 微型无人机的组网才有实际意义，因为只有这种无人机可以在短时间内发射，并且只需要少量的后勤资源和操作人员。如果发射每架无人机都需要超过一分钟，那么为了实现协同飞行而发射数十架无人机是根本不可能的，只有小 / 微型无人机才适合完成大量无人机的组网。无人机网络一般可视为飞行的无线网络，网络中的每架无人机本身作为一个节点，将自己的信息发送到其他无人机，或接收发给自己的信息，或为发给网络中其他无人机的信息提供中继。网络可以是自组织（ad hoc）的、没有任何其他基础设施支撑，也可以由地面以及基于卫星的通信基础设施支撑。无人机网络的拓扑结构或配置可以采用任何形式，包括网格、星形甚至是直线，主要取决于应用环境和用例场景。

本书既为无人机通信和网络领域的研究提供了所需的基础知识，还集萃该领域的最新研究成果，本书针对不同的技术分支，由来自不同机构和部门的专家进行了严谨、细密的分析和讲解，在内容设置和技术阐释上，也都充分体现了专家各自的风格和特点。尽管语言表述的重点和风格各有不同，但所呈现的技术内容，却无一不是重要而有价值的。就像奔涌大江里的每一朵浪花，不尽相同却又各自璀璨。

本书包括 9 章，内容涉及技术、监管、安防和应用等各个层面，详见前言。

中国航空工业发展研究中心，作为国内一流的航空技术研究咨询机构，敏锐地感受到了无人机网络和通信这样一个技术前沿的蓬勃发展，充分认识到无人机网络和通信的基础知识及其最新研究和实践对于航空技术发展的重要性，因此在机械工业出版社的支持下倾心组织翻译了本书，发挥了一份热切为航空业内人士和热爱者提供最新领域发展、最新研究信息的拳拳之心。本书第 1 和 9 章由刘亚威翻译，第 2 和 3 章由陈蕾翻译，第 4 章由余骅欣翻译，第 5 和 7 章由杜子亮翻译，第 6 和 8 章由闫娟翻译。全书校对由刘亚威完成，并在书末给出了全书缩略语中文翻译，供读者参考。

随着技术进步和安全性、隐私、安全保障等法规、政策的实践，无人机将会进一步获得应用方面的拓展，无人机网络和通信技术也将在这样的实践中，逐步得到验证和进步。真诚地希望本书的翻译及出版，能够指导研究人员、专业人士和高校学生广泛了解无人机网络和通信这一新兴热点话题，能够为广大航空业界尤其是无人机领域的研究人员提供最前沿的无人机网络和通信的知识。倘能促进研究、启迪智慧（相信一定会），则是遂了本书翻译者的最大心愿！

由于知识结构所限且时间仓促，未能一一查阅参考文献，错误和疏漏在所难免，敬请指正。

译者　笔于 2019 年早春

PREFACE

前　言

世界各地的航空管理局在将无人机（Unmanned Aerial Vehicle, UAV）纳入国家空域管理方面都已取得了进展。与此同时，私营企业一直在开发基于无人机的创新应用，例如基于无人机的包裹速递、药品运送、管道监测系统和灾区航空测量。然而，在无人机可以融入民用空域并且这种实际应用成为现实之前，研究团体需要解决一些技术、社会和监管方面的问题，其中最重要的是需要加强对空域中无人机的态势感知。

目前为增强对无人机的态势感知，已出现了三种不同但又互补的范例：卫星通信、蜂窝通信以及空中通信和网络。本书侧重于第三种策略，即通过无人机的自组织空中网络增强态势感知。它为研究人员、专业人员和高校学生提供必要的知识，帮助他们了解无人机网络和通信领域的研究挑战。几位杰出的研究学者和领域专家合作，共同编撰完成了本书的 9 个章节，让读者领略这个令人激动的领域内从基础知识到热点研究话题的众多内容。

第 1 章介绍了无人机的类型和典型使命任务。该章重点面向民用领域，为无人机和无人机网络提供背景和应用环境，还讨论了无人机网络在工程和技术方面的最新技术以及部署此类网络的好处。

第 2 章提供了有人驾驶飞行中使用的无线通信的背景知识。该章讨论了为实现 L 波段数字航空通信提出的技术，提供了与无人驾驶和小型无人机空中通信相关的真知灼见，它们来自于将先进的地面移动宽带通信外推到航空领域的经验。

第 3 章提供了 3D 空间中空中链路的特性。空中网络不同于其他无线网络，例如移动自组织（ad hoc）网络或车载自组织网络。该章从吞吐量、延迟、数据交换频率等方面讨论了空中网络应用的通信要求，从通信需求的角度定义了空中网络的不同自主化水平。

第 4 章提出了一个适用于航空环境的架构和协议套件：与传统端到端传输和路由协议相比的高动态、高速多跳网络，这需要对过去的网络架构进行巨大改动。

第 5 章讨论了无人机网络的设计、实现和部署，以在节点之间传输视频监视数据。它提出了一种异构网络，其中包括多个固定和移动的地面节点，以及多个自主飞行器。该章提出了一个设计流程，通过适当集成关键子系统和跨多个无人机的协同，来实现系统的应急安全。

第 6 章介绍了在民用空域系统中集成无人机的背景和应用环境，以及有关无人机集成工作的监管需求、社会问题和技术挑战。

第 7 章讨论了安全性、安防和隐私方面的挑战，这是将无人机集成到民用空域以及设计实际应用要考虑的三个维度。

第 8 章提出了在实战中使用蜂群应该解决的一些主要问题。本章解释了为什么蜂群可以显著增加任务的可行性，然后概述并深入探讨了许多需要进一步探索的挑战和研究方向。

第 9 章回顾了研究人员目前正在开发的两个无人机和无人机网络应用：野生动物探测和应急通信。这些例子展示了无人机可以为实际应用带来的独特价值和创新。

ABOUT THE AUTHORS

作者列表

Mohammed J. F. Alenazi
美国堪萨斯大学

Egemen K. Çetinkaya
美国堪萨斯大学

Serge Chaumette
法国波尔多大学

Claudiu Danilov
美国波音公司研究与技术部

Leanne Hanson
美国地质调查局

Samira Hayat
奥地利克拉根福阿尔卑斯－亚德里亚大学

Jae H. Kim
美国波音公司研究与技术部

Jean-Marc Moschetta
法国航空航天大学

Kamesh Namuduri
美国北德克萨斯大学

Hemanth Narra
美国堪萨斯大学

Natasha Neogi
美国国家航空航天局

Truc Anh N. Nguyen
美国堪萨斯大学

Andres Ortiz
美国航空环境公司

Kamakshi S. Pathapati
美国堪萨斯大学

Kevin Peters
美国堪萨斯大学

Sofie Pollin
比利时鲁汶天主教大学

Justin P. Rohrer
美国海军研究生院

Damien Sauveron
美国北德克萨斯大学

Arunabha Sen
美国亚利桑那州立大学

James P. G. Sterbenz
美国堪萨斯大学

Betrold Van den Bergh
比利时鲁汶天主教大学

Evşen Yanmaz
奥地利克拉根福阿尔卑斯 – 亚德里亚大学

CONTENTS

目　　录

CHAPTER 1

第1章

无人机系统概述

Jean-Marc Moschetta，Kamesh Namuduri

本章重点从民用的角度，介绍**无人机**（UAV）和无人机网络的背景以及使用环境。本章将讨论无人机的类型、燃料、载荷能力、速度和航程等问题，还将讨论无人机和无人机网络在工程与技术方面的发展现状，以及无人机网络的优势，这些优势包括态势感知的提升和无人机之间通信延迟的减少。本章还将展现无人机网络的应用，无人机网络在设计、研制和部署方面的研究、机遇与挑战，以及无人机网络的研究路线图。

近几十年来，许多术语被用来指代无人机，最近的一个称作"**遥控空中系统**"（Remotely Piloted Aerial System, RPAS），"遥控"意味着无人机总是要由地面上（也可能是空中、海上）的人负责操纵。这一术语和上世纪80年代无人机的老名字"**遥控飞行器**"（Remotely Piloted Vehicle, RPV）非常像，不过RPAS更强调空中系统不仅包括飞行器本身，而且还包括诸如地面控制站、数据链和天线等组成元素。RPAS还可以代表好几架飞行器属于相同的系统，这些飞行器可作为一个整体由单个操作人员远程操纵。在这种情况下，操作员作为远程驾驶员，不太可能真的去控制每架飞行器。

在航空领域，驾驶一架飞行器基本上意味着要控制飞行器飞行，这是一个非常精确的概念，关系到根据重心控制飞行器姿态的能力。大多数无人机都是远程操纵的，它们几乎都由机载自动驾驶装置来控制飞行，因此无人机不是一个远程驾驶的飞行器而是一个远程操纵的飞行器，它执行发送到机上的导航指令，诸如航路点、路径和决策算法这样的导航指令，甚至可能就包含在机载计算机中，以便无须人类参与就能完成飞行任务。这样人类就可以专注更高层次的事物，如制定决策或定义策略。"**远程操纵飞行器系统**"（Remotely Operated Aircraft System, ROAS）这个术语可能对现在的科学团体来说更有意义。

本书依然选择了经典的术语**无人机**（UAV）或**无人机系统**（Unmanned Aerial System, UAS）来指代无人机自己（即UAV）或整个系统（即UAS），无人机系统一般包括一组无人机（有可能就一架）、一个控制站、数据链、一个支持设备以及操作人员。

1.1　无人机类型和任务

许多作者已经提出了不同无人机系统的各种分类方式，比如可按照飞行器类型、尺寸、质量、任务范围、高度、航程等分类，每种分类方式都指出无人机系统某一典型特征，但这也必然忽略它的另一重要方面。无人机系统的大多数课程都从无人机分类方式开始，这都基于某种常规分类法，包括：**高空长航时**（High Altitude Long Endurance, HALE）无人机、**中空长航时**（Medium Altitude Long Endurance, MALE）无人机、战术无人机、**垂直起降**（Vertical Take-Off and Landing, VTOL）无人机以及小型和微型无人机。这些描述的主要缺陷在于它们基本上都是基于已有系统，混合了任务能力（VTOL、长航时）、尺寸（小型或微型）和其他特征——比如高度（高空或中空）。这样的分类方式无法为各种任务和飞行器构型的选择提供一个综合视角，而且这也使得构想未来的无人机变得非常困难，因为它植根于已有无人机系统的市场划分。

对于不同无人机系统来说，更适合的分类方式是复式矩阵，组合了典型任务剖面以及飞行器主要构型。

任务剖面可包括：

1）需要垂直起降能力的（室内 / 室外）侦察任务；

2）需要长航时能力的（近程 / 远程）监视任务；

3）其他特定任务，如投送物资，监控包括风电机组和核电厂在内的特定设施，军事领域某些需要（低声音和雷达信号）掩护的战术任务，以及耐久的信号传送。

就任务剖面而言，大多数最终用户如果不采用之前已定义的飞行器构型，就很难真正定义它们的任务需求。对于无人机系统设计流程来说，恰当地区分任务需求和载荷 / 飞行器的定义非常重要，例如，要调查海洋中的一片远方区域，要明确规定区域的大小、起飞区和待调查区域之间的距离、获得所需信息允许花费的最长时间，与后勤、法规、操作成本等相关的额外约束。如果远方区域距离起飞区很远，就必须选择一架远程飞行器。如果远方区域不太远但是需要持久监视，则无人机系统要由一架长航时飞行器或者一群小型飞行器组成，每架飞行器航程有限，但通过飞行器轮流执行任务就可以提供无限时长的监视能力，一群小型飞行器可能是权衡成本和任务之下更好的选择。确实，小型飞行器比大型的更好部署，而且由于监视区域缩小，其安装的载荷也会更便宜。

飞行器构型一般有三种：固定翼、扑翼和旋翼构型，还应该加上第四种，即组合了前面任意两种构型的飞行器。第四种主要包括可转换飞行器，如倾转旋翼平台、倾转机翼平台或者倾转机体平台，还可包括大多数已有的扑翼飞行器，通常它将扑翼和固定翼的控制面（在尾翼或升降舵中扮演重要角色）组合到一起。其他飞行器构型如飞艇和滑翔伞，可认为是单独一类，尽管它们拥有当前和未来无人机系统的一小部分特征。

1.1.1 固定翼无人机

固定翼无人机的范围很广，尺寸可从微型无人机（又称**微型飞行器**，Micro Air Vehicle，MAV）一直到几乎超过任何已有常规飞行器的无人机。固定翼 MAV 的一个例子是航空环境公司的“黄蜂”(Wasp)，是翼展 41cm、重量 275g 的电动飞翼 MAV。更小的固定翼 MAV 也可设计出来，比如 2005 年佛罗里达大学的 Peter Ifju 教授开发了翼展 10cm 的柔性翼 MAV（如图 1-1 所示）[26]。

图 1-1　翼展 10cm 的固定翼 MAV（Michall Sytsma 提供）

与极小尺寸的固定翼无人机相比，波音公司的“太阳鹰”（SolarEagle，如图 1-2 所示）应该算是一种“卫星无人机”，它可以连续 24h 不间断地飞行一周时间，这归功于其机翼上面覆盖的太阳能电池以及对机体制造的超严格限制带来的极轻重量。这架翼展 130m 的固定翼太阳能动力无人机必须对抗“平方 – 立方定律”，即重量的增加速度要快于机翼面积。因此，太阳能无人机更适合做成更小的尺寸，因为与大型飞行器相比，其大部分动力都可以从太阳那里获得。

举例说明，一款翼展 50cm、名为“太阳风暴”（Solar-Storm）的固定翼无人机已经被设计和制造出来，其机翼被柔性太阳能电池覆盖，可以延长完全由标准电池作为动力的同款无人机的续航里程。在天气晴好的日子，“太阳风暴”（如图 1-3 所示）[7] 最多可以从太阳能提取飞行所需总动力的 45%。从实用的角度看，这么小的太阳能动力飞行器不需要那种插到电源中的电池充电装置，当一架小型无人机在空中时，同样的一架可以在地面为自己充电。

图 1-2 飞行中的波音“太阳鹰”示意（照片版权：波音）

图 1-3 翼展 50cm 的固定翼太阳能动力无人机（来自 Murat Bronz 的“太阳风暴”）

尽管固定翼无人机从本质上讲是难以悬停的，但是比起旋翼无人机，它们仍是远程或长航时监视任务的优良候选者，就连手持发射的中型固定翼无人机（少于 10 kg）也可以一天在空中保持 8h，这通常足以完成一个典型的监视任务。尽管常规飞机的设计已经是广为人知的工程技术，但是由于低雷诺效应会使空气动力和推进性能降低，导致小型或微型无人机的设计知识仍不成体系。为了实现良好的性能，需要专门针对小型无人机领域，精细地应用和改良设计和制造技术。此外，长航时的需求依赖 $C_L^{3/2}/C_D$ 的高比值，其中 C_L 表示升力系数，C_D 表示阻力系数，因此，长航时固定翼无人机对应着相当高的升力系数值，这可能导致巡航条件接近机翼失速，设计一架长航时固定翼无人机应当明确最小载荷系数和起降性能的需求，之后还要进行专门的风洞试验和优化流程，如图 1-4 所示，显示了 Delair

技术公司在**法国航空航天大学**（Institut Supérieur de l'Aéronautique et de l'Espace, ISAE）低速风洞中开发小型固定翼无人机 DT18[133]。

图 1-4 一架翼展 1.8m 的固定翼长航时无人机（来自 Delair 技术公司的 DT18）

近年来除了在燃料电池小型化上取得的进展，还有一种方式可以极大提升小型无人机的续航能力，即从大气中提取能量。能量收集可使用热气流实现，比如滑翔机或有风速梯度的情况，诠释这种机理的最好例子是信天翁的飞翔，它受益于海面上由大气边界层创造的风速梯度，这种现象也称作“动态翱翔”，现在可以更好地理解它并可对它进行数学仿真，一些作者认为动态翱翔的原理可用来制造无人机，用于海上监视、监测以及搜索与救援任务（如图 1-5 所示）[1]。

图 1-5 由信天翁飞行启发的小型长航时无人机概念（Philip Richardson 拍摄，2012）

1.1.2　扑翼无人机

从航空学出现伊始，一些作者就主张工程师应该从已有的飞行动物（鸟或昆虫）中获得灵感。持这一观点的人们认为，动物在漫长的进化中逐步将飞行最优化，那些迷人的案例包括了许多种类的小型和大型飞行动物，从已知最小的飞行昆虫柄翅卵蜂（长 0.15mm）到著名的飞行恐龙无齿翼龙（翼展 7m，体重仍有争议）[450]，特别应该提到的是蜂鸟，它是航空环境公司最近开发的纳米飞行器的灵感来源（如图 1-6）[254]。

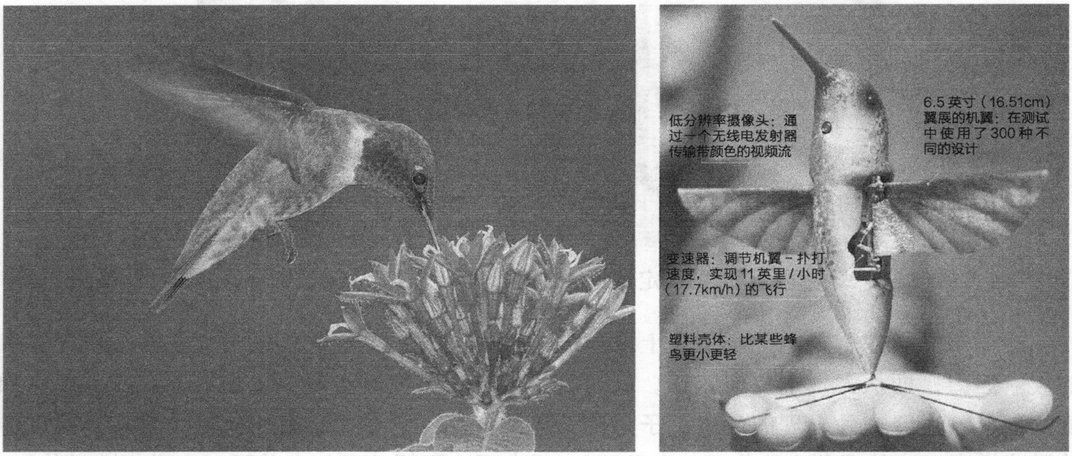

低分辨率摄像头：通过一个无线电发射器传输带颜色的视频流
6.5 英寸（16.51cm）翼展的机翼：在测试中使用了 300 种不同的设计
变速器：调节机翼 - 扑打速度，实现 11 英里 / 小时（17.7km/h）的飞行
塑料壳体：比某些蜂鸟更小更轻

图 1-6　航空环境公司图片（左图由 Getty 图像公司 Lavvy Keller 和 Litiz Ba 提供，右图由 Coral von Zumwalt 公司提供）

由于涉及内部流场的复杂性和不稳定性，理解扑翼的空气动力学很大程度上仍然是一个悬而未绝的问题，过去 40 多年来，许多研究团体都将其作为兴趣点，开展了多种实验和数值技术方法研究。

现在很难确定扑翼飞行是否真比旋翼系统更高效，事实证明，与常规的旋翼相比，鸟和昆虫即使是在很低的雷诺数下，也没有特别高效的悬停方式[294]，而且最近的研究表明，扑翼可能对某些昆虫来说不如之前想的那样高效[308]。空气动力学性能如此差的原因，应该与翅膀拍打运动的起始和结束位置上气动力学效率很低有关，因为相对空速在那些点变得非常低，相反，一副旋翼旋转过程中几乎可以提供恒定的升力。

扑翼的另一个局限是其固有的技术复杂性。在飞行中扑翼同时提供升力和推力，并且还涉及俯仰、横滚和偏航控制，这让自动驾驶装置极难设计。最后，旋翼没有从自然系统中生物进化的事实，不会阻碍工程师将旋翼无人机视为垂直起降任务的候选者，车轮、螺旋桨或旋翼虽然高效，但都不是出自自然界进化过程。一些作者指出自然界也不是这样缺乏想象力，比如枫树种子或细菌鞭毛的运动，不过枫树种子只是一个被动的旋翼滑翔机，从树上掉落时要靠其较大的升阻比到达远处，SAMARAI 单翼纳米飞行器就是受枫树种子飞行启发的，它以置于翼梢的微喷流为动力，总重仅 10g[463]。

长远来看，扑翼无人机可能在特定的图像识别任务中变得非常有用，执行任务需要隐蔽性，而它们模仿鸟或昆虫以及可从人类视线轻易消失的能力正合适。扑翼无人机还可受益于新材料，如与各种**微机电系统**（Micro-Electromechanical System, MEMS）相关的电活性聚合物 [176]。此外，近来微制造技术的发展也使得复杂的铰接机构可以做得非常小，现在已可做出像昆虫那样的共鸣胸腔 [452]。

1.1.3　旋翼无人机

与固定翼无人机的局限性和扑翼无人机的复杂性相比，旋翼无人机吸引了科学团体的海量注意力。据最近公开的数据，当前在法国飞行并由法国民航机构注册在案的 3 000 ～ 4 000 架无人机中，约 80% 是有多个旋翼的旋翼飞行器。旋翼无人机广受关注的第一个原因是旋翼构型提供了悬停的能力，这对保证清晰的图像识别至关重要，悬停还是一种很容易起降的方式，无须复杂的程序，比如准备好的跑道或特殊的降落装置，而且多旋翼很好制造并且非常易于室内飞行。十几年前几乎只能见到四旋翼的多旋翼，但近来多旋翼飞行器已经包括了六旋翼、八旋翼以及各种共轴多旋翼的组合。增加旋翼数量被认为是提高安全性的好方法，因为如果一个电机坏了，其他电机可以立即补偿校正。通常不同的旋翼以相同的方位角分布，不过一些设计者也选择采用与之不同的构型，以便在飞行器前方获得更好的视野，比如 ASTEC 公司的“隼 8”(Falcon 8)，近两年很受欢迎（如图 1-7 所示）。

图 1-7　一架由上升技术公司开发的小型八旋翼无人机（照片版权：Lakeside Labs GmbH）

尽管直升机由主旋翼和反扭矩尾桨组合而成，它们还是要依靠周期变矩旋转斜盘来进行飞行控制，因此设计一架直升机比设计多旋翼需要更多的经验和专业知识。当减小旋翼直径时，雷诺效应开始降低推进效率，对于给定的最大总尺寸，使用一个单旋翼比用许多直径更小的旋翼更有效，它们覆盖相同的桨盘面积。不过为了消除所产生的扭矩，可以采用与常规直升机一样的反扭矩尾桨或者在下面加一个反向旋转的旋翼，这样的共轴旋翼可实现高度保持以及围绕垂直轴的控制。便携式共轴无人机的最新例子是“小妖精”（Sprite），配备双轴万向摄像头的 1.2kg 共轴无人机（如图 1-8 所示），这架旋翼机可以飞行 10-12min，折叠桨叶后可用背包轻松装载。

图 1-8　由上升航空系统公司开发的 1.2kg 的共轴小型无人机（Ascent AeroSystems 提供）

共轴旋翼会损失推进效率，因为下旋翼是被上旋翼产生的螺旋桨滑流吹动而不是被均匀的自由流吹动。相对于两副孤立的反向旋转旋翼，总的效率损失通常被认为是 30% 左右，使用更大的桨盘面积可以弥补这一相互作用带来的损失。

由于有明显的旋转部件，旋翼机可能难以应对障碍物，因此旋翼无人机通常配备有防撞的外部结构以保护旋翼。很明显这种保护会增加重量，并且如果它们在碰撞期间不能吸收能量，那么可能无法有效实施保护。**发泡聚丙烯**（Expanded Polypropylene, EPP）泡沫以及碳棒或橡胶带可用于提供各种形式的缓冲或“机械保险丝”，举个“机械保险丝”的例子，即螺旋桨可以使用简单的 O 形橡胶圈安装在电机轴上，这有助于避免螺旋桨和轴在旋翼桨叶和障碍物之间发生碰撞时受损。就一般的无人机设计而言，建议考虑轻量化和柔韧性而不是刚度和重量，一架柔软的轻型飞行器比一架坚硬而沉重的飞行器更容易从碰撞中恢复过来。

一种提升旋翼飞行器鲁棒性的良好设计方式是在旋翼周围增加一个涵道（编辑注：涵道是指气体流过的通道）。涵道旋翼比无涵道的旋翼更有效，它们几乎完全抵消了桨叶叶梢的损失，因此增加了给定桨盘面积的推进效率。此外长涵道会产生额外的升力，这主要得益于扩张型出气口的设计。通过将适当的进气口和出气口设计，与经过优化的、几乎没有桨叶叶梢损失的旋翼桨叶相结合，可以获得具有额外升力和推进效率的罩环，这完全补偿了重量的增加。Br2C 就是这样一个例子，罩环效应提供了额外的升力和推进效率，因此飞行器充分利用了保护性外部结构以及完全的重量补偿（如图 1-9 所示），与“小妖精”共轴无人机相反，Br2C 由位于旋翼滑流内的一对襟翼控制。长涵道旋翼飞行器的缺点是因为存在钝体效应而难以承受强的侧风。

图 1-9　由法国航空航天大学开发的一款重 500g 的涵道共轴旋翼微型无人机（版权为 Aéroland 公司所有，在 Sylviane & Christian Veyssiere 的准许下重新制作）

1.1.4　可转换无人机

多旋翼在户外多风条件下难以充分发挥作用，因此其成功多少会受此影响。高速前飞受到各种空气动力学副作用的限制，比如当迎面的自由流相对于旋转轴显著倾斜时，旋翼的效率会变差。虽然固定翼无人机无法妥善实现悬停飞行，但旋翼飞行器基本只能低速前飞，而且通常在快速飞行阶段效率很低，因此一些无人机设计旨在结合固定翼和旋翼构型的优点。

这些设计组合称为可转换无人机，为结合固定翼和旋翼构型的优点，可以遵循两种不同的设计策略：一种是从飞机构型开始并对其进行修改以实现垂直飞行；另一种策略是从旋翼飞行器构型开始并对其进行修改以实现水平飞行。第一种策略的例子是由美国 Aerovel 公司开发的 20kg 的“柔性旋翼”（Flexrotor）无人机，基本上它由一个翼展 3m 的普通飞机和一个超大的螺旋桨组成，两个小的反扭矩螺旋桨位于两个翼梢（如图 1-10 所示）。

“柔性旋翼”属于倾转机身无人机或尾坐式无人机家族，这意味着它们可以垂直起降并且能水平巡航飞行，在飞机模式下飞行时翼梢螺旋桨中的折叠桨叶可以限制阻力。该型飞行器由大型螺旋桨提供推进力，在直升机模式下飞行时它也起到主旋翼的作用，因此可以通过改变桨距在飞行阶段调节自身：悬停中用小桨距，巡航飞行中用大桨距。

图 1-10　由 Aerovel 公司开发的一款 20kg 的可转换无人机（版权由 Aerovel 所有，在准许下重新制作）

可转换双翼飞机概念是第二种策略的例子，该概念将标准的多旋翼构型与下面添加的一组升力面相组合[215]，设计的关键是水平飞行时，整个机身以 90° 的角度倾转。在飞机模式下，飞行器表现为双翼飞翼，具有良好的空气动力学效率。虽然由于没有水平尾翼，飞翼可能不是静稳定的，但沿着机翼放置的电机可用于保持俯仰控制。最近，法国无人机公司 Parrot 推出了“摇摆”（Swing）——双翼倾转机体无人机概念的商业版本，它利用了 X 翼而不是普通的双翼机翼（见图 1-11）。

图 1-11　由 Parrot 公司开发的一架四旋翼小型无人机（图片版权：法国航空航天大学）

可转换构型的其他案例包括倾转旋翼无人机和倾转机翼无人机。倾转旋翼无人机将旋翼安装在旋转轴上，允许主机身在从巡航状态转换到悬停状态过程中保持水平。在倾转机翼无人机上，机翼的一部分位于螺旋桨滑流中，这部分机翼与旋翼是物理连接的，使其和旋翼在飞行状态转换期间共同旋转。在这两种案例中，这种可转换飞行器都需要额外的倾转机构，这意味着重量和复杂性的增加。此外，由于存在包括电机在内的可移动部件，整个重心的位置在转换期间将发生变化，这在开发自动驾驶装置时增加了一些复杂性。亚琛工业大学[328]开发的 AVIGLE 给出了倾转机翼无人机的一个例子，AVIGLE 无人机看起来像一架普通飞机，只是它的机翼可以垂直倾斜而机身保持水平。需要注意的是必须在尾部附近增加一个额外的垂直旋翼，以便在转换期间保持对俯仰的控制（如图 1-12 所示）。

图 1-12　左图：由亚琛工业大学开发的一架倾转机翼无人机（经飞行系统动力学研究所准许重新制作）；右图：由极光飞行科学公司开发的一架倾转旋翼无人机（经 UAVGlobal.com 准许重新制作）

极光飞行科学公司开发的“冰鞋”（Skate）是高效倾转旋翼无人机的一个很好的例子，“冰鞋”采用一个矩形飞翼布局，由安装在独立倾转机构上的一对电机驱动，可以控制滚转和俯仰，偏航控制由差动节气门提供，因此不需要诸如襟翼或升降舵这样其他的可移动部件来控制飞行器。在巡航飞行以及悬停中，由于飞行器在悬停中垂直倾转，因此旋翼几乎与翼弦平齐，只有飞行状态转换需要旋翼轴相对于机翼倾转。不过一些倾斜旋翼构型比如 V-22“鱼鹰”（译者注：一种有人驾驶运输旋翼机）要求机身保持水平。这种倾转旋翼构型的主要优点在于，不需要修改嵌入式系统、天线和有效载荷的布置，就可以适应悬停时的姿态变化。不过，由于螺旋桨滑流会冲击机翼的一部分，旋翼倾转会出现一个下载力。

最后还应该提到两种在无人机设计领域发挥一定作用的额外构型。第一种构型是滑翔伞，滑翔伞由一个机身和降落伞组成，机身上通常在推进器位置配备一个螺旋桨，而降落伞起到飞翼的作用。这种无人机的一个例子是瑞士飞行机器人公司开发的“漫游”（Swan）（如图 1-13 所示）。滑翔伞无人机的主要优点是能够非常缓慢地飞行，并以非常紧凑的方式包装。因为滑翔伞可以在飞机上部署并释放，所以对于覆盖大面积的搜索和救援任务来说，它们是优良的候选方案。第二种构型是飞艇，Ride 工程公司开发的“天体 -P2”（Sphere-P2）项目给出了这种解决方案的例子。由于能够长时间停留在空中，轻于空气的无人机具有吸引力，但是它们有两个主要缺点：①对风非常敏感；②给定飞艇体积后可升空的有效载荷有限。一些飞艇被系留以便保持在一定范围内对一个地区进行永久监视。在“天体 -P2”项目中，设计了共轴旋翼用于提供高度保持，而水平控制则来自可移动的重心。

图 1-13　左图：瑞士飞行机器人公司开发的一款滑翔伞无人机（图片版权：瑞士飞行机器人公司）；右图：由 Ride 工程公司开发的一款轻于空气的无人机（图片版权：俄罗斯 Ride 工程公司）

1.1.5　混合无人机

当前还涌现了不少新型无人机，都是出于非常实际的目的而出现。无论是在森林中还是在城市环境中的地面附近飞行，执行识别任务的无人机难免遇到各类不可预测的障碍：树木、电线、天线、烟囱、屋顶等。此外，一些识别任务可能要侵入建筑物，需要进入非常狭窄的走廊或隧道，在这些任务剖面中是无法避免障碍的，使用常规的地面车辆可能也会受限，因为越过障碍物总是困难且危险的。而且许多情况下在任务执行过程中可能需要让无人机降落。例如警察执行任务时可能突然需要无人机完全不发生声响，这意味着要关掉电机，然后无人机就必须着陆或紧贴地面，但仍要能够在没有人为干预的情况下起飞并继续飞行。混合无人机这种飞行器就旨在结合空中飞行器和地面车辆的能力。

混合无人机的主要思路是不再将障碍视为问题，而是将其作为增添某些新特征的机会。在设计方面，增加一个外部防撞结构例如一组碳棒，虽然重量增加，但也可能带来一种新的能力，比如在地面上滚动或悬挂在天花板上。这种混合无人机的第一个例子是 MAVion

的“滚与飞”（Roll & Fly），它是一个矩形飞翼，由牵引车位置的两个反向旋转螺旋桨驱动，机翼两侧装有一对自由轮（如图 1-14 所示）。由于位于机翼后缘的两个升降舵处于螺旋桨滑流中，因此飞行器可以垂直飞行远离障碍物。MAVion 也可以作为常规双发飞翼水平飞行。在这两种情况下，俯仰和滚转的控制由升降舵提供，可在整个飞行域内保持高效，偏航控制则由差动油门提供。当撞击平坦的表面例如地板、天花板或墙壁时，车轮不仅保护螺旋桨，而且允许它们与墙壁保持恒定的距离。差动油门可以帮助飞行器在地面上滚动时“行驶”。

图 1-14　左图：MAvion“滚与飞”，在垂直墙面上滚动（图片版权：法国航空航天大学）；右图：“视景空中”（Vision-Air）“粘与飞”（Stick & Fly），微型无人机紧贴在窗上，电机关闭（图片版权：法国航空航天大学）

遵循与地面车辆和空中飞行器结合的思路，这里有另外两个有趣的概念，它们都基于外部防撞结构并可以在飞行器周围自由旋转的想法。第一个例子是伊利诺伊州理工学院开发的“**混合地面和空中四旋翼**”（Hybrid Terrestrial and Aerial Quadrotor, HyTAQ）项目（如图 1-15 左图所示），在 HyTAQ 上，为了使地面运动成为可能，在最初的四旋翼飞行器中增加了一个滚笼。在地面运动期间，与空中模式相比，飞行器消耗的能量要少得多，并且可以简单地通过飞越来轻松应对障碍物。第二个例子是由瑞士洛桑联邦理工学院开发的“平衡球”（GimBall，如图 1-15 右图所示），在“平衡球”中，飞行器安装在球体内，球体可以围绕垂直轴和水平轴自由旋转，因此飞行器可以穿过非常复杂的环境（例如森林或电线网）而不会被卡住。

前沿技术似乎彻底改变了无人机的标准分类，使它们不能简化为固定翼、旋翼或扑翼无人机，对无人机概念的概述需要包括新颖的构型，例如可转换和混合无人机。可转换和混合无人机的使用对于无人机联网至关重要，因为它们为执行多任务行动开辟了道路，而这需要协同以及动态任务分配。

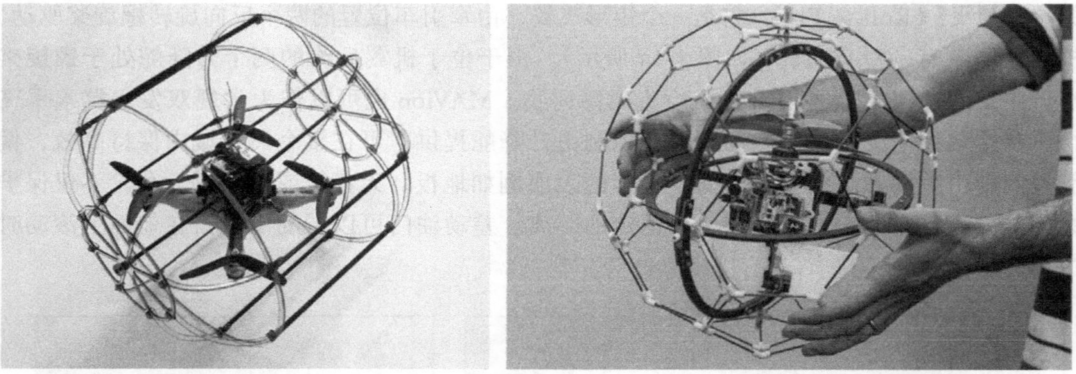

图 1-15　左图：装有滚笼的 HyTAQ 四旋翼（在伊利诺伊州理工学院 Matthew Spenko 准许下重新制作）；右图：拥有双轴旋转空间的“平衡球”小型无人机（版权为 Alain Herzog 所有，在准许下重新制作）

1.2　无人机集群化和小型化

开发**无人机系统**（UAS）有很多非常实际的好理由，其中一个是纯经济性的。如果能够花费更少的资金实现给定的监视或识别任务，它将比轻型飞机等常规系统更具竞争优势。无人机系统在大型无人机和小型无人机之间也是如此，单个飞行器的小尺寸可由大量作为一个编队操作的小型飞行器补偿。

尽管无人机联网几乎可以使用任何尺寸的飞行器完成，但它只对小型或微型无人机才有意义，实际上只有小型无人机可以在短时间内发射，因为它们只需要非常有限的后勤活动和很少的操作人员。如果每架无人机需要超过一分钟的发射时间，那么为了实现协同飞行而发射数十架无人机是根本不可能的。很可能第一架在空中的无人机任务终止时，最后一架无人机还没起飞。只有小型无人机才适合完成大量飞行器的联网。

操作诸如“全球鹰”（译者注：机长 14.5m，翼展 39.9m，高 4.7m）之类的大型无人机需要大量的操作人员，而多飞行器监视任务只能使用小型或微型无人机进行。无人机集群增加了飞行器的数量，因此基本上就是操作员数量的问题，构建无人机网络不是需要许多操作员控制多个无人机，而是要让一群飞行器由单个操作员控制。由单个操作员控制的无人机机队不仅需要每架飞行器都具有高水平的自主性，还需要新的控制和导航算法来有效地驱动无人机网络，这些新算法将在以下章节中进一步详述。目前重要的是要考虑连续发射数十架飞行器并操纵一群无人机的实际问题，这严重依赖于使每架飞行器小型化的能力，最好就是坠毁一架飞行器并不会引发技术和经济上的重要后果且仍然可以完成任务。因此在进一步深入研究之前，必须仔细研究无人机的小型化可以达到的程度。

1.3 无人机小型化：挑战与机遇

如果无人机网络始终依赖于飞行器小型化的能力，那么小型化本身就意味着会出现一些机遇以及新的设计挑战。

在机遇方面，无人机小型化需要使视觉和电磁信号变小，对于与防务和安全相关的一些应用场景，小型飞行器会由此在隐蔽性方面具备很大的优势。小型飞行器也更容易降低噪声，并且如果通过成熟的伪装技术使其适当地适应环境，它们将变得几乎不可察觉。无人机小型化的另一个优点是它们可以被放入高度受限的环境中，例如隧道、倒塌的建筑物、通风道、管道、下水道，在如此狭小的空间中，地面车辆比飞行器更容易卡住。而且，小型通常意味着飞行器更便宜，丢失一个 100 美元的飞行机器人，同时还有数百个正在执行识别任务，这不是一个大问题，而失去一架“捕食者”（译者注：单价约 403 万美元）级别的无人机对操作员的影响则至关重要。最后，在一些应用场景中，将大量协同飞行的飞行器组合在一起，可能是完成复杂和多任务行动的一种非常高效的方式，而单个飞行器则显然需要做更多的工作。

尽管小型化无人机非常理想，但无人机小型化面临着重要的设计挑战和技术瓶颈，例如阵风敏感度、能源、空气动力学效率，等等。

1.3.1 阵风敏感度

设计小型无人机不能仅仅将常规飞行器构型按比例缩小。这有几个原因，其中一个与飞行器的阵风敏感度有关。为了说明这种影响，我们考虑一下常规的固定翼飞行器。在水平飞行中，升力方程将飞行器重量和升力以如下等式表达：

$$mg = \frac{1}{2}\rho S V^2 C_L \tag{1.1}$$

这里根据著名的平方–立方定律，如果 L 为飞行器的总尺寸，则质量 m 和机翼表面积 S 分别以 L^3 和 L^2 变化。倘若 C_L 几乎保持在统一的数量级，则飞行速度必然会如此变化：

$$V \simeq \sqrt{L} \tag{1.2}$$

这表明在按比例缩小飞行器时飞行速度需要降低。现在考虑沿俯仰力矩轴的运动方程，我们可以这么写：

$$J\ddot{\theta} = \frac{1}{2}\rho S V^2 C_m \simeq L^4 \tag{1.3}$$

这里 J 表示转动惯量与 L^5 成比例。因此等式（1.3）简化为：

$$\ddot{\theta} \simeq L^{-1} \tag{1.4}$$

这意味着当减小飞行器尺寸时，滚转加速度将趋于增加。因此与大型飞行器相比，小型飞行器对阵风更敏感。除了由于式（1.2）导致飞行速度更慢的事实之外，小型飞行器还将遇到大气扰动，其典型速度与飞行器速度相当。换句话说，驾驶一架小型无人机就像驾驶一架普通飞机穿过风暴。

1.3.2　能量密度

尽管与最好的电池相比汽油的能量密度仍然很高，但是当热燃烧发动机的尺寸急剧减小时，它们将无法保持高效率。这种现象是因为燃烧室中产生的热量与 L^3 成正比，而通过燃烧室壁消散的热通量仅会以 L^2 减少。因此将热发动机小型化将不可避免地导致热力学效率变低，因为在燃烧室内产生的大部分热量将通过壁快速蒸发。由于腔室停留时间的限制，增加旋转速度以补偿热损失也不是一个可行的解决方案；较差的压力密封性以及摩擦力的增加是另外的问题，当尺寸减小时这一点会降低热燃烧发动机对设计人员的吸引力[381]。因此，小型无人机设计人员只能选择电动飞行器，忍受其有限的比能量，对于高质量的锂聚合物电池，其最大值约为 20Wh / kg。尽管在燃料电池以及锂聚合物电池的其他新型化学替代品领域取得了较大进展，但能量密度仍然是现阶段进一步将无人机小型化的巨大限制。

1.3.3　空气动力学效率

雷诺效应让飞行器周围流场中的黏滞效应变得重要，以如下公式变化：

$$\mathrm{Re}=\frac{VL}{v}\simeq L^{3/2} \tag{1.5}$$

这表明当飞行器尺寸减小时黏性的重要性显著增加。当雷诺数较低时，可能发生层流分离，这导致最大升力能力变差以及即便在低迎角时也会出现高阻力。由于当雷诺数减小时机翼翼型的空气动力学性能以及螺旋桨叶片的效率急剧下降，因此小型飞行器的空气动力学效率代表了设计的一个关键挑战，这需要新的空气动力学方式来产生具有有限阻力的升力。

1.3.4　其他设计挑战

无人机小型化的困难不仅在于与空气动力学、推进装置和飞行控制相关的物理原因，还有其他方面的技术挑战，其中一个与电磁干扰相关。事实上，当所有电子元件都封装在狭小的空间内时，电机产生的电磁场会干扰磁力计或**全球定位系统**（global positioning system, GPS）接收器内的信号。此外，无人机小型化的经验表明电线的重量占到小型无人机总重量的很大一部分，因此需要集成化以减少由于各种组件之间的电气连接而增加的重量。

1.4　无人机网络及其优势

无人机网络可被视为飞行的无线网络，网络中的每架无人机本身作为一个可以收发信息的节点，也可以为发给网络中其他无人机的信息提供中继。网络可以是**自组织**（ad hoc）

的、没有任何配套基础设施，也可以由基于地面和/或基于卫星的通信基础设施支撑。无人机网络的拓扑或配置可以采用任何形式，包括网格、星形甚至是直线，它主要取决于应用环境和用例场景。

首先了解为什么我们需要无人机网络。单个无人机只是因其处在更高的高度就具备几个优势，其中最重要的是在地面（或空中）发射器与空中（或地面）接收器之间的清晰视线，事实上这就是将用于蜂窝或广播通信的天线放置在塔上的原因，塔的典型高度为50英尺到200英尺（15.24m～60.96m）。单个无人机节点可以作为位于地面的发射器-接收器对之间的中继，扩展它们之间的连接范围，如图1-16所示。当由于地形不平或环境混乱而无法在发射器和接收器之间建立清晰的视线时，由无人机搭建的通信基础设施为地面基础设施提供了更好的替代方案。

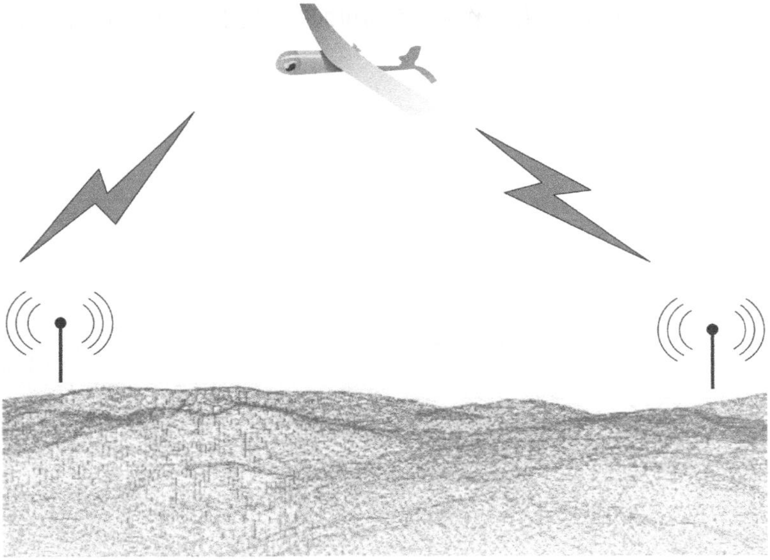

图1-16 一架无人机可以作为发射器–接收器对的中继节点，扩展两者间的通信范围

图1-17显示了两架无人机如何协同工作，将信息从地面上的一个无线电台传输到另一个无线电台。多架无人机可以作为中继节点链扩展通信范围。图1-18显示了一组无人机组成了ad hoc（点对点）网络，作为移动ad hoc网络或空中**移动自组网络**（Mobile Ad hoc Network, MANET）。空中MANET是一种多跳网络解决方案，用于远距离传输信息，空中MANET中的每个节点充当一个终端以及承载网络中信息的中继节点或路由器。在一个ad hoc配置中，不需要任何其他基础设施（例如卫星或中央服务器）来支撑无人机集群。

在实际应用中，基于地面和卫星的服务将提高无人机网络的可靠性和耐久性。例如，一个**全球定位系统**（GPS）传感器有助于估算并交换无人机之间的地理定位信息。具有基于地面和卫星的通信基础设施的无人机网络通常被称为机载网络。

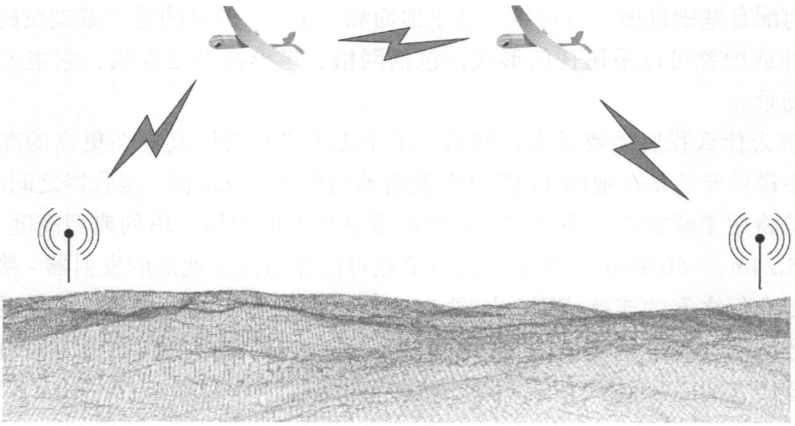

图 1-17　两架无人机协同工作，作为一个简单的中继网络扩展地面通信的覆盖范围

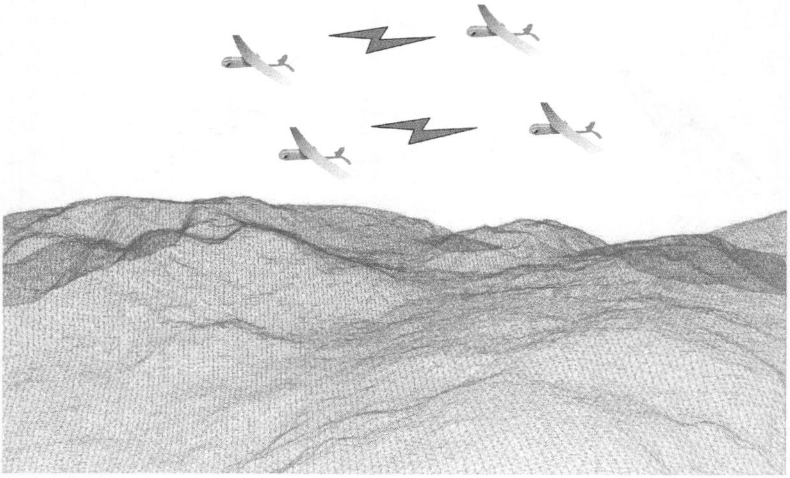

图 1-18　多架无人机组成一个空中移动 ad hoc 网络

1.4.1　机载网络的独特特征

由于空中节点的移动速度比地面上的节点快得多，因此空中网络的拓扑结构是高度动态变化的，图 1-19 显示了机载网络的示例。极端变化的动态特性需要特定的路由协议和安全的信息交换，此外，感知与规避以及态势感知策略对于确保节点在飞行期间保持最小安全距离是必要的。

机载网络是独特的，并且在许多方面与仅涉及地面车辆的车载网络显著不同。为 MANET 和地面车载网络设计的经典移动模型和安全策略不适用于机载网络。机载网络需要考虑移动模型的独特特性，例如平滑转弯以及能够满足最小延迟要求的高水平信息安全保障、认证和完整性验证策略。

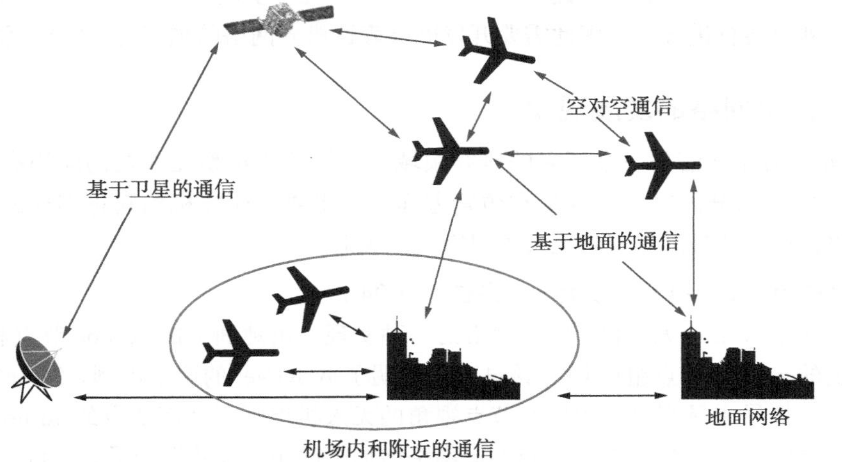

图 1-19 一个真实世界的机载网络由无人机系统以及基于卫星和地面的通信基础设施组成

机载网络是一种**赛博物理系统**（Cyber Physical System, CPS），其物理和赛博组件之间存在着强烈的相互作用。计算、通信和网络元件构成系统的赛博组件，而飞行路径、机动几何形状和多模资源（包括基于地面的节点和控制站）构成了 CPS 的物理组件。机载网络的根本性挑战是在其赛博和物理组件之间实现协同互动，如果能成功地探索并利用这种协同作用，将对下一代航空运输系统极为有利。例如预测邻近空域内空中飞行器的轨迹（如 1 000 平方英里区域），组成具有友好节点的可信网络，在其拓扑改变时重新配置网络以及在空中与飞行员之间安全地共享音频和视频流数据，这将显著提升空中飞行器的态势感知能力并提高航空运输系统的安全能力。然而探索赛博和物理维度之间协同作用所需的基本设计原则尚未制定，这就非常需要生成实验数据集来导出这样的设计原则。

1.4.2 无人机网络的移动模型

移动模型为连通性研究、网络性能评估以及最终可靠路由协议的设计提供了框架。特别地，移动模型捕获每个网络代理的随机移动样式，基于该样式可以估算与变化的网络结构相关的大量信息，例如节点分布以及链路和路径寿命的统计。为了提供准确的预测以促进空中联网，为机载网络开发逼真且易处理的移动模型至关重要。在有关文献中已经广泛研究了一些移动模型，例如**随机方向**（Random Direction, RD）和**随机路点**（Random Waypoint, RWP）。RWP 模型假设一个代理选择随机目的地（航路点）和行驶速度，它抵达后会在前往下一个目的地之前暂停。RD 模型的扩展版本假设一个代理在随机选择的行驶时间之后随机选择速度和方向。这些通用模型的随机性质（例如它们的空间分布）可以在文献中找到。广泛使用的 RWP 和 RD 模型非常适合描述 MANET 中移动用户的随机活动，但是它们缺乏描述空中飞行器独特特征的能力，例如移动用户和地面车辆很容易减速、急转弯并沿相反方向行驶（参见表达了此类运动的增强型随机移动模型）。空中节点不能进行如此急转弯或立即反转行进方向，因此需要开发能够表达机载网络的独特特征的逼真模型。

1.4.3 无人机网络的发展现状

无人机联网和通信是一个新兴的研究领域。尽管关于小型无人机的应用有大量文献，但这项研究的大部分内容仅在理论和仿真方面，学术界和研究机构真正实现的数量有限。下面我们将讨论一些最近实现的无人机网络及其成果。

1. AUGNet（美国科罗拉多大学，丹佛，2004）

AUGNet 是 ad hoc 无人机 - 地面网络的一种实现，由地面上的 ad hoc 节点和安装在小型无人机上的 ad hoc 节点组成[71]，该试验台说明了 AUGNet 的两个用例。第一个用例是一个中继场景，场景中具有更好的地面节点视角的无人机增强了地面节点的 ad hoc 网络的连通性。第二个用例中无人机之间的 ad hoc 网络增加了操作范围并提升了无人机之间的通信。实验结果表明，无人机支撑的网络生成较短的路由、具有更好的吞吐量并提升了网络覆盖范围边缘节点的连通性。最近在该试验台上进行的实验已经提供了关于不同操作方式下的网络吞吐量、延迟、范围和连通性的详细数据。需要这样的实验来理解无人机网络的性能限制。

2. 利用商用现货组件进行无人机联网（美国空军研究实验室和哈佛大学，2006）

空军研究实验室（Air Force Research Laboratory, AFRL）和哈佛大学联合开展了**商用现货**（Commercial Off-The-Shelf, COTS）通信设备的无人机联网[198]。基于 COTS 的低成本且功能强大的通信设备和无人机平台，该团队分别使用支持 802.11（在 2.4GHz 和 5GHz）和 900MHz 技术的通信设备对基于无人机的网络进行了两次现场实验。该实验是为了比较带宽和通信范围以及联网能力，这些现场实验收集的实验数据比当时可用的任何仿真数据都更准确和真实。

3. 耐久的机载网络扩展（美国波音公司和海军研究实验室，2009）

“**耐久机载网络扩展**”（Robust Airborne Networking Extension, RANGE）研究项目由波音研究与技术部和**海军研究实验室**（Naval Research Laboratory, NRL）在**海军研究办公室**（Office of Naval Research, ONR）的支持下开展。该团队开发、测试、评估和演示了无人机与地面站弹性移动互联网的协议和技术，以扩展监视范围和战场空间连通性[124]。现场测试包括一个由 11 个地面站、一个移动车辆和两架固定翼无人机组成的 802.11 地面 – 无人机网络，展示了混合空中 / 地面联网场景和**移动自组织网络**（MANET）能力。

4. UAVNET（德国波恩大学，2012）

UAVNET 是使用无人机的移动无线网状网络的一个原型实现[303]，每架无人机携带轻型无线网状节点，使用串行接口直接连到无人机的飞行电子设备，飞行无线网状节点互相连接并通过 IEEE 802.11s 协议相互通信。每个无线网状网节点都作为**接入点**（Access Point, AP）工作，为常规 IEEE 802.11g 无线设备提供接入，例如笔记本电脑、智能手机和平板电脑。通过建立由一个或多个飞行无线网状节点组成的空中中继，该原型能够实现让两个通信对等体自主地进行互相连接。实验结果表明，与基于地面的中继网络相比，多跳无人机中继网络的吞吐量明显提高。

5. 无人机网络的移动模型（2014）

移动模型抽象了 MANET 中移动节点的移动样式，它们通常用于估算不同应用场景中的网络协议的性能，逼真的移动模型是创建逼真的仿真环境所必需的。在参考文献 [65] 中已经提出了无人机的狗仔队移动模型，该模型是一个随机模型可以基于状态机模仿狗仔队无人机的行为，其中五个状态代表五种可能的无人机移动：停留、航路点、绕八字、扫描和椭圆形。该文献将该移动模型与热门的随机路点移动模型进行了比较。最近的一项研究参考文献 [438] 提出了平滑转向移动模型，该模型表达了空中飞行器做出直线轨迹和大半径平滑转弯的趋势。

6. "天巡者"（SkyScanner）（2015）

"天巡者" 是一个研究项目，旨在部署一队固定翼小型无人机用于研究大气层[6]。这是一个由五个合作伙伴参与的合作项目，包括**法国国家科学研究中心**（Centre National de la Recherche Scientifique, CNRS）的**系统分析和架构实验室**（Laboratory for Analysis and Architecture of Systems, LAAS）、**国家计量研究中心**（Centre National de Recherches Météorologiques, CNRM）的**大气计量研究组**（Groupe d'étude de l'Atmosphère Météorologique, GAME）、**法国航空航天大学**（ISAE）的**空气动力学、能量学和推进系**（Department of Aerodynamics, Energetics and Propulsion, DAEP）、**法国航空航天研究中心**（Office National d'Etudes et de Recherches Aérospatiales, ONERA）的系统控制和飞行动力学部以及**国家民航学院**（Ecole Nationale de l'Aviation Civile, ENAC）的无人机实验室。"天巡者" 项目的范围包括大气科学、小型无人机的空气动力学、能量收集以及分布式机队控制。该项目依赖于无人机之间的强有力合作，这些无人机共同构建了大气参数的 3D 地图并决定了对哪些区域进一步绘制。

1.5 总结

本章讨论了无人机的类型和任务能力。它概述了无人机集群、无人机小型化以及无人机小型化的机遇和设计挑战；概述了无人机网络的优势并介绍了过去几年展示的几个无人机联网项目；简要讨论了无人机网络的移动模型。

CHAPTER 2

第2章 空对地与空对空数据链路通信

Bertold Van den Bergh，Sofie Pollin

为了确保地面对于飞机和空域的控制，无线通信一直是载人航空中必不可少的技术。除了无线通信，在所有飞行控制系统中，各种无线电频段的雷达也是重要的组成部分，它们可以提供关于飞机位置的准确信息。几十年来无线通信领域实现了巨大进步。首先是从模拟系统到数字系统的飞跃，之后是通过摩尔定律实现了数字比例缩放。今天大量不同的技术都在使用和共享相同的航空波段。本章我们将从早期的载人航空无线通信的背景入手谈论雷达以及早期的数字通信，然后将讨论近来提出的两种L波段数字航空通信新技术，最后通过研究地面移动宽带通信的先进经验并推广至小型无人机的空中通信，我们将总结出一些基本结论。随着技术的发展，在越来越小的芯片上可以实现越来越多的处理能力，但是为了确保良好的链路预算和远程通信质量，我们仍旧需要依赖电磁波和无线信道的基本特性。因此我们分析了多天线技术的应用，以及近十年来提高了地面移动宽带通信范围和速率的突破性技术，并对其在小型无人飞行器上的可行性进行了评述。

2.1 载人航空的空对地通信

无线通信技术通常用于载人航空。本节概述了载人航空中雷达和通信的解决方案。无人机系统可以看作这些系统的延伸，是以传统的载人通信技术为基础，结合在移动宽带通信场景下进行的颠覆性创新。

2.1.1 地基飞机识别雷达

在受控空域中，准确地知道所有参与飞行的飞机的位置是非常重要的，通过一次监视雷达和二次监视雷达可以对所有的飞机进行识别。我们将首先介绍这两种雷达系统，然后重点比较两种雷达系统的天线。

1. 一次监视雷达

一次监视雷达（Primary Surveillance Radar, PSR）系统是一种传统的雷达系统，它使用一个大的定向天线来发射信号并监听接收到的回波，回波的延迟与飞行时间和飞机距离呈函数关系。这种方法的一个巨大优势是，避免了在尺寸和重量都受限制的飞行器上安装设备，然而缺点是会探测到任何能引起足够强反射的物体，这导致鸟类、云层甚至特殊地形都会引起混淆。除此之外，单雷达的一个主要缺点是它只能发现物体而不能识别物体。

另一大限制是几乎所有的一次监视雷达系统都无法确定飞行器的高度，这是由于系统只能在水平面上平移天线，垂直波束图被天线的物理外形所固定。实际上水平波束非常窄，因此具有很高的方位分辨率，而垂直波束很宽，能够尽可能多地照射和探测空中的物体。

最有可能让一次监视雷达测量高度的方法是使用波束导引的相控阵天线，它比机械式转向天线更昂贵，因为相控阵天线的每个天线单元都需要一个模拟前端，并对前端进行相位相干性设计。也可以将天线安装在平移倾斜定位装置上并以此方式扫描整个 3D 空间。然而雷达图像需要很强的时效性，要求更新率为 5 ～ 15s，而天线质量一般都很大，无法高速地移动。一些主要出于防御目的的系统会采用多馈点天线或装有移动二次反射器的单馈点天线。气象雷达经常使用双轴定位天线，它们只需每隔几分钟发送一次图像。图 2-1 是位于比利时贝尔特姆的雷达站，由 Belgocontrol 公司管理，图中大型的天线是一次监视雷达，二次监视雷达使用顶端较小的天线。

图 2-1　比利时贝尔特姆雷达站的一次和二次监视雷达

2. 二次监视雷达

二次监视雷达（Secondary Surveillance Radar, SSR）的主要任务是确定高度和识别飞行器。由于它依赖安装在飞行器上的应答器，因此它不能用于探测和跟踪不合作的目标。

应答器接收地面站发送的询问请求，然后根据相应的应答模式进行应答。常用的民用航空器的应答模式见表 2-1。

表 2-1 二次雷达应答模式

模式	描　述
A	发送 4 位飞行器 ID 码。这个 ID 不是全球唯一，由空管指定。
C	发送飞行器气压高度。
S	发送多种消息类型，支持选择性询问，全球唯一 ID。

值得注意的是，模式 A 和 C 总是一起使用，所以高度和飞行器 ID 码都会被发送回去，但 A 和 C 两种模式的一个问题是它们无法回应选择性询问。如果一个区域被许多雷达覆盖，应答器将发送大量的应答，这会导致堵塞和干扰增加。此外如果两架飞行器靠近，它们的询问应答会发生冲突从而降低雷达系统的有效性。为了解决这些问题引入了模式 S，所有的应答器都有一个全球唯一的 24 位 ID 码，它可以用于特定的询问以及地面和航空站之间的数据通信，询问时使用 1 030MHz 频率而回复时使用 1 090MHz 频率。

3. 余割平方天线图

典型的空中监视雷达天线具有特定的余割平方图。本节将简短地介绍这个特定的图是什么以及为什么使用它。首先推导出计算雷达接收功率的公式。

第一步是确定雷达发射器在目标处产生的功率密度 S_i。假设雷达系统发射功率为 P_{tx}，它在半径为 R 的球面上传播，可以得出：

$$S_i = \frac{P_{tx}}{4 \cdot \pi R^2}$$

当然，实际使用中所有的雷达系统都会使用具有增益的天线，这意味着功率主要是沿一个方向发送的。与各向同性辐射体相比，参数 G 定义功率密度的高度。考虑方向性，那么目标（S）处的功率密度是：

$$S = G \cdot S_i$$

不是所有的物体都会同样地反射雷达信号，大型客机是一个很好的反射体，而木质双翼飞机并不能很好地反射雷达信号。因此我们定义雷达截面积 σ 为截获发射雷达辐射的区域，并各向同性地将其散射回接收器，物体散射的功率为 P_S：

$$P_S = S \cdot \sigma$$

当雷达接收器的功率密度为 S_r 时，计算得到的接收功率较原发射功率将再次衰减。假设雷达为单基地雷达，这意味着从发射器到目标的距离和从目标到接收器的距离是相等的。雷达截面积是对于各向同性辐射体而言的，故增益为 1，由此可以得出接收功率密度：

$$S_r = \frac{P_S}{4 \cdot \pi R^2}$$

$$S_r = \frac{S \cdot \sigma}{4 \cdot \pi R^2}$$

$$S_r = \frac{G \cdot P_{tx} \cdot \sigma}{(4 \cdot \pi)^2 R^4}$$

天线端口的实际接收功率 P_r 取决于天线孔径 A：

$$P_r = S_r \cdot A \tag{2.1}$$

天线增益与孔径成正比关系：

$$G = \frac{4 \cdot \pi \cdot A}{\lambda^2}$$

$$A = \frac{G \cdot \lambda^2}{4 \cdot \pi}$$

根据式（2.1），假设发送和接收天线相同，可以得到：

$$P_r = S_r \frac{G \cdot \lambda^2}{4 \cdot \pi}$$

$$P_r = \frac{G \cdot p_{tx} \cdot \sigma}{(4 \cdot \pi)^2 R^4} \cdot \frac{G \cdot \lambda^2}{4 \cdot \pi}$$

那么最终的接收功率可以表示为：

$$P_r = \frac{G^2 \cdot P_{tx} \cdot \lambda^2 \cdot \sigma}{(4 \cdot \pi)^3 R^4} \tag{2.2}$$

为了向空中监视雷达提供统一的扇区覆盖，我们希望天线按功率 P_r 发送信号时，不依赖在某一高度的飞机飞行时波束传输的距离。如式（2.2）所示，对于恒定的 P_r：

$$G^2 \sim R^4$$

$$G \sim R^2$$

由图 2-2 可知，距离 R 与飞机仰角 α 和高度 h 有关：

$$\sin\alpha = \frac{h}{R}$$

因此：

$$R = \frac{h}{\sin\alpha} = h \cdot \csc\alpha$$

由于在固定的发射功率下 G 和 R^2 成正比，假设高度是常数，则有：

$$G \sim (h \cdot \csc\alpha)^2$$

$$G \sim (\csc\alpha)^2$$

因此我们可以确定理想天线具有与仰角的余割平方成正比的增益。

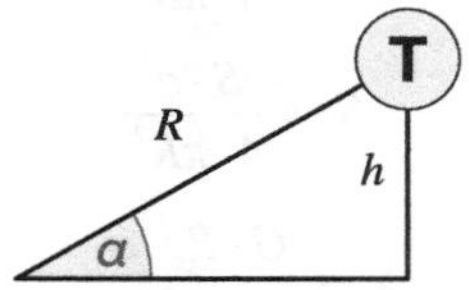

图 2-2　距离为 R、高度为 h、仰角为 α 处的目标示意图

2.1.2　雷达以外的距离与方向测量

距离测量设备（Distance Measuring Equipment, DME）能够测量从飞行器到地面转发站的倾斜距离，虽然目的类似于雷达，但它是通过双向分组交换技术实现的。询问飞行器发送脉冲编码消息到地面站，在一个固定延迟之后由地面站回复消息，然后飞行器中的测量单元可以通过测量往返时间来确定到 DME 信标的距离。值得注意的是，测量的距离是倾斜距离。实际上如果飞行器在 DME 正上方 1km 处，那么距离读数将显示 1km。

DME 系统使用 126 个不同的信道，信道间隔为 1MHz。下行链路频段为 1 025MHz ～ 1 150MHz，上行链路频段为 962MHz ～ 1 213MHz。典型的峰值发射器输出功率约为 1kW，与 Wi-Fi 等移动宽带系统相比高出了很多，并且与这些系统的共存具有挑战性，后面将着重讨论这一点。

DME 站通常与**甚高频全向范围站**（Very High Frequency Omnidirectional Range, VOR）共址。VOR 是固定的陆基发射站，通过传输信息，它可以让飞行器计算进出站的方位，通常与 DME 一起用于计算飞行器的位置。或者可以将两个 VOR 的方位相交得到飞行器的位置。

VOR 系统通过发送频率范围 108MHz ～ 118MHz 的甚高频信号来工作。该信号有三个部分：第一部分是全向信息；第二部分是高度定向信息，通过 30Hz 的相控阵天线旋转传输，然后通过比较方向和全向分量可以计算出方位；第三部分是用于电台识别的摩尔斯编码信号。一些 VOR 系统还可以广播语音消息。

除此之外，还有非定向信标，可在 190kHz ～ 1 750kHz 之间的极低频率下工作，其载波可调制传输摩尔斯码 ID 和语音信息并通过飞行器的测向接收器接收。

2.1.3　用于精确定位的仪表着陆系统

仪表着陆系统（Instrument Landing System, ILS）是一种地基无线电系统，它能够帮助飞机进行精确着陆。该系统由两个部分组成：定位器和下滑道。定位器是安装在跑道末端外的天线阵列，天线传输两种信号：一个 90Hz 指示右方向的信号和一个 150Hz 指示左方向的信号。飞机上的接收器将测量 150Hz 和 90Hz 信号的相对强度，为了保持在跑道中心位置，两种信号强度应该相等。

定位器系统仅提供水平方向的制导，为了引导飞机垂直方向的操作，将使用另一种称为下滑道的系统，它的工作原理与定位器相似：90Hz 信号指示向上，150Hz 指示向下。进场航线一般在 3° 左右。

2.1.4　空地间语音通信

为了使飞机能够进行语音通信，经常使用**甚高频**（Very High Frequency, VHF）频段进行通信，其频率范围在 118MHz ~ 137MHz 之间，实际频段开始于 108MHz，但是前 10MHz 被保留用于非语音操作（VOR、ILS 等）。在许多国家，信道间隔设定为 25kHz，而欧洲为 8.33kHz。遥远区域的远程操作可以使用短波通信。军用飞机在 225MHz 和 400MHz 之间分配有**超高频**（Ultra High Frequency, UHF）频段。

甚高频采用的调制方式是标准**幅度调制**（Amplitude Modulation, AM）。使用幅度调制的最大优点在于，当同时接收多个信号时用户将听到两种信号的混合，这使得多方交谈可以同时进行。频率调制具有非常强的捕获效果：如果同时发送两个信号，则只接收最强的信号。

2.2　面向未来的现代化空中通信

根据欧洲控制局发布的一份报告[154]预测，到 2035 年欧洲将有 1 440 万架次航班在“调控增长”情况下出现。随着航空飞行需求不断增加，美国和欧洲的**空中交通管理**（Air Traffic Management, ATM）系统很可能在未来几年达到能力极限。美国和欧洲都已经开始通过大型项目开发下一代空中交通管理系统来满足这一需求：

- 欧洲单一天空 ATM 研究（欧洲）；
- 下一代国家空域系统（美国）。

这两个项目在**国际民航组织**（International Civil Aviation Organization, ICAO）的框架下协调一致。为了实现这些新的空中交通管理系统，有必要开发改进的通信、监视和导航技术。我们首先概述监视和导航技术，然后总结改进的通信新技术。

2.2.1　现代监视与导航技术

现代监视系统一般会使用**自动相关监视广播**（Automatic Dependent Surveillance–Broadcast, ADS-B）技术来增强监视。这是一种协同监视技术，在没有询问者的情况下，飞行器会定期广播通过卫星导航获得的位置信息。相应地，许多地面站通过接收周期性信号来追踪飞行器位置。此外，其他飞行器上的接收器也可以接收该飞行器发送的周期性信息以获得态势感知。ADS-B 有可能取代雷达作为民用空域监视的典型技术方案，但需要注意的是，系统需要目标合作因此不适合国防应用。

ADS-B 由 ADS-B Out 和 ADS-B In 两种服务组成，ADS-B Out 是广播飞行器导航信息的发射器，ADS-B In 是一种能够接收其他飞行器或地面站广播信息的接收器。ADS-B 有许多优点：

- ❑ 态势感知：在配备 ADS-B 接收器（ADS-B In）的飞行器上，驾驶员可以看到周围飞行器的位置和高度，驾驶舱屏幕上也可以显示天气。在一个完整的 ADS-B In 系统中获得的视图，可以与空中交通管制屏幕上所看到的相媲美。系统创建了一种分布式态势感知，大大提升了飞机可视避让的能力。
- ❑ 提升导航精度：由于飞行器定位精度高，因此可以让飞行器控制的分离度更低、效率更高、环境影响更小。此外，ADS-B 可以帮助飞行器更有效地绕过天气恶劣和受到限制的空域。
- ❑ 识别：由 ADS-B 发射器广播的数据包含唯一的识别码，这使得每架飞机都能被唯一识别。
- ❑ 提升安全性：如上所述，ADS-B 还允许从地面传输数据到飞机，这两项服务是**飞行信息服务广播**（Flight Information Service Broadcast, FIS-B）和**交通信息服务广播**（Traffic Information Service Broadcast, TIS-B）。FIS-B 提供天气信息和文字式的建议，如**航行通告**（NOTAMS）；TIS-B 提供雷达捕捉到的飞机航线信息。
- ❑ 搜索与救援：由于飞行器每秒钟发射一个非常精确的位置，所以更容易预测飞行器可能坠毁的位置。
- ❑ 占地面积小：ADS-B 地面接收器非常小，因此很容易通过添加多个地面站来填充覆盖间隙，尤其是在不可能安装雷达站或是安装成本过高的地方。
- ❑ 成本：ADS-B 地面站的成本明显低于传统的一次和二次雷达站的成本。

ADS-B 业务有两种主要的空中协议：

- ❑ 1 090MHz 扩展分频器：该系统使用修改的模式 S 应答器在 1 090MHz 发送数据。扩展的断续振荡消息的格式经过国际民用航空组织标准化处理 [219]，适应欧洲的使用需求。
- ❑ 通用接入收发器：这个 978MHz 系统仅适用于美国低于 18 000 英尺（5 486.4m）**平均海平面**（Mean Sea Level, MSL）的空域，它是 ADS-B 最典型的数据链路协议。

2.2.2 空中交通管理中的数字通信技术

根据 Schnell 等人得出的结论 [375]，现代化 ATM 技术需要从语音通信转向数字通信。控制器和飞行员之间与日俱增且愈加复杂的信息交换需求需要现代通信技术作为支撑。正如前文所述，几乎所有的空中交通控制台和飞行员之间都需要使用语音来通信，但是很明显，语音有一个缺点就是它拥有很高的“开销”，不适合用来高效地传递未来操作程序中所需的信息。尽管语音通信很可靠，但是它的频谱效率很低，通常只有几个数据位可以用来表示消息的内容，为了解决这个问题，发展数字通信链路是非常必要的。理论上，数字通信链路工作在 VHF 频段能够获得最佳的覆盖范围。实际上，国际民航组织二十多年前就制定了一个 VHF 数据链路：VDL（VHF Data Link，甚高频数据链路），但是这个链路的吞吐量太低，无法满足未来 ATM 的应用场景，因此需要发展一种新的数据链路标准，这种链路工作在 L 波段（960MHz ～ 1 164MHz），该波段已经分配在航空通信的次级信道上。目前正在研发两套系统来满足通信需求：LDACS1 和 LDACS2。LDACS（L-band Digital Aeronautical Communication System）即 **L 波段数字航空通信系统**的缩写。这两种通信系统设计的通信距离都是 200 海里（370km）。

需要注意，上文所说的频率范围中很大一部分是与甚高功率脉冲 DME（参见 2.1.2 节）发射器共享的。因此，在这里部署的任何数据链路都必须在 DME（非嵌入）不使用的小频段中工作或者在 DME 信号（嵌入）之间传输。幸运的是，DME 信号具有如图 2-3 所示的频谱。如图所示，在嵌入部署场景中，两个 DME 发射器之间大约有 500kHz 的频段可以使用。因此，在 DME 信号之间部署是优选，这样部署新系统不用改变任何现有发射器的信道。

1. LDACS1

LDACS1 型是未来空对地通信标准中最有希望的候选方案 [139]。LDACS1 模式旨在部署于嵌入场景中，因此总带宽被限制在大约 500kHz 内。当然，它也可以在非嵌入场景中部署系统。图 2-3 显示了两个 DME 发射器之间的 LDACS1 信号。在某些情况下，仅有频谱形状是不够的，因此系统中还包含用于脉冲干扰的消隐系统。

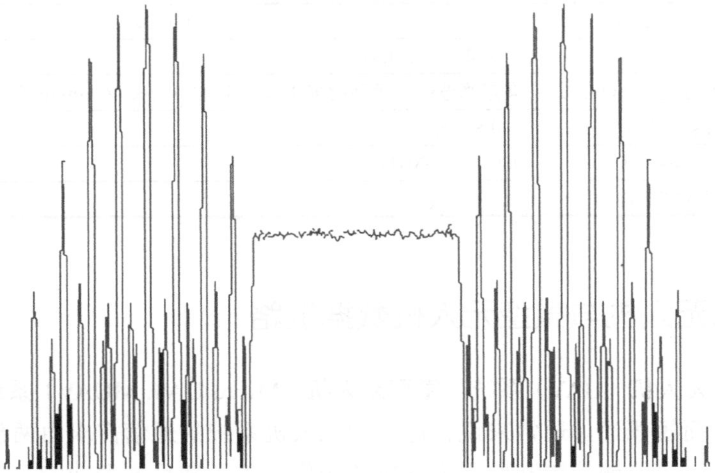

图 2-3　LDACS1 部署于两个 DME 发射器之间

LDACS1 是基于**正交频分复用**（Orthogonal Frequency Division Multiplexing, OFDM）调制的**频分双工**（Frequency Division Duplex, FDD）模式。虽然**时分双工**（Time Division Duplex, TDD）方法更容易实现，但由于系统要远距离工作，TDD 方法会产生较大的开销，保护间隔需要很长。如 2.1.2 节所述，另一个优点是正向（地对空）和反向（空对地）链路可以与 DME 上行链路和下行链路频率对齐，这将大大减少共存约束。

表 2-2 给出了 LDACS1 OFDM 的参数，该模式框架结构的完整概述详见参考文献 [386]。

表 2-2　LDACS1 系统参数

参数名	取值
总带宽 (B)	625kHz
FFT（Fast Fourier Transform, 傅里叶变换）位数 (N_{fft})	64
载波间隔 ($f_{sc}=B/N_{fft}$)	9.77kHz
有源副载波 (N_a)	50
有源带宽 ($N_a \cdot (f_{sc}+1)$)	498.1kHz
OFDM 符号周期 ($t_{fft}=1/f_{sc}$)	102.4μs
循环前缀周期 (t_{cp})	17.6μs
总符号周期 ($t_s=t_{fft}+t_{cp}$)	120μs

2. LDACS2

LDACS2[272] 是未来地对空数据链的第二大标准，其物理层实际上与第二代**全球移动通信系统**（Global System for Mobile communication, GSM）非常相似。由于它不能应对 DME 的干扰，所以只能应用于 960MHz ～ 975MHz 的频率范围。表 2-3 总结了 LDACS1 与 LDACS2 中重要的参数比较 [238]。

表 2-3　LDACS 系统比较

参数	LDACS1	LDACS2
双工方式	**频分双工**（FDD）	**时分双工**（TDD）
调制方式	**正交频分复用**（OFDM）	**高斯滤波最小频移键控**（Gaussian Filtered Minimum Shift Keying , GMSK）
吞吐量	561kbps ～ 2.6mbps	270.8kbps
频率范围	960 ～ 1164MHz	960 ～ 975MHz
共存	频谱嵌入和脉冲消隐	无

2.3　实际的无人机与微型无人机数据链路

本节对商用**无人机**（UAV）系统与**微型无人机**（Micro UAV, MUAV）系统中使用的典型通信技术进行了简短概述。通常来说，这两种无人机系统的通信需求由两部分组成，第一并且最首要的是应该能够控制和监视无人机的操作。为了满足这个功能，无人机应配备一个或多个有效载荷，这些有效载荷往往需要向其他无人机或者地面控制站传送数据。下面将讨论可以应用于无人机的各种已有的通信技术。在 2.4 节中我们将进一步测试并分析这些技术。

2.3.1　遥控与遥测

用于控制和监测无人机的无线链路通常是远距离且具有高可靠性，带宽需求通常很低。如果无人机的轨迹由飞行员控制，那么延迟也应尽可能低。

2.3.2 载荷与应用数据通信

依赖于视频传输的典型无人机应用（例如监视）需要无人机之间的高带宽通信，这通常使用以下系统：

1. IEEE 802.11

这个标准最常用于家庭和企业的无线网络中。该标准的常用版本（如 IEEE 802.11a/n）使用 2.4GHz 和 5GHz 频段的 OFDM 物理层，信道带宽是最常见的 20MHz 或 40MHz，同时还定义了两个带宽为 5MHz 和 10MHz 的窄带模式，通常用于专业应用。最新版本的标准（IEEE 802.11ac）允许在 5GHz 频段达到 160MHz 的信道宽度。该标准的一个主要优势在于，由于其在消费产品中应用广泛，相应的芯片和无线调制解调器的成本非常低；另一个重要的优点是从综合的视角来看，它可以模拟以太网电缆。事实上在无人机上通常可以重复使用标准的网络应用，并且不需要做太多改变。

2. 蜂窝 3G/4G

使用蜂窝系统作为无人机载荷通信系统的最大优势在于，整个网络侧已经由移动运营商提供了，系统简单易用。假设覆盖空间足够大，也能够轻易将蜂窝系统和互联网进行连接，但这一优势也是劣势，因为用户不能控制网络，无人机可能飞行在蜂窝网络未覆盖的区域，服务质量会很差。除了可能的覆盖问题，根据不同运营商的网络配置方式，还存在网络地址转换、防火墙相关的连通性问题。

3. 模拟系统

这部分主要适用于视频信号的传输。在业余级和轻型商用无人机种类中，拍摄的图像通过简单的模拟信号进行传输。

该系统基于传统的 PAL 或 NTSC 视频信号（译者注：即全球三大电视广播制式中的两种），然后在**射频**（Radio Frequency, RF）载波上对该信号进行**调频**（Frequency Modulation, FM）调制并发送。这种系统没有统一的标准，信号带宽和视频均衡参数由各个制造商自行决定，典型的带宽值是 20MHz。

模拟传输有很多缺点：图像质量差、分辨率低、无法进行安全加密、容易受到噪声影响、频谱效率低等。然而模拟系统有两个显著的优势是现代数字通信系统难以实现的。

第一个优势是：由于图像传感器输出的像素流几乎是对射频信号的直接调制，所以延迟非常低（可以实现小于 15ms）。这通常用于业余级系统，可以在完全手动控制飞行的情况下使用视频直播（即**第一人称视角**（First-Person View, FPV））来驾驶无人机；另一个优势在于其优雅降级特性（译者注：随着信号减弱 / 设备失效其功能逐渐丧失），当距离增加时，在图像上会出现越来越多的噪声，提示用户无线电系统正在接近极限。与之相比，大多数数字系统会完美地工作直到某一极限然后突然罢工。

当然，与基于**数字视频广播**（Digital Video Broadcasting, DVB）的技术一样，该系统将以 100% 的占空比传输，无法与其他通信技术共同工作。在许多国家，这意味着对发射功率进行强力限制或者需要频谱许可。

2.4 地面无线宽带解决方案在无人机链路中的应用分析

无人机空中通信需要在空中通信中引起更强烈的范式转移，因此先前讨论的 LDACS1 和 LDACS2 很可能无法满足需求。首先，无人机框架通常很小，从固定翼中小型飞机到更小的八旋翼无人机和四旋翼无人机，迄今为止发现的最小的四旋翼无人机直径约为 10cm，因此通信模块（包括链路层模拟和数字处理以及天线）的重量必须非常小。其次，无人机应用通常与搜索、救援或监视相关，无人机需要将视频数据通过无线链路传输到地面。因此数据传输需求比 LDACS1 或 LDACS2 中考虑的要高很多。第三，随着无人机系统广泛地应用于军事和民用领域，预计无人机节点在空中网络中的密度会很大，也就是说必须同时支持更多的通信链路。

为了满足重量和数据速率需求，人们普遍认为当今广泛应用的地面移动宽带通信适用于无人机系统，比如说 IEEE 802.11a、GPRS（General Packet Radio Service, **通用分组无线业务**）或者 LTE（Long Term Evolution, **长期演进技术**）蜂窝网络。这些网络中的通信节点通常使用芯片组，有时也在单个芯片中集成模拟和数字处理功能。如果可以为无人机框架制造出小而优的天线，相应的通信解决方案也将是轻量级的。为了证明这一猜想，2.4.1 节中将测评 IEEE 802.11 通信中工作在 ISM（Industrial Scientific Medical, **面向工业、科学、医学领域**）频段的天线用于小型无人机框架时的性能。

对于无线宽带通信技术中的数据速率要求，通常通过增加空间流的数量来满足，这意味着依靠发射器和接收器上的多个天线，可以增加发射器和接收器之间的链路层吞吐量。然而这仅在无线传播环境的某些特定条件下成立，我们将在 2.4.2 节详细地讨论。

对于空对地链路考虑两种情况。首先，我们将从干扰的角度研究空对地链路。空中的每架无人机都受到使用相同频谱的多个地面站的干扰，这些干扰链路显著地降低了无人机所接收的信噪比和信干比。通过应用波束成形技术（波束成形技术是一种不依赖于多径信道条件的备用多天线技术）可以显著降低这种地面干扰的影响。更多的细节在 2.4.3 节中给出。

下一章将在链路和物理层基本特性之外给出 IEEE 802.11 的更详尽分析。

2.4.1 单天线无人机系统分析

尽管模拟和数字宽带通信的芯片组已经非常轻巧了，但是通信系统的主要瓶颈仍然是天线的尺寸和重量。通信频率为 2.4GHz 时，理想的半波长天线的尺寸是 6cm，这对于多数无人机结构来说是一个比较大的尺寸。

除此之外，一般的无人机框架结构中都含有大量的导电材料，对天线和无人机机体很难做到物理隔离，因此天线的性能可能会被影响。为了证实这一点，我们对安装有全向

5GHz 四叶草天线的四旋翼无人机进行了试验，可以预见这些金属机臂会起到反射地平面的作用。如图 2-4 所示，测量方向的信号强度明显地降低了 [41]。在 Swinglet 塑料固定翼无人机上我们进行了相同的实验，为了验证信号衰减只受到金属机身的影响，无人机框架结构改为塑料机臂。事实上，此时的信号电平可以与自由空间的条件相媲美。

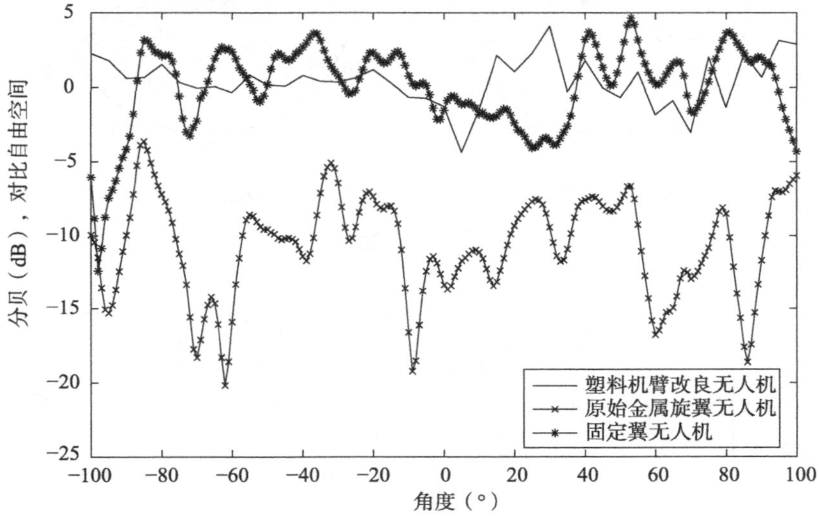

图 2-4 天线试验结果

假设金属机臂形成完美的地平面，我们可以得到相应的辐射样式分析。图 2-5 显示了不同天线高度的辐射样式（顶部和底部画在同一张图上）。如图 2-4 所示，信号随到达角变化很大，图 2-6 更详细地表现了这一点。

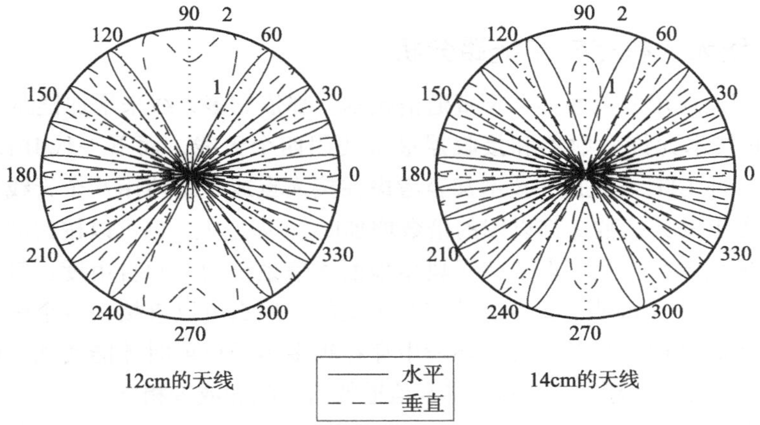

图 2-5 天线增益极化图

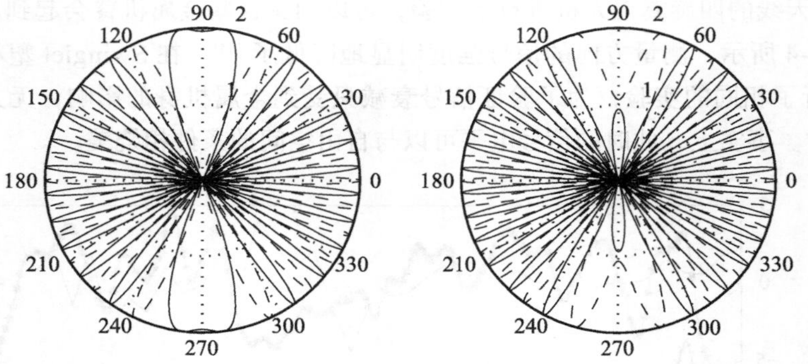

16cm的天线　　18cm的天线

图 2-5 （续）

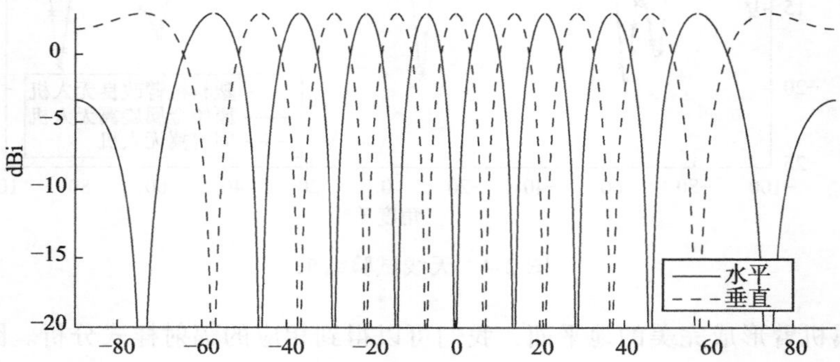

12cm的天线

图 2-6　单天线增益

2.4.2　多天线无人机空对空链路分析

当今所有广泛应用的地面移动宽带通信技术，都依靠多天线来增加链路层容量。IEEE 802.11n 和 LTE 技术允许发射器和接收器最多使用四个天线，而下一代 IEEE 802.11ac 和 LTE-Advanced（即 LTE 升级版）技术甚至考虑在接入点或基站使用八个天线。这是因为当发射器和接收器上的天线数量都以四的倍数增加时，(理论上）也可以按四的倍数扩大链路层吞吐量。这项技术很大程度上依赖于典型地面通信系统的空间自由度：每个发射和接收天线对应不同的信道，如果这些信道是完全正交的，那么可以直接在每个信道上发送消息而互不干扰。然而这种正交性只有在环境中存在很多多径反射时才能实现，因为它使得每个位置（或天线）能收到另一组频率，将本信道的信号相加或者相抵。

空对空通信链路拥有很强的**视线**（Line-Of-Sight, LOS）成分，这意味着发送无人机和接收无人机之间的直接射线强度很大，其量级比通过地面或其他物品反射的量级要大得多。

虽然在杂乱的环境中确实可能存在多个不同的反射（多路径），但是与 LOS 成分相比，这些反射在接收无人机处很可能都只有非常低的功率。在多个发射天线和多个接收天线之间的 LOS 信道相关性很高，由于这种相关性，很难依靠多天线技术在空对空链路上进行**空分复用**（Spatial Division Multiplexing, SDM）。

为了验证多入多出（Multiple-Input Multiple-Output, MIMO）在无人机场景中是无效的，我们测量了空中 IEEE 802.11n 链路的性能。IEEE 802.11n 能够使用多达四个天线，但最广泛使用的芯片组最多支持两个天线。我们在高度为 7m 的杆上安装了两个 IEEE 802.11n 天线卡以测量空中链路性能。通过在杆上测量，我们可以消除其他效应，如 2.4.1 节所述。两个天线使用相同的极化。

尽管测量中有噪声，图 2-7 显示出使用 MIMO 并没有实现预期的吞吐量双倍增加，只有在很短的距离内 MIMO 才能够提高吞吐量。MIMO 会启用两个不相关的信道，因此使用具有不同极化的天线可潜在地提高双流 MIMO 的性能。

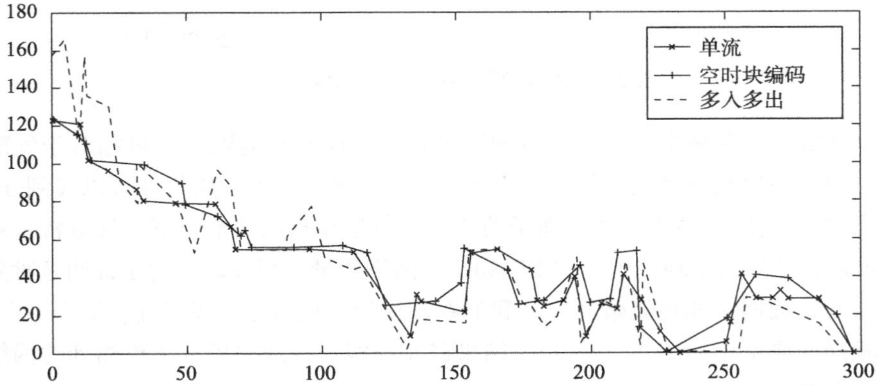

图 2-7　802.11 不同工作模式的比较

2.4.3　多天线无人机空对地链路分析

根据上面的分析可以得出，在小型无人机上使用多天线技术具有一定挑战性。首先，天线的重量和大小通常决定着有效通信载荷的重量和大小，因此将多个天线放在单个小型无人机框架结构上并非轻而易举，其影响将是相当大的。其次，即使不考虑天线重量，LOS 传播环境也禁止使用多个天线进行空分复用。可以考虑使用多个天线进行波束成形，在这种情况下，天线合作增强 LOS 方向上的信号，并确保由两个天线发射的波束在接收天线处正向相加。类似地，接收无人机处的多个天线可以合作接收来自 LOS 方向的信号，从而尽可能地忽略来自其他方向的信号。本节首先分析地面有害干扰对接收无人机信噪比和信干比的影响，然后将说明如何进行波束成形才能有效改善接收器的**信号与干扰加噪声比**（Signal to Interference plus Noise Ratio, SINR）。

1. 有害干扰测量

为了验证假设，即干扰等级随高度上升而增加，在参考文献 [430] 中我们设计了一种轻量化的 IEEE 802.11 数据包嗅探器，它可以用于任何无人机甚至氦气球上。有了嗅探器就能够：记录 IEEE 802.11 发射器的**接收信号强度指示**（Received Signal Strength Indication, RSSI）的强度等级，显示其随高度变化的趋势；追踪嗅探到的 IEEE802.11 发射器数量。图 2-8 详细描述了测量的设置，嗅探器放在了一个气球上，只会测量到周边的环境干扰。

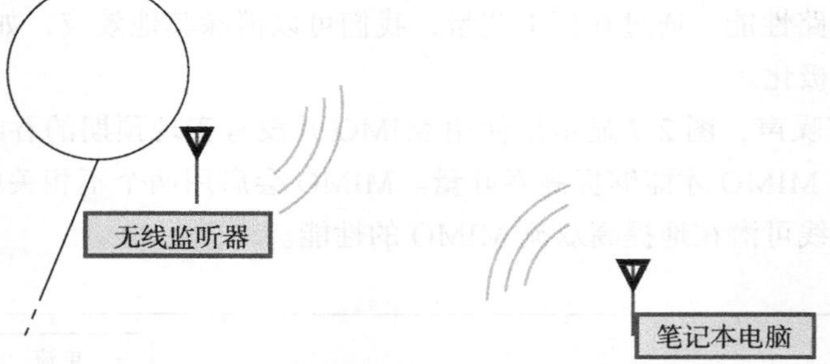

图 2-8　无线监听器放置在一个氦气球上

如图 2-9 所示，在城市环境中进行的测量指出，探测到的网络数量相对于气球的高度显著增加。测量在比利时鲁汶市居民区附近的大片空地上进行（用气球可以飞到任何地方，没有管制限制），气球的高度近似于绳子的长度，但是在有风的情况下，气球常常被吹走造成测量不准确，这导致了检测到的 IEEE 802.11 网络数量出现波动。为了证明这种效应是由于空中网络与地面网络相比遮蔽有限，我们在高度遮蔽的环境（译者注：即存在阴影效应）中进行了相同的测量。如图 2-10 所示，结果确实证实，在这种场景下检测到的网络的数量不会随着高度增加。

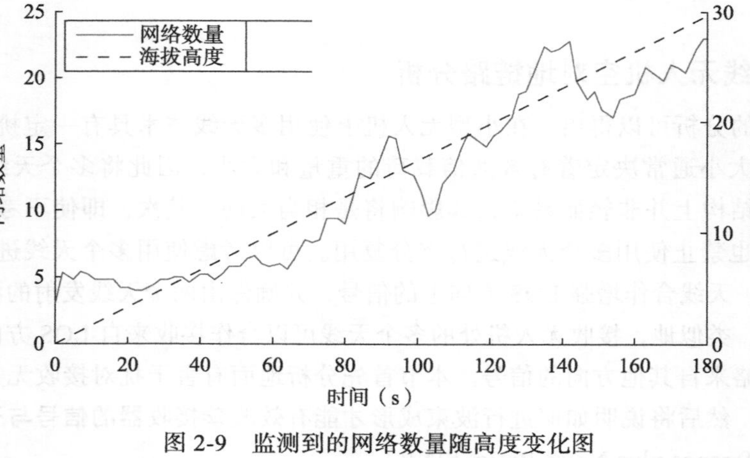

图 2-9　监测到的网络数量随高度变化图

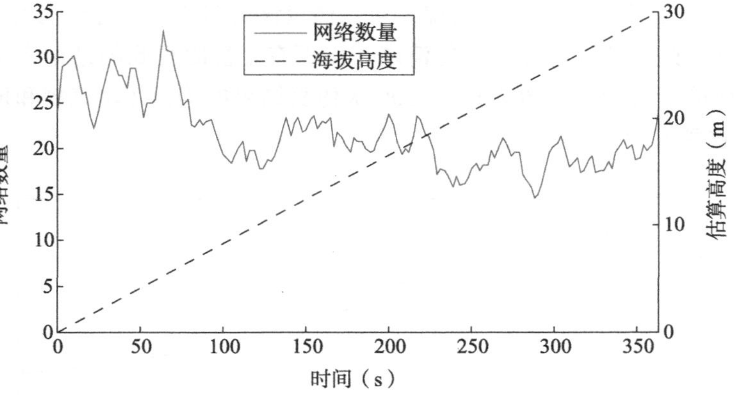

图 2-10　控制阴影效应的情况

2. 有害干扰模型

为了模拟上面测量的效果，我们创建了一个简单的模型。由于工作在空对地场景中，所以可以预见路径将由视线成分控制，因此可以用 Friis 方程有效地估算路径损耗：

$$L_p = G_t G_r \left(\frac{\lambda}{4\pi R} \right)^2$$

然而，测量证实应该考虑离散的阴影（遮蔽）效应（如图 2-11 所示）。遮蔽可以简单地表示为穿透物体每米的附加路径损耗：

$$L_s = G_s^d$$

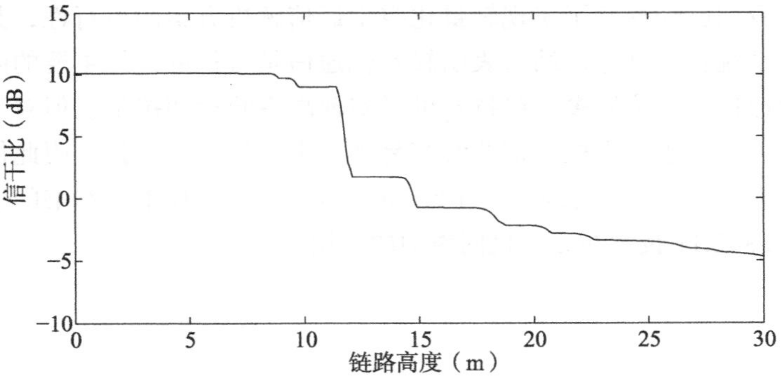

图 2-11　信号干扰比

有了这个模型，我们可以确定空中接收器与地面基站通信时，受到来自地面上大量随机分布的无线接入点干扰的**信号与干扰加噪声比**（SINR）。假设天线为全向天线并在自由空间传播，一个跨越 300m 距离并在 2.45GHz 下工作的链路将具有 90dB 的路径损耗。假设机载发射器的输出功率为 20dBm，那么接收到的信号强度为 −70dBm，这个信号强度等级不足以保证 IEEE 802.11 链路的无误码传输。可以假设该链路质量只有在无人机飞行高度更高时才能变得更好，此时非涅尔区将变得清晰。然而有干扰时得到的结论完全不同，高强度的背景干扰使得信干比为负。图 2-12 是 100 次仿真结果的均值（建筑物和地面干扰源位置随机），演示了这种效应。

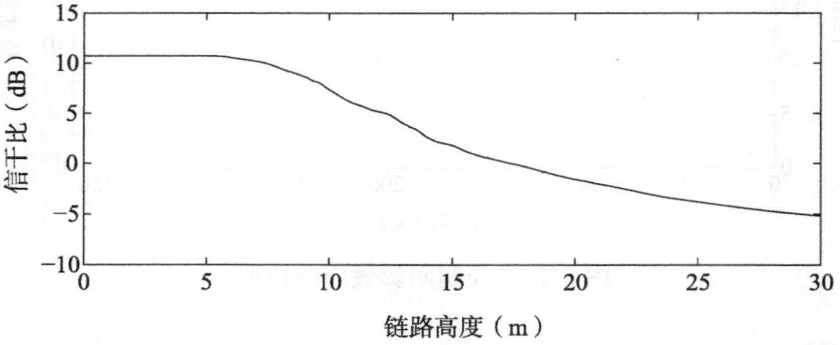

图 2-12 平均信号干扰比

2.5 总结

本章首先概述了飞机和地面站之间常用的通信技术。第一代系统由雷达系统和主要适用于语音通信的一些简单通信技术组成。随着数据通信需求和吞吐量的不断增加，LDACS1、LDACS2 等现代数字通信技术应运而生。随着小型和中型无人机的出现，空中通信需求将进一步增加，通信技术向轻量化解决方案、用于视频传输的高容量链路以及密集的网络发展。我们已经探索了实现轻量化空中通信解决方案的可行性，其具有高数据速率并与地面通信系统良好共存。结果表明轻量化通信是可行的，但主要的问题来自于地面的干扰。在地面通信中，依靠多天线技术可以实现高吞吐量和抗干扰但对于空对空链路来说非常具有挑战性。由于无人机通信非常容易受到来自地面的干扰，因此使用多个天线进行波束成形以使对地面和来自地面的干扰最小化是一项关键技术。本书的下一章将进一步研究和讨论 IEEE 802.11 技术在无人机网络中的应用。

CHAPTER 3

第 3 章

空中 Wi-Fi 网络

Evşen Yanmaz，Samira Hayat

3.1 简介

自主无人机（AUAV）越来越广泛地应用于多样化的民用和商业应用中，如环境和自然灾害监测、边界监视、紧急援助、搜索和救援任务、货物交付和建筑工地[208,132,362,265,434,110,280,163]。由于无人机的快速部署和广阔覆盖能力，使用单个或多个无人机作为通信中继或空中基站，进行紧急情况下的网络供应以及用于公共安全通信，一直是研究的热点[331,193,206,429]。除了覆盖范围和容量要求之外，已部署空中平台的尺寸和必要平台的数量是决定机载通信系统的关键因素[73]。

小型多旋翼无人机由于其易于部署、低采购和维护成本、高机动性和拥有悬停能力，在实践中特别受到关注。小型无人机的研发首先集中于控制问题，如飞行稳定性、机动性和鲁棒性，然后设计能够以最少的用户干预按照航路点飞行的自主飞行器。考虑到这些飞行器有限的飞行时间和有效载荷容量以及上述应用可能跨越的区域大小，人们的关注点越来越多地转向用于高效成功执行任务的多无人机协同系统。对于不同的应用，无人机的数量可能从几十到几百架不等，飞行距离从数十米到数公里（如图 3-1 所示）。

无线通信不仅是向无人机提供网络的必要条件，也是成功部署由多个小型无人机组成的系统的关键因素。对于需要满足特定服务质量要求的数据传输应用（例如监视某些区域），很可能需要高性能的通信链路和三维空间中的连通性[35]。问题是采用哪种无线技术能满足空中网络空对空和空对地的链路需求，且无论飞行高度和方向有何显著差异都可传输数据。考虑到在多种链路上需要满足的服务质量和高节点移动性，为地面网络开发的网络协议是否在无人机网络上易于部署还有待考证。

IEEE 802.15.4、IEEE 802.11x、3G/LTE 和红外这几种无线技术可以应用于无人机网络通信[70,302,460,40,31,145,207]。尽管部署时通常假设为二维通信平面，但是无论针对人的低移动性还是地面车辆的高移动性，IEEE 802.11 都有广泛的可用性（例如 IEEE 802.11p），且其可支持广泛的服务与数据密集型应用的基础设施及其 ad hoc（自组织）模式，这些使它成为了大量空中网络研究的候选者。

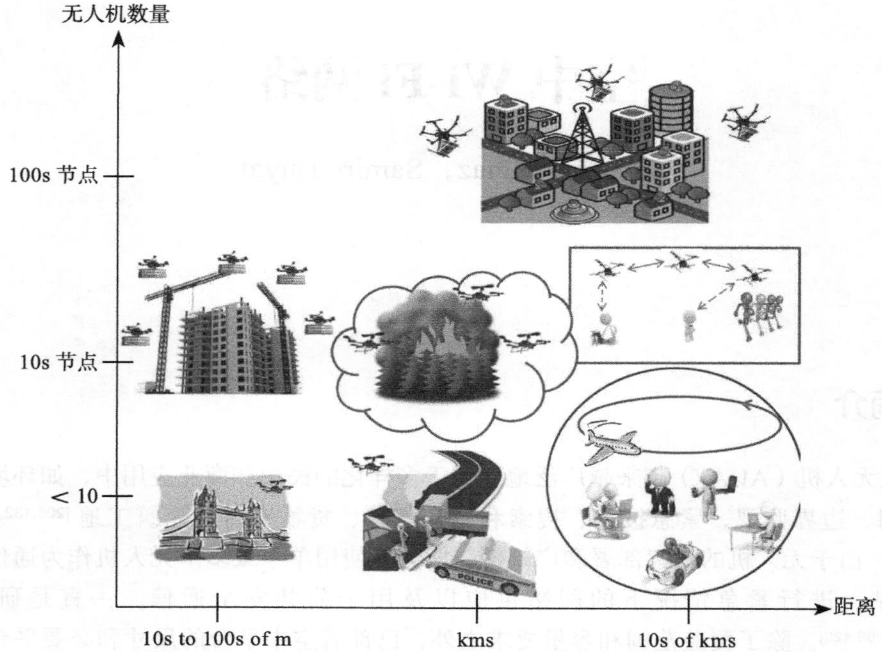

图 3-1　不同应用距离和节点数量的应用领域

本章就单跳和多跳空中 Wi-Fi 网络的性能做了总结。3.2 节中首先提出了三维空间中空中链路的特性，这些特性不同于移动 ad hoc 网络或车辆 ad hoc 网络等无线网络。3.3 节中着重分析了实现自主空中网络的通信需求，并根据通信需求定义不同级别的自主性。3.4 节从吞吐量、延迟、数据交换频率等方面提出了空中网络应用的一些潜在通信需求。3.5 节给出了多跳空中 Wi-Fi 网络的真实测量结果，这些结果以及 3.4 节提供的定量需求，可以用于确定 Wi-Fi 技术应用于空中网络的可行性，以及如何调整现有技术以满足必需的服务质量。3.6 节总结了研究结果并提出了进一步的展望。

3.2 空中网络特性

根据所使用的设备性质，空中网络有自己特有的性质，这些特性与诸如**移动自组织网络**（MANET）、**车载自组织网络**（Vehicular Ad hoc Network, VANET）和**无线传感器网络**

（wireless sensor networks, WSN）[49] 等其他网络有很大的不同。接下来分析这些不同的特性以及这些特性对通信系统的要求，我们着重分析以下几点：（1）所采用飞行器的平台类型，因其可能影响通信范围；（2）空中链路的 3D 特性；（3）空中网络设备的高移动性，因其可能导致频繁的拓扑变化；（4）有效载荷和飞行时间约束，这两点对所部署的网络的规模和网络寿命有直接影响。

3.2.1 飞行器特性

用于空中联网的飞行器不仅不同于在 MANET、VANET 和传统 WSN 中使用的设备，而且不同部署的应用需求对应不同形式的飞行器平台。飞行器的分类（如气球、飞艇、滑翔机、螺旋桨和喷气发动机飞机、直升机和多旋翼）与它们的航程、续航能力、对天气和风的依赖性、机动性和有效载荷容量有关，在参考文献 [148] 中给出了详细的描述。根据网络需求，空中网络可以覆盖一个或多个飞行器平台。当需要与地面设备进行长期连接时，例如通过空中基站提供网络覆盖，由于气球续航能力高，可以选择其作为飞行器平台 [351,429]。但由于气球用绳子系在操作者（人或地面车辆）身上，它们的飞行高度和范围有限。如果网络需要覆盖较大区域，例如用于监测和绘图应用的通信网络，固定翼设备由于飞行时间较长可能更有优势。在例如结构监视应用场景中 [152]，期望无人机能在飞行机动中稳定悬停在物体的附近，此时旋翼系统是更佳的选择 [148]。

飞行器平台的选择影响网络覆盖范围和所需平台的数量。具有专用无线电收发器的大型无人设备通常工作在单个链路上以提供更长的连接距离。反之，如果使用更便宜的开源设备例如采用兼容 Wi-Fi 的无线电台，则可以使用形成多跳 ad hoc 网络的多个设备来达到相同的连接距离。小型无人机的有效载荷容量限制了在其机身上安装重型通信基础设施的可能。这种情况下机载天线不仅应该是轻型的，还要能够提供全向覆盖。参考文献 [460] 中描述了一种能够在三维空间中实现全向性的轻量化天线结构的设计。综上可知，无人机的选择会影响空中网络的通信设计，因为所使用的信道会根据设备的收发器特性而变化。

3.2.2 3D 属性

空中网络的另一个重要显著特性是它的 3D 属性。空中网络中的设备在 3D 空间中移动的能力，使其在必须绕过障碍物的情况下（例如在城市环境中或者诸如地震等灾害场景）依旧能够提供有效的网络连接。在其他场景比如对大片高海拔区域进行监视和绘图或者在郊野中移动时，空中网络的 3D 属性依然具有优势。例如在使用多架无人机执行任务的情况下，由于高度差去除了空间相关性，有助于避免设备之间的碰撞 [455]。

网络的 3D 属性要求能支持各种类型的链路。空中网络中的链路可以是**空对空**（Air-to-Air , A2A）、**空对地**（Air-to-Ground , A2G）或**地对空**（Ground-to-Air, G2A）的。参考文献 [31,460,302] 中对这些链路彼此进行了分析，且与**地对地**（Ground-to-Ground, G2G）链路进行了比较。事实表明，由于这些链路具有不同的信道特性，因此必须对这些链路分别进行建模。链路模型会影响到可支持的网络相关服务质量（Quality-of-Service, QoS），从而影响每种类型链路上的可持续流量。无线信道还受到3D空间中无人机飞过的地形以及空间中障碍物数量的影响。

3.2.3 移动性

在很多应用场景中，空中设备由于其高移动性而具有更好的时效性，例如参考文献[184,435]中强调，在搜索和救援中可以使用无人机进行更及时的搜救。高移动性使得空中网络不同于MANET和WSN等网络。具有高移动性的无人机经过的地形会频繁发生变化，比如在单次飞行中可能会经过森林、湖泊和建筑物。地形引起的盲区不仅会影响无线信道，也会造成多个设备（无人机、地面用户、基站）之间连接的网络拓扑发生频繁的变化。VANET也具有高移动性，但是VANET的移动模型受到2D路径的约束，比如必须在高速公路或者道路上移动，而空中设备在3D空间中移动。因此不仅无人机飞行经过的平面区域会频繁地发生变化，飞行高度也会因躲避障碍/防撞而改变。

考虑到以上特点，空中网络的通信协议不仅能为快速移动的无人机提供耐久的网络，在移动性建模方面也比VANET协议更加灵活。相比于其他网络无法时时连接，空中网络的移动性很有优势，在空中网络中，高移动性的设备可以按具有时效性的方式部署在优化的位置上以支持某些网络QoS。此外，3D空间中可控的移动性可用于使用定向天线增强通信距离。

3.2.4 有效载荷与飞行时间约束

由于无人机具有较高的成本效益和可用性，其在商业上的应用需求正在增加。尽管商用无人机能在如此广泛的领域得到应用且成本低廉，但却会受到有效载荷承载和飞行时间能力的限制。

无人机的有效载荷与飞行时间能力之间成反比关系[13]，这意味着可以通过减少无人机的有效载荷来增加飞行时间。因此，利用当前的技术使多个无人机共享有效载荷[295]能够延长飞行时间。在这种情况下，无人机之间需要进行严格的同步以保证安全。高精度的成像/位置传感器以及实时通信是防撞的必要条件。

3.3 空中自主网络的通信需求

上一节详细说明了空中网络的一般特性，本节将重点讨论空中自主网络。对于一些假定的无人机应用场景，人们希望无人机系统能朝着设定的目标自主地工作。自主性的高低取决于当前系统的约束和应用的要求，同时它也决定了空中网络的通信需求。随着更大通信能力的实现（例如长距离或大容量链路情况下），多无人机系统可以实现更多的自主性。下面的讨论说明了自主性与通信能力之间的关系。首先对无人机系统的自主性进行分类。我们定义了“平台（设备）自主”和“任务自主”两类空中网络自主类型。

3.3.1 平台自主

平台自主涉及无人机的控制，可以用于确定无人机平台是否具备自主飞行能力，抑或是需要由飞行员进行**遥控**（Remote Controlled, RC）导航。为了确保安全，法律规定无人机须保持在遥控范围内，以便在紧急情况下可以进行人为干预。无人机自主飞行后，会按照预先计算的路线或自适应航路点航行，这些航路点可以由中央处理设备（如基站）决定，然后通过通信链路发送到无人机上。此外，无人机还可以通过综合机载传感器从环境中收集信息（例如综合考虑地形、障碍物以及其他无人机的存在），在航行中决定其飞行路径。通信需求根据所采用的方法会有所变化，但一定会随着自主水平的提高而增加[406]。

考虑到平台的自主性，我们将传输的信息流分为控制信息流（遥控数据交换）、协调信息流（路点或任务计划交换）以及传感信息流。下文描述了不同平台自主级别下的不同信息流交换需求。例如，当平台没有自主性，操作人员通过遥控控制和导航无人机时，需要在无人机和遥控单元之间交换控制数据。如果在平台自主级别上再进一步，当中央处理设备向无人机提供航路点使其自主飞行时，数据交换需求将改变，其中还包括对协调信息流的支持。对于完全自主的平台，其下一个要飞往的航路点由无人机自身决定，因此无人机需要配备某些传感器，确定自身与障碍物和附近其他无人机的相关位置，在这种情况下，遥控信息流交换伴随着对传感数据交换的需求，这些传感数据将提供给机载处理单元，也将发送至中央处理设备（以备紧急情况下，例如在出现灾害时，让地面人员进行决策，或者为确保安全提供更高水平的冗余度）。此外，无人机进行决策需要相互交换某些协调信息流以获得临近无人机的路径计划。

对于具有故障保险能力的通信系统设计，实现平台自主的基本控制信息交换需求非常重要，这可以帮助确定当前可用的技术是否能够支持这样的信息交换。目前无人机的自动驾驶控制包括俯仰姿态保持、高度保持、速度保持、自动起降、滚转角保持、转弯协调以及航向保持等任务[87]。这就要求系统状态要以 20Hz 的频率发送至自动驾驶装置[31]，当前的技术可以支撑这样的频率[87]。例如对于 AR 无人机，控制回路每 30ms 使用看门狗命令保持一次连接，控制命令有 20 ～ 60 字节，如果在 2s 内没有接收到命令，则该设备执行紧急着陆㊀。3.4 节将详细说明不同应用中协调和传感信息流数据交换的需求。

3.3.2 任务自主

任务自主涉及网络中各实体之间的协调，包括无人机、基站和构成网络的其他设备。就每个机载设备所需的设计和处理能力而言，具有中央**决策设备**（Decision-Making Entity, DME）的解决方案比分布式决策设备组成的系统更加简单。然而分布式决策可以提供更好的解决方案来避免单点故障。此外，如前所述，在受到有效载荷和飞行时间限制的空中网络中，多个机载设备的并行处理可能是提高时间效率的理想方法。

㊀ AR Drone SDK 1.6 Developer Guide. Parrot USA, 2011。

对于空中网络，我们根据决策设备和决策流程，使用二维决策矩阵定义任务自主和相应的信息流需求，如表 3-1 所示。我们定义决策设备可以是集中式也可以是分布式的，这用矩阵的行表达；矩阵的列代表决策流程，根据定义，它们可以是离线的也可以是在线的；矩阵的元素描述了可用于完成任务的方法。网络中的自主等级取决于设备和流程的组合。例如，离线、集中式决策可提供最少量的任务自主性，而以分布式方式做出的在线决策确保更高级别的任务自主性。

表 3-1 任务自主等级决策矩阵

	离线	在线	
		最小信息	最大信息
分布式个体	遥测	遥测	遥测 传感
分布式共识 集中式	遥测	遥测 协调	遥测 协调 传感

可以注意到，通信需求并不完全取决于任务自主性，这些需求随着在线处理过程中交换的信息量的增加而增加。通信需求还取决于分布式决策是在单个设备上进行的还是通过网络设备（例如多架无人机）之间的共识来完成的。相比基于个体的决策，基于共识的决策 [51] 对通信组件的设计提出了更高要求 [458]。这是因为分布式个体决策不需要网络中设备之间的协调信息交换，这种情况下的通信模块需要支持的数据如表 3-1 所示。我们把交换的任务数据分成遥测、协调和传感数据，分类基于每个类型的数据所提供的功能不同，正如它们的名称所示。更确切地说，遥测数据包括 IMU（Inertial Measurement Unit, **惯性测量单元**）和 GPS（**全球定位系统**）信息。协调数据是为了协调网络中的设备而需要交换的任何数据，可能包括同步信息、飞行路径决策、路由信息等。传感数据包括用于测量物理环境的所有数据。此处没有考虑任务开始之前（离线决策传播）的信息交换以及遥控数据交换。

3.4 量化通信需求

本节我们从文献里总结了无人机应用中与通信相关的定量需求。表 3-2 总结了无人机网络预期应用所需的数据交换频率、吞吐量、延迟和信息流类型，我们将信息流类型分为实时、周期性和**延迟容忍**（Delay Tolerant, DT）三类。我们给出了在 3.3 节中定义的协调和传感数据类型的值。协调信息流包括遥测、一些传感的信息流、决策和任务分配指令。传感数据包括由无人机上的传感器所产生的任何信息流 [35]。对所有应用来说，由下行链路上的遥测数据和上行链路上的控制指令组成的控制数据都是通用的，遥测数据交换的标准频率是 4Hz ～ 5Hz 或者更小 [214]。出于安全考虑，无人机必须支持遥控数据流以保证其可以一直处于遥控范围内，因此控制数据的交换将更频繁（20 ～ 50Hz）以实现系统对遥控指令的实时响应[87]。遥测数据的吞吐量预计约为 24kbps，而控制数据由于数据包非常小（8 通道遥控数据包 =11 字节），预期吞吐量非常低（~5kbps）。

表 3-2 中所列出的应用在节点数量、无人机需要跨越的区域大小、空中网络所部署的地形等方面非常多样化。因此，服务质量需求有显著不同，这给通信技术的使用带来了限制。我们设想表中所提供的值可以有助于为当前的应用场景设计出一个耐久的网络。当已知区域大小以及对可靠数据传输的吞吐量需求时，也更容易估算出是使用多跳来实现区域的完全连通性更能满足吞吐量需求，还是使用**容迟网络**（Delay Tolerant Network, DTN）[40] 更合适。另一个需要注意的重要问题是，对于同一网络，如果使用多跳而不是单跳，网络中要支持的链路不仅包括空对地和地对空，还包括空对空链路。此外，从单跳变为多跳后网络中支持的吞吐量也将减少[459]，这就是为什么表 3-2 中提供的所有需求值都指定了端到端连接的最低需求。网络中使用的节点数量取决于所考虑的任务区域的大小、收发器特性以及网络中使用的节点的类型。直观来看，较大的网络区域可能需要更大的节点密度来覆盖，然而，某些收发器提供了较长距离的通信，并且可以使用比其他短距离收发器更少的设备。尽管如此，这种收发器通常是专门定制且昂贵的重型设备，对于已商品化且有效载荷受限的无人机，使用更便宜的商用现货设备可能更有利[460,31,40,459]。

3.5 空中 Wi-Fi 网络的实际测量结果

与空中网络应用的多样性类似，有各种各样的无线技术可应用于无人机网络。最常见的部署于商业小型无人机上的无线接口是用于数据传输的 IEEE 802.11 以及用于遥测和控制数据信息流的 IEEE 802.15.4（XBee）。虽然这种选择主要是因为它们的高可用性、大小、成本等，但我们也可以从表 3-2 中观察到，大多数 IEEE 802.11 接口可以支持众多应用的服务质量要求。本节将首先为不同的无人机应用提供潜在的网络架构，然后给出多跳空中 Wi-Fi 网络的实际测量结果。

3.5.1 网络架构

接下来将研究几种真实场景中无人机通信系统应用的网络类型。我们将网络架构分为基础设施和**自组织**（ad hoc）两种模式。参考文献 [459] 中比较了基础设施网络和 ad hoc 网络的性能并总结了网络特性的差别，如吞吐量、延迟和抖动。虽然基础设施模式提供了用于设备之间连接的中央**接入点**（Access Point, AP），但是 ad hoc 模式能保证**点对点**（Peer-to-Peer, P2P）连接。直观来说，如果要实现集中式决策，而且每个设备从中央决策设备获得其任务并向其提供信息，则基础设施网络更加可行。另一方面，分布式决策可能要求设备形成 P2P 连接，每个设备在个体或共识的基础上对决策过程做出贡献。如 3.3 节所述，可以基于表 3-1 中介绍的决策矩阵，使用多种方法来实现无人机网络的应用。例如，在参考

表 3-2 无人机应用的量化通信需求

应用	数据类型	频率	吞吐量	信息流类型	服务质量 [延迟]
搜救	协调	取决于预先计划的时间步长[184]，网络中有 2 个节点且吞吐量为 1Mbps 时，频率 >1.7Hz[354]	4.8kbaud[377]	实时	50-100ms[60]
	传感	图像传感器：>20fps[251]，30fps[138] 激光传感器：10Hz[412]	视频流： 2Mbps[138]， >=64kbaud[377]	实时	50-100ms[60]
监测与制图	协调	0.1Hz[458]，1Hz[394],4-5Hz[153]	4.8kbaud[377]	周期性或容迟网络	—
	传感	1Hz[179]，12Hz[98]	9.6—64kbaud[377]	容迟网络	可以离线
目视跟踪与监视	协调	类似于**合成孔径雷达**（Synthetic Aperture Radar, SAR）	4.8kbaud[377]	实时	<3s[180]
	传感	包括城市中的移动性和噪声时频率 >10Hz[210]，>15Hz[353]，300Hz[200]	图像 1Mbps[251]，视频流 2Mbps[138]，>=64kbaud[377]	实时	50-100ms
提供网络覆盖	协调	取决于预先计划的时间步长	—	周期性	—
	传感	语音信息流 50Hz，视频 30Hz（H.264）[352]	语音 12.2kbps，视频 384kbps[352]，9.6kbaud[377]	实时	50-100ms
施工	协调	控制指令：50Hz ～ 100Hz，动态跟踪：150Hz	<250kbps	实时	—
运送货物	协调	控制指令：20Hz ～ 100Hz，动态跟踪：100Hz	<250kbps	周期性	—

文献 [404] 中描述的以小型农村区域为中心的 SAR 项目选择了基础设施模式作为网络架构，然而在中等规模的城市和农村环境中执行 SAR 项目时，网络实现有多种选择，一些项目倾向于使用基础设施网络实现 [184, 77]，而其他项目则选择 ad hoc 模式作为网络架构 [412, 435]。覆盖任意区域大小、地形和信息流类型的网络应用，都可以通过基础设施和 ad hoc 网络实现。在参考文献 [429] 中实现了一个基础设施网络，它建立了机载基站以便在紧急情况下为大型郊区或农村地区提供网络覆盖。参考文献 [352] 中提及在大城市中通过 ad hoc 网络提供紧急网络覆盖。对于这两种情况，网络数据流都包含了实时、周期性和延迟容忍数据，对于实时信息流，参考文献 [75] 中指出，ad hoc 网络已经用于在中型区域的城市环境中形成中继链，另一方面，参考文献 [353] 指出基础设施网络也可用于相同的信息流、区域大小和地形。像植被监测、农业监测、考古遗址监测以及大面积摄影制图等应用不需要实时数据传输 [129]，因此可以在任务完成后使用基础设施模式进行离线数据传输。然而在其他情况下，例如在需要覆盖大量群体以进行目标探测、有大群动物或多处野火的情况下 [301]，能够以有效方式覆盖大面积动态目标的分布式无人机群比单一无人机更加有用 [97]，在这种情况下，对于合作覆盖，需要进行 P2P 连接来避免碰撞 [48]。参考文献 [152] 中有观点称，单个无人机覆盖小型区域完成任务时，基础设施网络是首要选择。

3.5.2 试验结果

空中网络中不同设备承载不同类型的信息流，每种信息流都具有自己的网络需求 [35]，相应地，无人机上的网络接口模块需要能够满足这些特定的需求。此外，如上所述，在大范围区域内部署多架无人机时需要构建 ad hoc 多跳网络。为了测试不同无线接口在多个设备之间实现联网的可行性，科研人员已经进行了一些实验，测试的重点放在了传感数据传送上，这是由于传感数据比协调和遥测数据需要更大的通信容量。

实验评估了使用不同 802.11 技术实现传感信息流时的空中网络特性。参考文献 [70] 重点分析了在无人机 ad hoc 网络中使用 802.11b 无线技术时，空中节点的吞吐量和通信范围以及地面客户端的连通性。类似地，参考文献 [302] 中通过在无人机上安装 802.11g 无线电模块并使用标准的 802.11s 网状实现，形成了一个网状网络，这项工作比较了两个不连通的地面用户之间的空中中继与地面中继。参考文献 [39] 中对 802.11n 的吞吐量性能进行了分析，比较了使用固定物理层数据速率与自适应速率控制的网络吞吐量。实验表明，采用商用现货网络接口模块的自适应速率控制时，802.11n 无线技术的性能比预期的要低得多。作者分别在采用内部平面和外部环形天线的固定翼及四旋翼无人机平台上进行了实验。他们的结论是：性能下降可能是四旋翼的底盘阻挡通信链路并导致数据包丢失造成的。另一方面，参考文献 [460] 说明了天线定向对无人机网络性能的影响，提出了一种三天线结构以提供全向覆盖并使用 802.11a、802.11n 和 802.11ac 兼容的无线电技术进行了测试 [460,207]。参考文献 [207] 表明，在采用三天线结构的四旋翼平台上使用商业化的 802.11n 模块，可以在较长距离上获得更高的吞吐量。图 3-2 比较了当 P_{tx}=12dBm 时，在满足传输控制协议（Transfer Control Protocol, TCP）信息流的单跳基础设施模式下，采用三天线结构的四旋翼无人机平台使用 802.11a 和 802.11n 的吞吐量。结果展示为平均吞吐量和标准偏差（σ）曲线，由图可得，在距离 100m 时，802.11n 的吞吐量是 802.11a 的五倍。然而与 802.11a 链路相比，802.11n 网络中的链路质量衰减得更为剧烈，可以看到，在距离基站 150m ～ 350m 的范围内，吞吐量的提升只有一倍。在距离 500m 时，悬停的无人机仍然能够实现 30Mbps 的吞吐量，对于移动的无人机，其平均吞吐量仅略好于 802.11a 链路。还可以看出，在 802.11n 链路中，在较远距离处的吞吐量偏差远高于近距离处。与参考文献 [39] 相比，802.11n 的性能差异表明，当在无人机上部署通信系统时必须要注意网络的 3D 属性，特别是机载天线需要针对当前应用进行调整以优化性能。802.11ac 是一种更新的通信技术，已经在参考文献 [207] 中进行了测试。虽然实验室测试表明 802.11ac 比 802.11n 有明显的改善，但是在 100m 以上的距离进行室外测试时，802.11n 和 802.11ac 的吞吐量相差无几。此外，在参考文献 [459] 中对两跳无人机网络的性能进行了分析，其中比较了使用标准 802.11a 实现基础设施模式和使用 802.11s 实现网状模式的性能差异。除了参考文献 [70,459,302]，参考文献 [241] 还分析了固定翼小型无人机的多跳网络，该无人机上安装有 ad hoc 模式的 IEEE 802.11n 无线接口，并且实现了优化的链路状态路由（Optimized Link-State Routing, OLSR）。

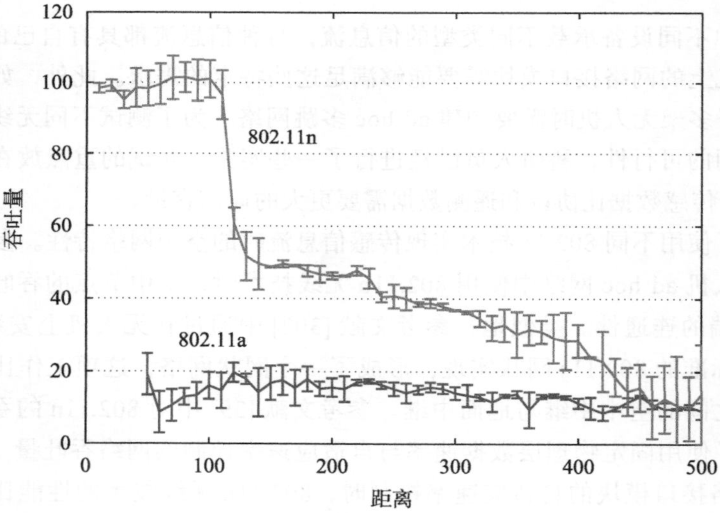

图 3-2 P_{tx}=12dBm 时单跳基础设施模式下的 TCP 吞吐量

表 3-3 总结了几种 IEEE 802.11 技术标准在空中 Wi-Fi 网络中的吞吐量测量结果 [35,460, 40,70,241,302,459,207]。多跳网络测试测量 TCP 吞吐量，单跳测试测量用户数据报协议（User Datagram Protocol, UDP）吞吐量，如果没有另外说明，则使用最大发射功率（P_{tx}）。

表 3-3 地对地（G2G）与空对空（A2A）、空对地（A2G）、地对空（G2A）的目视链路空中 Wi-Fi 网络吞吐量比较

技术	链路	网络拓扑	吞吐量
802.11b	A2G	单跳	1.4Mbit/s(2km)[70]
802.11a（三天线）	A2G, G2A, A2A	单跳 单跳	UDP:14Mbit/s(350m), 29Mbit/s(50m)[460] TCP:10Mbit/s(500m), 17Mbit/s(100m)[459]
802.11n （三天线，P_{tx}=12dBm）	A2G, G2A	单跳	TCP:10Mbit/s(500m), 100Mbit/s(100m)[207]
802.11ac （三天线，P_{tx}=12dBm）	A2G, G2A	单跳	TCP:5Mbit/s(300m), 220Mbit/s(50m)[207]
802.11n（内置天线）	A2A	单跳 单跳	固定翼：1-2Mbit/s(300m), 22Mbit/s(20m)[38] 旋翼：20Mbit/s(80m), 60Mbit/s(20m)[40]
802.11g+802.11s [302]	G2G G2A-A2G	多跳	无无人机：0.064Mbit/s(75m) 2 跳：8Mbit/s(75m)
802.11n+OLSR [241] （固定速率：13Mbit/s）	A2G A2A-A2G	多跳 多跳	1 跳：1Mbit/s(600m) 2 跳：2Mbit/s(600m)
802.11a+802.11s （P_{tx}=12dBm）[459] （固定物理层速率：3.6Mbit/s）	A2G A2A-A2G	多跳 多跳	1 跳：5Mbit/s(300m) 2 跳：8Mbit/s (300m，接入点模式) 2 跳：5Mbit/s (300m，网格模式)

3.6 总结与展望

小型无人机集群是未来空域交通的一部分，可靠的通信和网络是成功实现无人机协同工作的关键。由于 IEEE 802.11 技术在当前网络设备中的广泛可用性、具有高性能链路以及适合于小型无人机。在商业小型无人机上通常使用 IEEE 802.11 技术来实现网络连接。然而在服务质量方面，通信需求取决于无人机所部署的应用场景，并且需要进一步研究以确定 Wi-Fi 是否是适合当前应用的通信技术。在没有特定应用场景的情况下，研究人员对目视场景下应用不同 IEEE 802.11 标准的无人机进行了若干实际测量。测量结果表明，就所需的平均吞吐量和延迟而言，Wi-Fi 技术可以支持众多需要在通信节点之间进行少量跳转的应用。然而尚未明确这些结论是否能扩展到更大的无人机网络中，并且现有的 ad hoc 网络协议实现需为多跳空中网络进行调整。此外，类似于**车载 ad hoc 网络**（VANET）的实现，尚不清楚是否需要为空中网络开发新的 IEEE 802.11 标准。尽管如此，研究人员正在对可部署的空中通信架构进行研究，由于需要支持在目视和障碍物遍布的环境中通过空对空、地对空、空对地链路进行通信，且无视高度或方位差异，因此需要为小型无人机定制天线结构。一些文献中已经说明了天线结构的影响并提出了一些解决方案，然而这些天线增强的空中 Wi-Fi 网络没有针对不同的应用场景进行测试，例如需要支持实时信息流或可靠联网的网络，特别是无人机之间的协调信息流需要高可靠性以确保安全和避免碰撞。虽然目前已经部署了一些无人机集群，但仍未确定 IEEE 802.11 标准是否适用于需要严格遵守延迟期限的无人机分布式协同。总的来说，虽然研究结果是令人鼓舞的，但我们仍然需要为超过两跳且使用 IEEE 802.11 标准的无人机网络，寻找更高效的路由和介质访问控制协议解决方案。

CHAPTER 4

第4章

容断机载网络和协议

James P.G. Sterbenz, Justin P. Rohrer, Mohammed J.F. Alenazi, Truc Anh N. Nguyen, Egemen K. Çetinkaya, Hemanth Narra, Kamakshi S. Pathapati, Kevin Peters

4.1 简介

传统的互联网协议并不适用于航空环境。随互联网发展，TCP/IP 协议栈具有稳定的拓扑结构且以有线方式连接（尽管网络边缘在改变），中断其连通性需要终止 TCP 连接，并且重新确定路由算法。

民用和商用机载网络需要调整才能适应无线链路以及通常可预测的移动性。但对**空中交通管理**（Air Traffic Control, ATC）和卫星（用于互联网接入和娱乐分发）而言，这些应用场景不需要多跳，传统上它们依靠与地面站的点对点链路。若需要采用路径无法预测的多跳通信，无人机网络可能会更具挑战性。

最具挑战性的应用场景是高动态高速多跳机载网络，目前其属于军用通信领域。不过机载网络正在像地面车载网络那样发展，而后者促成了**车载自组织网络**（Vehicular Ad hoc Network, VANET）和**车载容断网络**（Vehicular Disruption-Tolerant Network, VDTN），因此有理由相信未来民用、商用和政府机载网络将更具挑战性。

本章按如下设置：4.2 节介绍航空网络的通信环境，它会根据不同应用场景（比如民用与军用）而显著变化。4.3 节将机载网络和传统互联网以及其他移动无线环境进行对比，包括**无线网状网**（Wireless Mesh Network, WMN）、**移动 ad hoc 网络**（MANET）、**容断网络**（Disruption-Tolerant Network, DTN）。4.4 节阐述了适用于最严苛航空环境的网络架构和协议组：相对于传统端到端传输和路由协议，高动态、高速、多跳网络需要对过去的架构做出大量改变。4.5 节参考了进一步的分析结果，展示了对这套航空协议组所做的部分性能评估。4.6 节对本章进行了总结。

4.2 机载网络环境

机载网络是一类移动无线网络：*无线*是由于飞行器平台间有无约束的通信链路，*移动*是由于飞行器平台的移动。基于通信范式，它们可能需要自组织的 ad hoc 网络，也可能不需要。

表 4-1 按网络协议应对的挑战难度列出了机载网络应用场景的关键特性。各种应用场景的网络类型从当前到未来的发展情况，用斜体在表格最后一列给出。

表 4-1　航空网络应用场景

应用场景	速率	移动性	链路	网络类型
商用	中速	预先计划	地面站卫星	点对点，多跳 DTN
民用	中速	可预测	地面站	点对点，MANET
无人机	中低速	不可预测	变化的	MANET DTN
战术级军事	高速	不可预测	多跳的	MANET DTN

商用航空由于可预测的预先计划飞行路线和中等飞行速率（1 马赫以下）而挑战性最低。通常**空中交通管理**（ATC）[151] 通过点对点数据链与地面站通信，互联网接入和娱乐分发通过卫星通信实现。娱乐媒体内容既不是在地面预先加载也不是通过卫星广播。互联网接入通常由卫星链路提供 [237]，但和地基网络接入相比速率较低，这限制了用户进行诸如媒体流处理这样的带宽密集型应用。未来的高带宽服务可能会受益于多跳网络，如密集空域中的移动 ad hoc 网络，或者更有可能是在长途越洋、人烟稀少或极地航线环境下的容断网络，后者的环境中没有用于互联网接入和娱乐分发的卫星覆盖。商用飞行器的可预测及可共享飞行路线等特点将使这些多跳网络成为一个有吸引力的解决方案。

民用航空和商用航空类似，但区别在于飞行路线不可预先计划并且较难预测，这可能因为飞行计划在临飞时才制定出来。由于小飞行器比大型商用客机对机载通信、处理、存储设备的重量更敏感，基于这一考虑，未来多跳民用航空网络将会是自组织的移动 ad hoc 网络或容断网络。

无人机（UAV）的应用正在急剧增加，但对它们的监管仍处于起步阶段 [385,83]，这些应用包括危险区域的态势感知、娱乐活动以及小型包裹的递送 [307]。不同于商用和民用飞机，无人机一般以低速飞行并拥有不可预测的飞行路线。由于应用场景各式各样、层出不穷，生成无人机网络存在难度，但某些场景下多跳移动 ad hoc 网络和容断网络可能会派上用场，这将是一个重点研究领域。未来民用无人机的飞行速率可能会提高，并从当前的小型四翼飞机扩展到包含固定翼飞行器。移动 ad hoc 网络协议适用于有众多成员需要互联的无人机网络，而容断网络协议适用于成员数较少的网络。

此外，无人机和相对静止的气球可增强稀疏空域下的连通性，因此在各类机载网络中发挥重要作用。部署这些中继节点的目的是提升机载移动 ad hoc 网络的持续连通性或机载容断网络的性能。在后一种情况下，固定中继节点可提供存储 – 转发操作，而移动中继节点可在存储 – 传送（或摆渡）模式[399]下传输数据。

最后，无人机可为无法利用网络基础设施的区域提供连通性，因此也成为非机载网络的重要组成部分。这方面的例子包括通过相对静止的无人机（如气球）为农村地区[56]提供互联网中继连接，为受灾区域快速部署临时网络基础设施用于该区域的态势感知、灾害评估、急救人员连通、永久性基础设施恢复之前的临时互联网接入[398]。

战术级军用网络的应用场景是最具挑战性的，其特点是极端环境和不可预测的移动性，对此，传统的移动 ad hoc 网络和容断网络协议和架构是不够的。高动态机载战术级网络向端到端数据传输提出了独特的挑战。

表 4-2 展示了一个军用网络场景[9,356]下的数值基线值，以估算**机载节点**（Airborne Node, AN）与**地面站**（ground stations, GS）间的网络中链路的预期稳定性。在这一场景下，两个相邻节点间的接触时长在关闭和通过的情况下可低至 15s。节点间没有最大接触时长（例如按编队飞行或在封闭区域内飞行），因此在这一环境中使用的协议需要有效利用可用的频谱，并为长寿命流和短寿命流管理多个信息流优先级。

表 4-2 链路稳定性分析

场景	发射（Tx）范围 /km	相对速率 /m/s	接触时长 /s
单跳最好情况			
机载节点 – 地面站	260	206	2 520
机载节点 – 机载节点	28	412	135
单跳最差情况			
机载节点 – 地面站	185	1 191（3.5 马赫）	300
机载节点 – 机载节点	18	2 382（7.0 马赫）	15

当前基于 TCP/IP 的互联网架构并非专门为了在这种环境下运行而设计，该架构几乎专门用在嵌入式组件内，这类组件构成了现代战术级通信系统同时跨越**全球信息栅格**（Global Information Grid，GIG）[8]（译者注：美军构建的全球信息网络）。这就需要为在战术级环境中优化性能而设计的所有特定领域解决方案都必须保持与 TCP/IP 协议栈的某种兼容性。因此，任何新的特定领域协议集必须可在机载网络边缘通过网关和 TCP/UDP/IP 完全互操作。

考虑到航空环境的约束和要求，当前互联网协议在许多方面并不适用。这些约束包括物理网络特性（如间断连通性），由移动性引起的、对可靠端到端通信提出严峻挑战的动态拓扑。为了构建一套恢复力[395]和生存力强的移动无线[399]网络基础设施，传输层、网络层和介质访问控制（Media Access Control, MAC）层都需要特别适用于机载网络并可跨层使用的协议。同时，协议需要与位于机载节点的基于 TCP/IP 的设备以及基于地面的控制应用相兼容。

如图 4-1 所示，一个典型的机载战术级网络由三类节点组成：**机载节点**（AN)、**地面站**（GS)、**中继节点**（RN)。图 4-1 列出了机载节点的各种类别：商用、民用、无人机（用四翼图标表示）和军用。在顶部，卫星链路连接商用飞机，其中一些飞机同时连接到地面站。这些商用飞机同时通过多跳链路连接，右侧超出卫星和地面站覆盖范围的商用飞机也可以通过多跳链路连接。左边的民用飞行器仅可以以点到点方式连接到地面站。中间的无人机由移动 ad hoc 网络相连的集群连接到地面站，左侧更远处有一架容断网络关联的无人机。中继无人机为超出网络基础设施范围的农村或灾害地区提供中继接入服务。右边的军用战术级网络由一架战斗机以及熔断网络关联的战斗机集群组成，可与无人机通过中继节点连接。

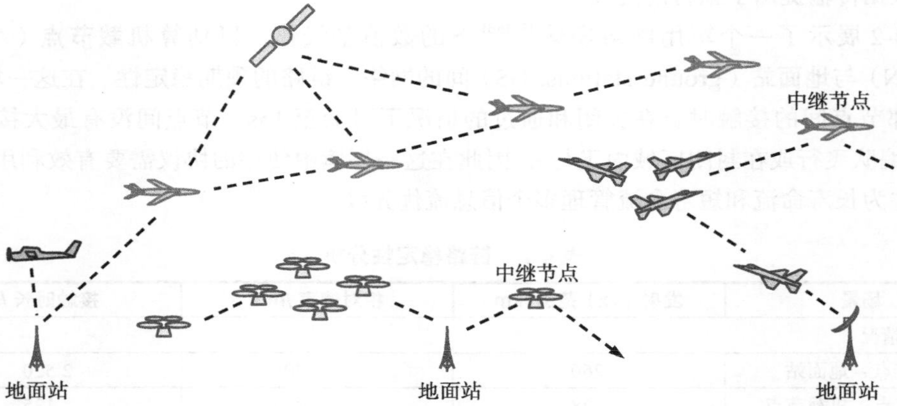

图 4-1　机载网络环境

4.3　相关工作

机载网络很大程度上依赖于现有基于 TCP/IP 的嵌入式设备将数据传输至现有基于 IP 的系统和应用程序，因此理解在机载环境下使用传统互联网协议（UDP、**实时传输协议**（Real-time Transport Protocol, RTP)、TCP、IP）是非常重要的。关于无线链路和卫星网络的传输协议以及**移动 ad hoc 网络**（MANET）的路由协议已经有了大量研究，它们与机载网络共享了一些特性，如表 4-1 所示。本章考虑了传统互联网协议及一些特定领域协议并研究了它们对这些机载网络的适用程度。重点关注移动性、频谱可用性、传输范围以及间歇连通性：

- 移动性：机载节点以高达 3.5 马赫（1 191m/s）的速度移动，未来还可能更快，极端情况是两个机载节点以 7 马赫（2 382m/s）的相对速度接近。由于可能出现的高速度，网络可能是高动态的并具有持续变化的拓扑结构。

- ❑ 频谱可用性：由于分配给机载网络的可用频谱资源有限，而大量数据需要传输尤其是针对态势感知，因此机载网络可能被带宽严重限制。
- ❑ 传输范围：由于功率和重量的限制，一些机载节点可用于数据传输的能量有限，诸如无人机这样的小型平台需要通过多跳传输才能到达地面站。
- ❑ 间歇连通性：考虑到机载节点的传输范围和高移动性，任何两个节点间的接触时长可能非常短，这就要进行网络划分。此外，无线信道容易受到干扰和拥塞。

4.3.1 传统互联网协议

1. 传输控制和用户数据报协议

在互联网中使用最广泛的端到端传输协议是**传输控制协议**（TCP）[341, 292, 30, 345]，它针对地面有线网络进行了优化。TCP 提供了一种面向连接的可靠数据传输服务，具有拥塞控制能力并使用持续的端到端信号来保持信源和信宿的一致状态。这引入了“开销”，阻碍了所有可用带宽的充分利用以及分块网络场景下的操作。每个新的 TCP 对话需要在数据传输前建立连接或“三次握手”，在诸如机载网络环境的短寿命连接下，这就浪费了宝贵传输时间的一个**往返时延**（Round-Trip Time, RTT），而且在稳定的端到端路径存在前不能传输任何数据。T/TCP（TCP for transactions, 事务 TCP）是对握手过程的修正，它绕过了在相同的两台主机间进行后续连接的三次握手，但并未改善初始连接[67]的过程。即使握手完成后，TCP 的慢启动算法也阻碍了在许多 RTT 中对可用带宽资源的充分利用，这在诸如卫星网络[242,29]的长延迟场景以及高度不连贯场景中（在此场景中将应用数据单元分割成许多 TCP 段，可能会阻碍通信）是一个众所周知的问题。TCP 还假定所有丢包都是拥塞造成的，并且它的标准拥塞控制算法每次丢包时通过将传输速率减半来实现，这对无线网络和卫星网络[109, 149]而言是错误的方法，因为它们认为嘈杂的信道条件是造成丢包[267]的主要原因。TCP 的流量控制需要一个可靠的**确认字符**（Acknowledgement, ACK）流，这限制了它对高度非对称链路的控制能力，即使在数据向高带宽方向 [44] 流动的情况下也是如此，TCP 流不对称性的实际极限约为 75:1[28]。每个数据包 20 字节的 TCP 报头带来了大量开销，尤其是使用小数据段 ACK 或者减少出现错误包的可能性时。TCP 没有考虑间断连通性，短期链路中断调用拥塞控制和重复的重传计时器退避，这导致无法发现链路的恢复并及时利用该链路[399]。较长时间的链路中断会导致 TCP 丢失连接。变化的 RTT 也是 TCP 的一个问题，因为如果实际 RTT 比当前估算的大很多，TCP 会错误地假设出现丢包并进行不必要的重传同时减少拥塞窗口。因此，许多标准的 TCP 机制不适用于一般的无线网络特别是动态的机载环境。

另一个常用的互联网传输协议是**用户数据报协议**（UDP）[340]。UDP 比 TCP 简单得多，但对正确传输不提供保证或通知，这不满足许多机载网络应用的可靠性要求。UDP 不执行任务连接建立、拥塞控制或数据重传，因此不需要在连接的两端保持一致状态。UDP 不进行流量控制，因此 ACK 对自同步的需求可以完全排除。UDP 的一个扩展是**实时传输协议**

(RTP)[379]，它增加了计时信息以支持实时流媒体，但不增加可靠性或传输保证。

预计在机载网络中，会有不同特性、损耗容限和优先级的多类信息流。TCP 和 UDP 都不能表达使网络满足上述需求的优先级或**服务质量**（QoS）的不同级别。在做了大量研究后提出了一些替代协议如**空间通信协议标准 – 传输协议**（Space Communications Protocol Standard – Transport Protocol, SCPS-TP）[146]，从中我们得出一些机制，但这只是部分解决方案。

2. 空间通信协议标准 – 传输协议

空间通信协议标准 – 传输协议[146]（SCPS-TP）是对 TCP 的一系列扩展和修正，它改善了空间环境下的操作尤其是卫星通信[439]环境。它增加了相关机制以解决由特定环境引起的问题，并修正了现有机制以减少不期望发生的行为。使用 SCPS-TP 是在连接建立时议定的，这允许 SCPS-TP 代理与非 SCPS 代理通信时模拟 TCP。

在 SCPS-TP 中，默认丢失假设是基于每条路径的用户可选参数，因此它不会也不可能假设链路拥塞。它还允许目的地主机和中间路由对拥塞、错包和链路中断发出信号以明确丢包的来源。SCPS-TP 执行 TCP Vegas[127] 慢启动算法和基于 RTT 估算的拥塞控制。此外，SCPS-TP 向用户请求路径带宽时延积，并在拥塞窗口尺寸到达这一值时立即进入拥塞规避，类似于在参考文献 [212] 中描述的拥塞规避算法。这对高 RTT 的路径有好处，但考虑到机载网络快速变化的拓扑结构，实际上不可能保持一致的 RTT 和时延带宽估算，尝试做到这点需要使用非常保守的估算，这会降低已受限带宽的使用率。SCPS 提供了使用源抑制 SCMP（**互联网控制报文**（Internet Control Message Protocol, ICMP）的 SCPS 特定版本）消息[170]的**显式拥塞通知**（Explicit Congestion Notification, ECN），它还为每个空间链路使用开环令牌桶速率控制机制[333]以避免拥塞，该机制下可在全局路由架构下共享可用容量。航空环境的高动态性使其很难保持全局一致的路由信息，并需要在本地处理流量控制。

由于存在错包造成的信息丢失，SCPS-TP 依赖于从每个空间链路接收的地面站信息来维持接收错误帧比率的移动平均值，当该比率超过门限值时，能使用清晰的跨层消息来通知 SCPS-TP 目的地，之后目的地负责连续地通知它们各自的错误源节点，在此期间源节点不会通过减少拥塞窗口或退避重传计时器来响应丢包。在链路中断的情况下，SCPS-TP 假定中断是双向的，空间链路的终点负责通知该侧链路的 SCPS-TP 源和目的地节点。SCPS-TP 之后进入一个**持久状态**，在该状态下周期性地探测链路恢复，以便它可以在没有多个超时、重传或重新进行慢启动的情况下恢复传输。

为解决高度不对称信道问题，SCPS-TP 把 TCP[66] 需要的 ACK 数量由每隔一字段一个减少至每个 RTT 仅几个。这需要其他 TCP 机制如快速重传[401]。为从总体上解决受限的带宽问题，SCPS-TP 采用报头压缩和**选择性否定确认字符**（selective negative acknowledgments, SNACK）[236, 292]。报头压缩是端到端的，而 TCP/IP 报头是逐跳实现[234]，这是因为逐跳报头压缩需要代价很大的再同步过程，并会在每次丢包或数据包出现乱序时丢失所有字段。端到端压缩通过汇总传输会话过程中不变的信息来减少约 50% 的报头长度，由于压缩在保持恒定的终点处发生，它还可以避免由于连通性改变而引发的问题。SNACK 选项允许单个**否定确认字符**（Negative Acknowledgment, NAK）[173] 在接收数据的乱序队列中识别多个空洞。SCPS-TP 还使用 TCP 时间戳 [235] 保持对 RTT 的跟踪，即使在有损耗的信道环境下也可做到，并使用 TCP 窗口缩放选项，以使信道即便从损耗中恢复也可保持完整状态。很多处理高度非对称信道的技术都可应用于机载网络环境。

虽然 SCPS-TP 解决了许多与战术级网络相关的问题，但 SCPS-TP 对高动态机载网络而言并非理想方案，因为它过于依赖在多个端到端连接上预先配置或逐步学习的信道条件信息。这一过程无法很好地适应快速变化的空中环境，也不能适时地利用基于逐跳的可用带宽。

3. 互联网协议（Internet Protocol, IP）

全球互联网在网络层使用 IPv4，并具有诸如 OSPF（**开放最短路径优先**，Open Shortest Path First）[305]、BGP（**边界网关协议**，Border Gateway Protocol）[350] 等多种路由协议。IPv4 的 TCP 为每个数据包加上一个 40 字节的报头，而 IPv6[131] 的 TCP 的报头长度增加至 60 字节。当存在很多小数据包（如流量控制）时，这一开销变得显著，TCP 的每字段确认就是这种情况。当前网络架构是基于持久稳定链路基本假设，但这对移动机载网络是不成立的，机载网络对上述 TCP 和网络路由都是挑战。互联网协议需要路由的汇聚并且天生不支持机载环境中固有的动态拓扑。此外，当前的架构未从系统层面设计成全局优化问题 [95] 的解决方案，并且它不支持清晰跨层信息的交换，从而无法利用网络上可用的诸如位置和轨迹等独特信息。

4.3.2 移动无线网络协议

针对移动无线环境设计的协议有以下几类：无线网状网络、ad hoc 网络和容断网络。

1. 无线网状网络

无线网状网络（Wireless Mesh Network, WMN）是节点不移动的固定无线网络 [24]。无线网状网络可能存在由干扰、拥塞和天气原因衰减而引起的链路间断连接问题。很多网络层技术可用来改善这些因素，如天气容错跨层和预测路由 [233, 232]。当部署有固定或缓慢移动的节点时，无线网状网络技术可适用于机载网络，如用于中继连接的气球无人机。

2. Ad Hoc 路由协议

移动 ad hoc 无线网络（MANET）[392, 347, 338] 比无线网状网络更具挑战性，前者在动态拓扑结构下节点的移动性需要频繁改变链路的关联，而后者网络通常保持连接状态。**ad hoc 按需距离矢量**（Ad hoc On-Demand Distance Vector, AODV）[335] 和**动态源路由**（Dynamic Source Routing, DSR）[244] 等反应式路由协议可以适应拓扑变化，试图按需构建源端到目的端的路径，但会因此受到按需查找路径所产生延迟的影响，该延迟可能超出高动态机载网络下节点的持续时间范围。另一方面，诸如**目的序列距离矢量**（Destination Sequenced

Distance Vector, DSDV）[337] 和**优化链路状态路由**（Optimized Link State Routing Protocol, OLSR）[108] 等主动路由协议试图在转发路由表（依赖路由汇聚）的过程中保持完整的网络拓扑，但路由频繁更新（假设汇聚是可能的）会导致开销的增长，这也不适用于高动态机载网络特别是在带宽受限时。

其他几种协议通过每次一跳的方式转发数据包以适应移动性而不尝试构建整条路径，它们包括最简单的方法如泛洪，优化方案如传染路由 [427]，还有在网络中发送多个副本的贪婪算法 [409]。更多复杂的路由机制利用来自网络的特定信息 [130, 293]，最值得注意的是基于位置的路由协议如 DREAM（**移动性距离路由影响算法**, Distance Routing Effect Algorithm for Mobility）[47]、GPSR（**贪婪路由协议**, Greedy Perimeter Stateless Routing）[253]、GRID（中国台湾学者提出的一种位置感知路由协议）[278]、LAR（**位置辅助路由**, Location-Aided Routing）[259]、MACRO（一种集成的 MAC/ 路由协议）[177]、SiFT（**轨迹上简单转发**, Simple Fowarding over Trajectory）[80]、TBR（**基于轨迹的路由**, Trajectory-Based Routing）[464] 等，它们使用节点的 GPS 坐标来决定下一跳。LAR 使用地理定位信息限制潜在路线的搜索区域，以减少路线搜索阶段的相关开销，DREAM 使用存储的节点位置信息向目的地方向转发数据，ARPAM（**面向航空移动自组织网络的自组织路由协议**, Ad-hoc Routing Protocol for Aeronautical Mobile Ad-Hoc Network）[228] 也一样，它是一种用于商用航空网络的混合协议，它使用地理位置来发现源和目的间最短但最完整的端到端路径，但却受到高动态网络的挑战。

专门针对高动态机载网络的移动 ad hoc 网络协议包括 AeroRP（**航空路由协议**）[339]，它的数据包报头中含位置和速度矢量（在 4.4.3 节中详细说明）。预期路由 [408] 跟踪到达反应极限的高移动端点，其中节点的速度与路由进行位置跟踪以在节点位置上汇聚所需的时间相当。喷射路由 [407] 向目的地单播数据包，并在一个区域内组播喷射数据包以到达高度移动的机载节点。

已经提出了改善 ad hoc 网络的数据传输的相关机制，其中一种机制使用网络编码 [21] 将多个数据包组合在一起在网络中转发，由此可带来吞吐量的提升和能量消耗的减少。虽然网络编码的目的是有效地利用网络资源，但是它需要数据包的累积，这会导致数据包延迟增加 [365]。不过该策略并不特别适用于动态机载网络，网络中快速变化的路径使延迟成为网络编码的一个显著问题。机会路由 [57, 281] 利用无线信道的杂乱属性来增强 ad hoc 网络中的数据传输，其基本思想是将数据包转发给多个邻居节点，这些邻居节点依次共同决定最适合转发数据包的节点。另一个利用无线信道的广播属性的路由机制是无信标地理路由 [368]，其中源、目的地、邻居的地理位置被用来确定最佳转发选项。提出了几种用来选择转发节点的算法的协议，如 IGF（**隐式地理转发**, Implicit Geographic Forwarding）[58]、BOSS（一种无信标路由协议）[369]、BLR（**无信标路由**, Beaconless Routing）[211]。但是用一个 MAC 协议共同执行的机会路由和无信标地理路由更适用于静止或缓慢移动的节点，这样转发节点的选择可以在一个稳定的拓扑中进行。当节点间的接触时间非常短时，这一机制的性能明显降低。

此外，一些战术级机载网络要求路由协议根据特定的任务和应用需求具有高度自适应性。大多数现有的路由机制是单峰的，其中算法是针对特定的操作模式而优化的。一系列不同的操作条件和服务需求证明需要一个特定领域的多峰协议，该协议本质上支持多种操作模式。

3. 容断和容迟网络

最初为星际互联网 [78, 84] 设计的**容迟网络**（DTN）[161] 是向挑战性网络或间断连接网络及其之间提供互操作通信最著名的方法，这些网络具有高延迟、有限带宽、高错误概率、有限节点寿命以及最重要的——缺乏稳定端到端路径 [399] 等特点。当移动 ad hoc 网络支持动态拓扑结构时，要求网络处于连接状态并且不会（或极少）分割。容迟网络假设通信节点间经常不存在稳定端到端路径并且经常出现网络分割。

由 IRTF DTNRG[2] 开发的体系架构的核心是**捆绑协议**（Bundle Protocol, BP），它是一种应用层协议，具有构建存储转发覆盖网络的能力，可以应对间断连通性并执行基于托管的重传 [380]。为了让容迟网络架构适应不同的网络环境，BP 操作需要汇聚层的辅助为底层协议增加缺失的功能。**TCP 汇聚层**（TCP Convergence Layer, TCPCL）[136] 和**利克莱德传输协议**（Licklider Transmission Protocol, LTP）[79] 是汇聚层的两个范例。

将容迟网络的概念推广到容断网络（也使用缩写 DTN），其连通性的中断比星际光速延迟更加普遍。普遍采用的技术是：当节点不能立即转发到下一跳节点时*存储 – 转发*信息（如 BP 所做）；当在通信范围内能使用移动节点将信息物理传送至下一跳节点时*存储 – 传送* [399]（或摆渡 [467]）信息。目前已有大量 DTN 路由研究提议和项目 [466, 395, 257, 431]。

4.3.3 传输网络协议

移动无线网络协议总体而言正日益适用于车载环境和机载环境，尤其是机载环境。

1. 车载自组织网络

车载自组织网络（VANET）[276, 204, 279, 273] 是一类以汽车、摩托车、公交车、卡车 / 货车等车辆为移动节点的移动 ad hoc 网络，其移动性受道路约束。有三种主要的车载自组织网络架构：**无线局域网**（Wireless Local Area Network, WLAN）/ 蜂窝、ad hoc 以及混合式。在 WLAN/ 蜂窝车载自组织网络中存在提供互联网接入的固定蜂窝网关，其中 WLAN（通常是 802.11 无线局域网）接入点提供重编路由 [277] 所用的交通信息，并提供当车辆在范围内时用于传输数据的机制 [76, 329]。在车载自组织网络架构下，所有车辆都充当传统移动 ad hoc 网络移动节点，这些节点自组织形成 ad hoc 网络来相互通信。结合 WLAN/ 蜂窝和 ad hoc 架构形成混合网络架构，其中车辆组形成移动 ad hoc 网络，但在车辆经过 WLAN/ 蜂窝基站进行互联网接入时，数据会周期性地交换。

汽车和公交车正越来越普遍地通过提供与 3G UMTS（**通用移动通信系统**，Universal Mobile Telecommunications System）或 LTE 蜂窝链路连接的 802.11 热点来实现车内的网络接入，这些不是车载自组织网络，而是在概念上类似于商用客机－卫星互联网服务条款的点对点链路。

车载自组织网络移动性的优点受道路约束以及车辆密度高时可能的连接性约束，由于短距无线收发器（802.11 通常为 250m）和最高限速（在美国一些州可达 85 英里每小时（译者注：原文单位为米应为错误），在欧洲 130km/h，在德国高速公路上更高），拓扑可能是高度动态的。在超出后方车辆连接范围的低密度农村交通场景下，连通性主要由近面而来的车辆提供。在各级高速公路的速度下车辆接触时间可能小于 5s，这提供了一个和表 4-2 所示的高动态军用战术级网络案例挑战性相当的环境。此外，对某些车载自组织网络安全相关的应用有硬延迟的约束，因此，一些新兴的车载自组织网络和机载网络解决方案可共享同样的机制。

在许多移动 ad hoc 网络应用中，由于设备及其电池的尺寸小，能量是稀缺资源，特别对于诸如四旋翼的小型无人机。然而和大型飞行器一样，车载自组织网络的车辆通常在任何时候都有足够的能量 [277] 来提供高传输范围的通信和处理电力。车载自组织网络将受益于 5G 移动网络中的新链路技术和特性 [36, 195]。

2. 航空移动 ad hoc 网络

近年来多次尝试引入新的航空通信架构 [367]。例如，引入**飞机通信与报告系统**（Aircraft Communications Addressing and Reporting System, ACARS）以允许诸如飞机等移动节点能够仅与地面站节点通信 [37]。现在已经有一些关于机载网络路由协议的研究 [42]。OSPF-MDR（**移动 ad hoc 网络指定路由**, MANET Designated Router）[322] 为移动 ad hoc 网络路由扩展了**开放最短路径优先**（OSPF）路由协议。参考文献 [162, 92, 269] 通过使用不同节点速度和密度的几个场景对**优化链路状态路由**（OLSR）协议和 OSPF-MDR 进行了比较。ARPAM [229] 是一种通过扩展 AODV 利用地理定位的协议，与 AODV、DSR、TORA（**时序路由算法**, Temporally-Ordered Routing Algorithm）[230] 相比，ARPAM 的开销更少。Layernet 是一种用于广泛散布的低速节点的自组织协议 [216]。AANET（**航空自组织网络**, Aeronautical Ad hoc Network）是一种考虑远距离机群间通信的多跳航空 MANET[366]。

4.3.4 跨层

虽然机载网络对网络操作的一些方面提出了挑战，但也有一些方面可被特定域的协议利用，例如机载节点位置和轨迹信息。之前的研究已经在移动 ad hoc 网络和**无线传感器网络**（Wireless Sensor Network, WSN）的环境中开发了一些智能网络协议，这些协议试图利用任何可用的附加信息 [12, 217]。

由于移动性、有限带宽、低能耗和服务质量的需求，网络栈中的严格分层并不是特别适用于无线网络。人们普遍认同各层之间更紧密、更清晰、更细致的集成将从总体上提升无线网络的性能，并且在高动态的情况下，带宽受限的网络可能会提供满足战术级应用需求的唯一可行解决方案。例如，如果存在用于物理层 / 链路层和网络层之间信息交换的隐式或显式机制，则可以使用位置和轨迹信息来找到更好的路径。

因此，我们需要促进跨多个层的跨层，如图 4-2 所示。在跨层中，拨盘 D[397, 106]将低层信息（如错误率、链路稳定性、位置）展现给高层，同时旋钮 K 允许高层影响低层的行为（例如，调整**前向纠错**（forward error correction, FEC）的强度以满足应用服务的需求）[233, 317, 358, 94, 396]。

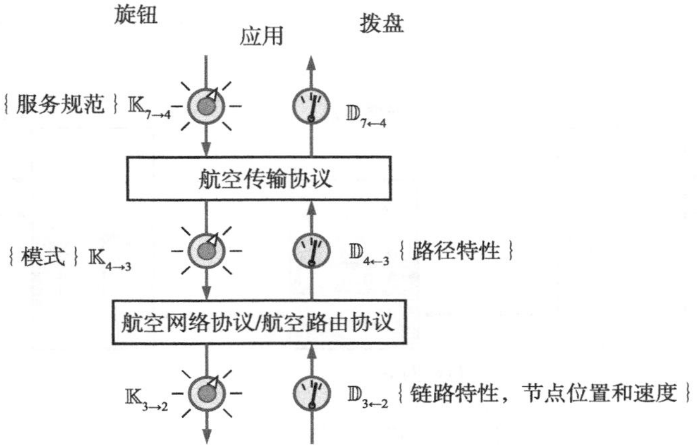

图 4-2　航空协议跨层

应用 App 旋钮将服务规范 ss 传递到**航空传输协议** AeroTP 中。AeroTP 旋钮传递**模式** mode 信息来影响**航空网络协议**以及**航空路由协议** AeroNP 和 AeroRP 的行为。**链路特性** linkchar、节点**位置和速度** pos-v 等信息通过拨盘展现给 AeroNP 和 AeroRP。这些信息使用拨盘将诸如错误率等路径特性 pathchar 传递给 AeroTP 以适应前向纠错的强度。在此环境下，通过在传输层、网络层和 MAC 层之间采用跨层优化可获得显著优势，这将在 4.5 节展示。

4.4　航空协议架构

为了提供一个容断机载网络架构的详尽案例，本节描述一组针对极高动态航空环境[358, 357, 355, 359, 356]设计的协议：AeroTP，一种 TCP 友好型传输协议；AeroNP，一种 IP 兼容型网络协议；AeroRP，面向高动态机载节点的路由协议。该协议栈如图 4-3 所示，其中**机载节点**（AN）或**中继节点**（Relay Nodes, RN）彼此通信，并使用这一特定域的协议栈与**地面站**（GS）通信。地面站的**网关**（Gateway, GW）转换为基于 TCP/IP 的全球互联网，机载节点也配置了用于自身机上 TCP/IP 网络的网关。

这些协议的主要功能及它们之间的控制平面关系如图 4-4 所示。通信可以包括任何类型的分组信息，可以直接从地面站传至机载节点、从机载节点传至地面站、从机载节点传至机载节点亦可使用中间的中继节点。数据传输的源端和目的地端都可能是本地航空协议设备或基于 TCP/IP 的系统，然而 IP 协议栈不适用于高动态机载网络本身，如 4.2 节、4.3 节所述。为了克服这一挑战而不必重新设计所有的机上传感器、外设、应用程序和工作站，使用 AeroGW（**航空网关**）[85] 在 TCP/IP 和 Aero 协议间转换。网关是作为不同类网络环境间桥接的机制 [63]，它的操作和 TCP 拼接 [288] 类似，但是它没有将 TCP 与 TCP 拼接，而是将 TCP、UDP/RTP 转换成 AeroTP，将 IP 转换成 AeroNP。

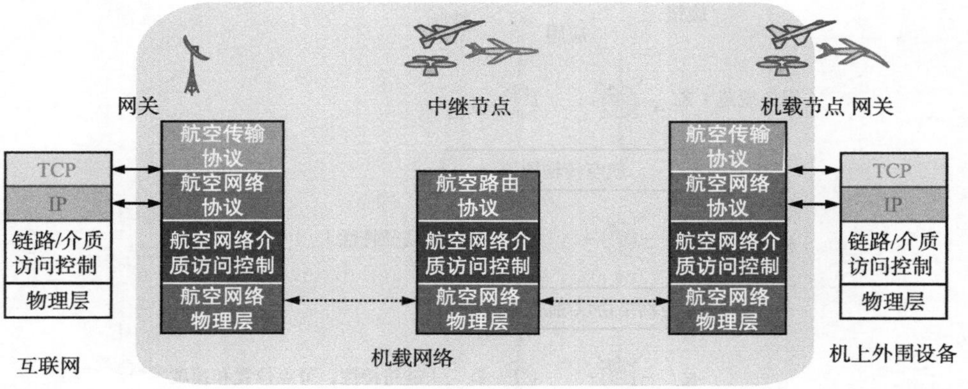

图 4-3　机载网络协议架构

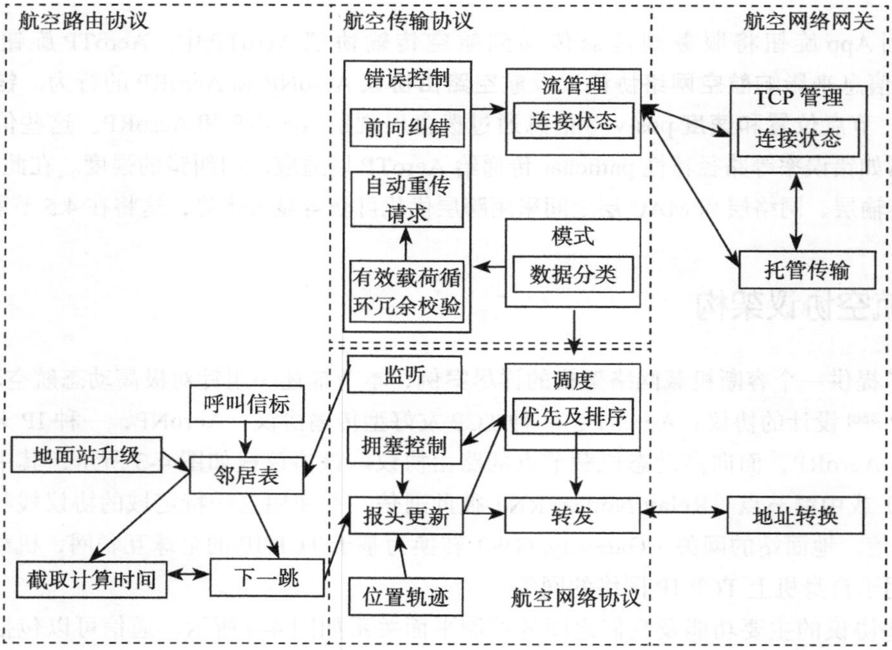

图 4-4　机载网络协议功能块表

4.4.1 AeroTP：TCP 友好型传输协议

AeroTP 是一种为满足高动态网络环境需求而设计的特定域传输协议，同时对 TCP“友好”以允许与地面站内和机载节点上位于 AeroGW 的常规 TCP 进行有效拼接[359, 356]。它通过机载网络传输 TCP 和 UDP 并以一种有效方式满足该环境的需求：容断、动态资源共享、面向公平和优先的服务质量支持、实时数据服务以及双向通信。表 4-3 列出了 AeroTP 的一系列关键特征并将其与其他传统的、现代的以及研究的重要传输协议进行了比较。AeroTP 有几种支持不同服务类的操作模式：可靠、近可靠、准可靠、尽力连接以及尽力数据报。第一种是完全 TCP 兼容的，最后一种是完全 UDP 兼容的，其余是 TCP 友好型，其可靠性语义与机载网络的应用需求和能力相匹配。AeroTP 报头被设计为允许在 AeroGW 实现 TCP/UDP 和 AeroTP 间的高效转换。

AeroTP 执行机载网络边缘间的端到端数据传输，该数据传输可能终止于本地机载航空设备上，也可能拼接到 AeroGW 的 TCP/UDP 流。如图 4-4 所示，连接建立和管理、传输控制以及错误控制等传输层功能必须由 AeroTP 执行。

1. 连接管理和传输控制

AeroTP 使用适用于无线网络环境的连接管理范式。三次握手开销的一个替代方案是建立机会连接，这样数据可以通过 ASYN（AeroSYN（**同步序列编号**，Synchronize Sequence Number））设置消息开始流动，如图 4-5 所示。示例中数据流由机载外设产生，它作为一个标准 TCP 会话通过网关转换为 AeroTP 会话并穿越机载网络，之后再通过地面网关转换回标准 TCP 会话。**传输协议数据单元**（Transport Protocol Data Unit, TPDU）大小可以使用标准路径**最大传输单元**（Maximum Transmission Unit, MTU）发现机制得到，考虑到这些网络的特殊属性，期望通过设定外设，使用一个由底层航空 MAC 的特性决定的合适 MTU 来获得最好的性能。由于基于窗的闭环流以及慢启动拥塞控制不适用于高动态网络，因此 AeroTP 从网络层使用跨层仪器来用基于开环速率的传输控制决定初始速率，并通过背压来控制拥塞，如 4.4.2 节所描述的 AeroNP。错误控制与速率控制完全解耦[107, 400]，特定服务如下所述。

2. 分段结构和网关功能

AeroTP 是 TCP *友好的*，这意味着它可以在网关处有效地与 TCP 和 UDP 进行互操作。为了支持这一点，网关的功能支持 IP 和 AeroNP 间的转换及 TCP/UDP 和 AeroTP 间的拼接。一个数据包可以在源到目的地的路径上通过两个网关，入口网关将 TCP 段转换为 AeroTPDU，出口网关将 AeroTPDU 转换为 TCP 段。

航空传输协议数据单元（AeroTPDU）如图 4-6 所示。由于带宽效率非常重要，AeroTP 不封装整个 TCP/UDP 和 IP 报头，但能够在网关处转换为 TCP/UDP 格式，它传递了一些不需要进行 AeroTP 操作但需要适当的端到端语义的字段，如源和目的地端口的**端口号**、**TCP 标识**和**时间戳**。由于多路径或机载节点移动性上的擦除编码（如 TP++[168]），**序列号**允许

表 4-3 AerpTP、TP++、UDP、TCP 的变量功能对比

功能	AerpTP	TP++	UDP	TCP NewReno	BIC/CUBIC-TCP	T/TCP	SCPS-TP
TCP 兼容性	友好	无	无	具备	具备	具备	互操作
UDP 兼容性	友好	无	具备	无	无	无	无
三次握手	无	无	无	每个流	每个流	每个终端节点	每个终端节点
部分路径支持	具备	无	具备	无	无	无	无
报头完整性校验	16 位 CRC	校验和	无	无	无	无	无
数据完整性校验	32 位 CRC	校验和	16bit 校验和	16bit 校验和	16bit 校验和	16bit 校验和	16bit 校验和
错误修正	变量前向纠错	前向纠错	无	无	无	无	无
ACK 聚合	具备	具备	无	可选	可选	无	具备
选择性重传	具备	具备	无	可选	可选	无	具备
否定 ACK	可选	无	无	无	无	无	可选
多路径友好	具备	具备	无	无	无	无	无
流控制	X 层	带外信号	无	有窗	有窗	有窗	有窗
拥塞控制	X 层 AeroNP 背压	无	无	慢启动 AIMD 快速恢复	慢启动 BIC/CUBIC 快速恢复	估算 AIMD	估算 Vegas 快速恢复
错误控制	混合 模块化 自适应	混合 模块化	无	自动重传请求（ARQ）	自动重传请求（ARQ）	自动重传请求（ARQ）	自动重传请求（ARQ）
可靠性模式	可靠 近可靠 准可靠 尽力	可靠 准可靠	尽力	可靠	可靠	可靠	可靠

数据包重新排序，基于 TCP 字节序列号还是分段号则取决于 AeroTP 转换模式。**报头错误校验**（Header Error Check, HEC）字段是一个检测报头完整性的强大**循环冗余校验**（Cyclic Redundancy Check, CRC），用于检测无线信道产生的误码。这允许数据包被正确传输至目的地的 AeroTP，只要报头本身没有损坏，在该处可以使用前向纠错并在端到端的基础上校正出错的有效载荷。在没有单独 AeroNP 或链路层帧 CRC 的情况下，**有效载荷** CRC 可保护机载网络中数据边缘到边缘的完整性，并且能够测量误码率，以便根据传输模式调整纠错码。这种错误发现和校正的方法意味着 AeroNP 不必在中间跳中丢弃出错的数据包，这是与 IP 转发语义的一个关键差异 [66,267]。

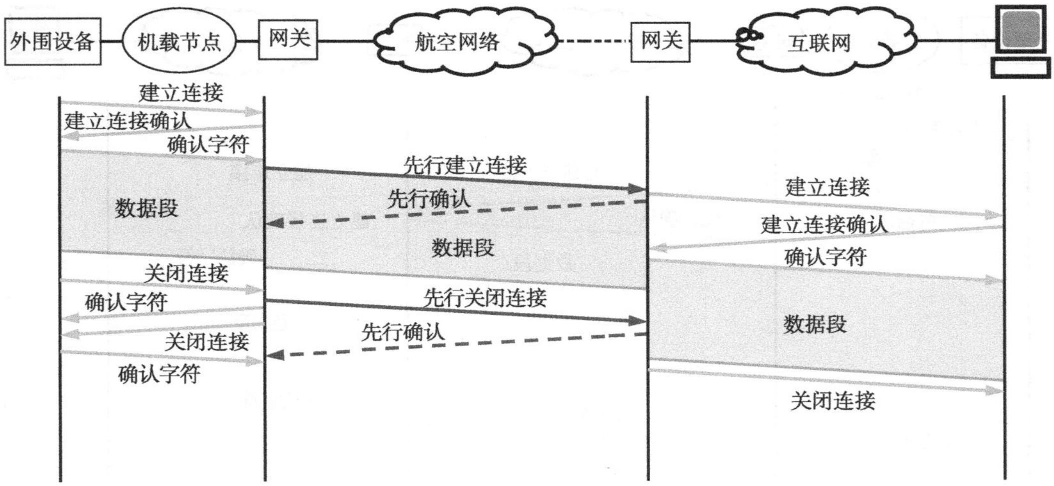

图 4-5　AeroTP 连接建立

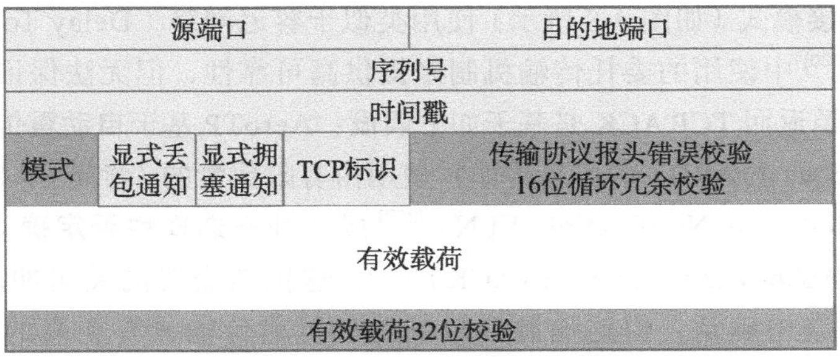

图 4-6　AeroTP 传输协议数据单元结构

3. 错误控制及基于服务质量的传输模式

基于应用需求，多类数据将通过机载网络传输，因此，AeroTP 支持映射到不同业务类别的多种传输模式：可靠连接、近可靠连接、准可靠连接、不可靠连接和不可靠数据报。

除不可靠数据报之外，所有模式都面向连接以实现 TCP 友好性，并且这些模式使用序列号以便数据包可以遵循不同的或多条路径，并在 AeroTP 接收器处重新排序。

- 可靠连接模式（如图 4-7 所示）必须保留从源到目的地的端到端确认语义，这是保证能传输的唯一方法。这使用 TCP ACK 转移实现，它的缺点是将 TCP 窗口和 ACK 计时强加到 AeroTP 域，但绝不会错误地通知成功传递的来源。

这种模式的一个变体使用**混合自动重传请求**（Hybrid ARQ, HARQ）加上前向纠错（如下面的准可靠模式中所示）来降低需要重传的概率。自动重传请求仅在包括额外前向纠错开销的 32 位 CRC 检查有效负载失败时调用。当需要可靠传输时该子模式格外有效，误码的概率从中到高，延迟灵敏度比前向纠错保护的带宽开销更重要。

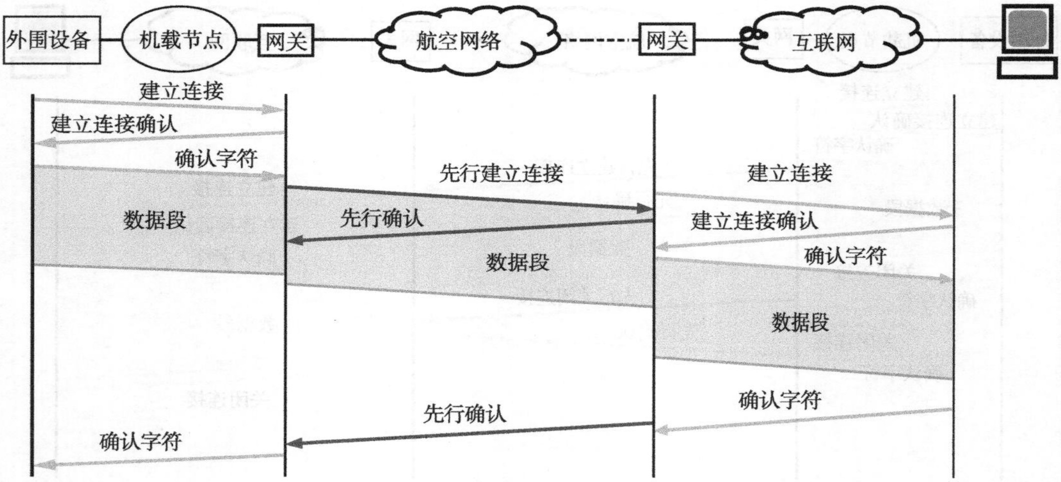

图 4-7 AeroTP 可靠连接传输模式

- **近可靠连接**模式（如图 4-8 所示）使用类似于容迟网络（Delay To lerant Net work, DTN）[78,380] 中使用的委托传输机制来提供高可靠性，但无法保证能传输，因为网关立即向源返回 TCP ACK 是基于如下假设：AeroTP 基于**自动重传请求**（Automatic Repeat Request, ARQ）的可靠传输，使用由有限数量的（肯定）ACK 及**显式丢包通知**（Explicit Loss Notification, ELN）[267] 成功补充**选择性否定确认字符**（Selective Negative Acknowledgement, SNACK）[146]，这仍然需要网关缓冲段，直到 AeroTP 在机载网络中确认，但这比源到目的地的可靠传输具有更高的带宽效率，因为 TCP 的 ACK 时钟化行为只在连接良好的机载和地面互联网链路上执行，同时允许 AeroTP 高效使用机载网络。不过，存在一种可能，网关并未将数据传输到最终目的地，但记录为已经传输过去了。
- **准可靠连接**模式（如图 4-9 所示）完全消除 ACK 和 ARQ，仅使用开环错误恢复机制（如单通路流上的前向纠错）以及跨多路径散布的擦除编码（如果可用）[296]。在这种模式下，基于横穿中的无线信道质量、可用带宽以及应用程序对数据包出错的敏感度，可以使用跨层优化来调整编码强度。这种模式提供了任意级别的统计可靠性，但不能保证绝对能传输。

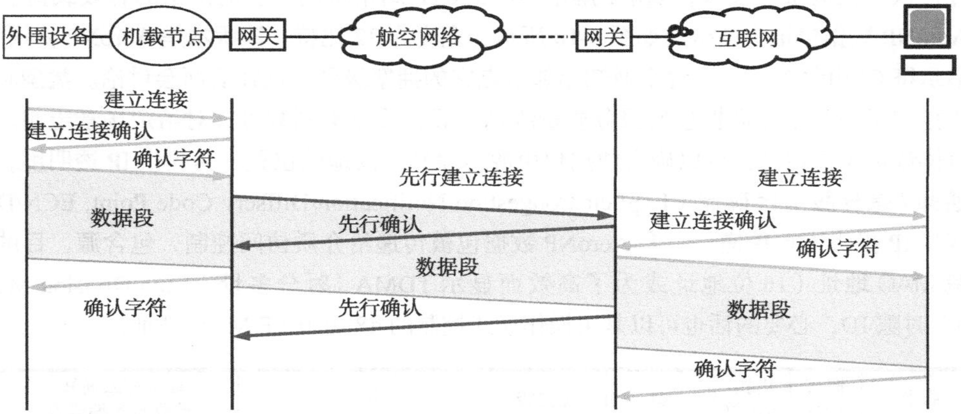

图 4-8　AeroTP 近可靠传输模式

- **不可靠连接**模式仅依赖链路层（前向纠错或自动重传请求）来保护数据完整性且不在传输层使用任何纠错机制。跨层可用于改变链路层前向纠错的强度。
- **不可靠数据报**模式旨在透明地传递 UDP 信息流且不建立任何 AeroTP 连接状态。

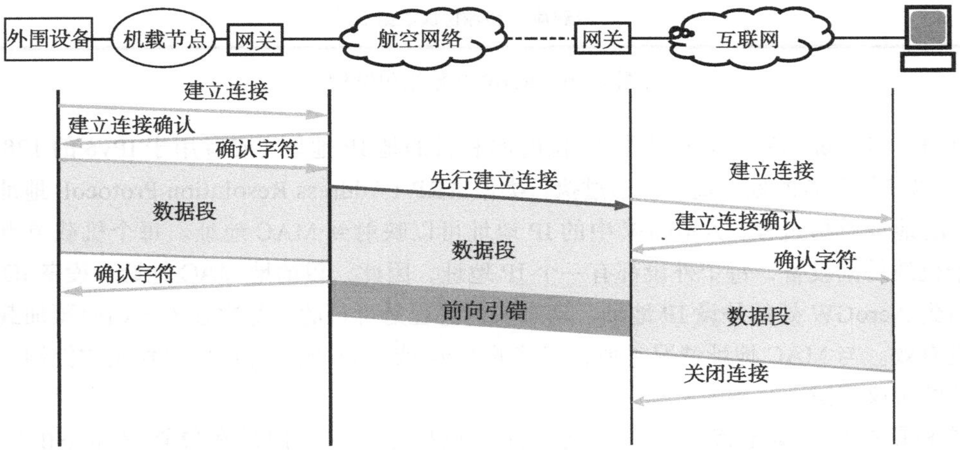

图 4-9　AeroTP 准可靠传输模式

4.4.2　AeroNP：IP 兼容型网络协议

AeroNP 是专门为高动态机载环境设计的网络协议[356]，考虑到地面上用于指挥和控制的基于 IP 的终端设备以及机载节点上的 TCP/IP 外围设备，机载网络协议与 IP 的兼容性至关重要。AeroGW 将 IP 数据包转换为 AeroNP 数据包，反之亦然[85]。AeroNP 的关键特征是为 4.3.4 节中讨论的跨层信息提供显式支持，通过提供来自 IP 的高效寻址映射来减少开销，并提供强大的报头校验，以解码能使用 AeroTP 纠错机制恢复的出错的有效载荷。

AeroNP 数据包报头的格式如图 4-10 所示，宽度为 32 比特。该**版本**是 AeroNP 协议版本，**拥塞指示符** CI 由每个节点设置来通知相邻节点它的拥塞级别，这在后面会讨论。**类型**和**优先级**字段指定了一个给定数据包的服务质量级别，服务质量类别数可针对给定场景定制。多路分解由**协议**标识符控制，可以确定数据包由源传递到目的地的位置。为提供 IP 透明度，**显式拥塞通知 / 差分服务代码点**（Explicit Congestion Notification/Diffserv Code Point, ECN/DSCP）半字节从 IP 报头进行传递。一个 AeroNP 数据包被传递给介质访问控制，包含**源**、**目的地**和**下一跳 MAC 地址**（16 位地址或为了高效而显示 TDMA（**时分多址**，Time Division Multiple Access）时隙 ID，必要的话也可以是由操作模式控制的 48 位 IEEE MAC 地址）。

<table>
<tr><td>版本</td><td>拥塞指示符</td><td>出错指示符</td><td>类</td><td>优先级</td><td>协议</td><td>显示拥塞通知/差分服务编码点</td></tr>
<tr><td colspan="5">源MAC地址</td><td colspan="2">目的地MAC地址</td></tr>
<tr><td colspan="5">下一跳MAC地址</td><td>源设备ID</td><td>目的地设备ID</td></tr>
<tr><td colspan="5">源机载节点位置 (opt)</td><td colspan="2">目的地机载节点位置 (opt)</td></tr>
<tr><td colspan="5">长度</td><td colspan="2">网络协议报头错误校验16位循环冗余校验</td></tr>
<tr><td colspan="7">有效载荷：传输协议数据单元</td></tr>
</table>

图 4-10　AeroNP 数据包结构

此外，若 AeroNP 报头不携带 32 位的源和目的地 IP 地址（或者用于 IPv6 的 128 位地址），可以获得显著的效率提升。通过执行类似 ARP（Address Resolution Protocol，地址解析协议）的地址解析过程，AeroGW 中的 IP 地址可以映射到 MAC 地址。每个机载节点可以有多个机载外围设备，每个外设都有一个 IP 地址，因此，**目的地 MAC 地址**、**设备 ID** 数组被映射到 AeroGW 处的外设 IP 地址。动态映射流程是可行的，每次任务开始时预加载转换表会更有效。与 MAC 地址情况类似，完整的 IPv4 或 IPv6 地址可以由操作模式控制，代价是显著的协议开销。

源和**目的地机载节点位置**可被选择性地包括进来，它们是在位置感知路由中使用的 GPS 坐标和速度矢量（比报头数字隐含的要长）。当速度较低时这些可以省略，但当 AeroRP 使用高动态时不可省略。**长度**以字节为单位显示报头的实际长度。**报头错误校验**（对报头完整性进行强校验）包含在内以防止误码。和互联网协议不同[66]，AeroNP 默认修复出错的比特位并将出现错误的数据包转发至传输层，而不是在网络层将其丢弃。出错指示符 C 比特由 AeroNP 设定，它可以通知 AeroTP 出错已经发生。这允许传输层的前向纠错在 AeroTP 的准可靠模式下纠错（如 4.4.1 节中所描述）。

4.4.3 AeroRP：面向高动态机载节点的路由协议

高速机载节点间的短时间接触会导致频繁的路由变化，这就需要一种智能多跳路由协议支持在高动态物理拓扑上进行可靠通信。如前所述，现有的路由机制会产生大量开销并且在拓扑频繁改变时不能快速汇聚（如果存在的话），因此不适用于高动态网络。AeroRP 路由协议专门为解决与高移动性航空网络相关问题而设计[339,313,356]，它的重要设计特征有：

- **主动行为**：AeroRP 是一种基本的主动路由协议，通过有限的更新降低协议开销。
- **利用跨层控制**：AeroRP 旨在利用 AeroNP 提供的显式跨层支持以及节点处可用的地理节点位置和轨迹信息。
- **每跳行为**：和现有协议不同，AeroRP 基于部分本地信息和路由来每跳转发数据，从而避免了全局收敛必要性，使之特别适合于高动态环境。
- **多模态**：机载网络场景和应用程序在其运行参数方面呈现高水平的变化。例如，基于应用的安防需求，节点的地理位置可用或不可用。为了支持这些动态操作、策略和约束，AeroRP 提供了多种操作模态。

1. 协议操作

AeroRP 的基本操作包括两个阶段。在第一阶段，每个机载节点在任意给定节点及时学习并给出可用邻居列表。它使用多种不同机制来促进邻居节点的发现，这将在本节后面讨论。算法的第二阶段旨在找到合适的下一跳来转发数据包。为了将数据包转发到特定目的地，需要附加诸如位置数据或路由更新等信息。对这两个阶段中的每一个，协议定义了多种不同机制，选择哪种机制取决于操作模式。协议没有指定一组预定义的离散操作模式，所支持模式的总数是所有不同可用机制的组合。操作的两个阶段是*邻居发现*和*数据转发*。表 4-4 给出了 AeroRP 和其他路由协议类别的功能比较。

表 4-4 AeroRP 和其他路由协议类别的功能比较

功能	AeroRP	传统 MANET（AODV、OLSR、DSDV、DSR）	机会路由（OR、EOR）	地理路由（LAR、DREAM）	无信标路由（IGF、BOSS）
部分路径支持	具备	无	具备	具备	具备
储存和运输	具备	无	无	无	无
跨层	具备	无	无	具备	具备
监听	具备	无	无	无	具备
位置感知	具备	无	无	具备	具备
无信标	非周期可选	无	无	具备	具备
更新频率	取决于拓扑	周期或按需	无更新	周期	无更新
路由重配置	逐跳	源初始化或基于更新	逐跳	基于更新	逐跳
多模式	具备	无	无	无	无

（1）邻居发现

机载节点的第一个目的是确定它的邻居节点。为了实现这一点采用了几种不同机制，目的是使开销最小化并提高适应性。

- **主动监听**是节点用来定位和识别其邻居的主要机制。在无线网络中，无数据发送的节点监听无线信道上的所有发送。AeroRP 将其监听的每一个数据包的 MAC 地址发送至邻居表中。协议假定机载节点间是合作节点且传输范围对称，这意味着如果一个节点能监听到另一节点的发送，它也能和该节点通信。如果在与预期接触时长相关的预先设定时间间隔内没有监听到节点的发送，则从邻居表中移除该过时条目。
- **Hello 信标**被空闲节点用于通告它们的存在。当邻居节点监听到一个 Hello 信标，它们相应更新邻居列表。Hello 信标的频率和最小计算接触时长成反比。
- **地面站更新**可用于某些场景中增强或替代*主动监听*，在这些场景下地面站具有部分甚至完整的飞行计划。地面站向所有节点发送周期性更新消息，其中含有由飞行计划预测的位置和轨迹向量。

安防要求可能会对机载网络施加限制，特别对军用战术级网络。某些情况下，节点位置或轨迹很敏感，单个节点可能不会将这些信息包含在数据包的报头或 Hello 更新中，在这种情况下，地面站可以在加密信道上发送所有节点的位置更新。最后，在最安全的模式下，没有可用的地理节点信息且必须使用传统的移动 ad hoc 网络方法来发现路由，如显式路由更新和邻居间节点接触的交换。

考虑到航空网络的动态属性，邻居发现不仅包括发现传输范围内的节点，还包括确定被发现的节点在范围内的持续时间。根据操作约束，这些信息通过不同的机制获得：位置和轨迹信息在 AeroNP 报头或地面站发送的更新信息中携带。

（2）数据转发

在邻居发现之后，AeroRP 的第二阶段是让各节点确定特定传输的下一跳。和常规协议不同，AeroRP 在不完全掌握端到端路径的情况下，基于部分路径执行逐跳转发[209]。每个节点转发数据包，这样它们会在地理上离目的地更近，在很多场景下目的地是地面站。

当一个节点需要发送数据时，假设一个或更多邻居被发现，数据包被转发到通过当前坐标和轨迹计算的离目的地最近的节点。目的地位置以类似于邻居发现的方式获得，此外，在很多场景下目的地是固定地面站，其坐标对很多机载节点是已知的。

2. 数据转发算法

第 i 个机载节点 n_i 的位置由矢量 $\mathbf{P}_i=(x_i, y_i, z_i)$ 表示，轨迹由矢量 $\mathbf{T}_i=(s_i, \theta_i, \phi_i)$ 定义，其中 x，y，z 是节点绝对坐标，$\mathbf{T}$ 是球面方向矢量（速度，倾斜度和方位角）。由于网络是高动态的，节点的位置和时间都是随时间变化的。对于给定时刻 t 的源－目的地对，源节点 n_s 有位置 $\mathbf{P}_\mathrm{s}^t$ 和轨迹 $\mathbf{T}_\mathrm{s}^t$，目的地节点 n_d 由 $\mathbf{P}_\mathrm{d}^t$ 和 $\mathbf{T}_\mathrm{d}^t$ 表达。节点的拥塞状态由矢量 $\mathbf{C}_i=\{CI, priority\}$ 给出，其中 CI 和 $priority$ 是 AeroNP 报头的拥塞指示符和优先级字段。

步骤一：每个节点维护两个表，一个是存储当前传输范围内节点信息的*邻居列表*，另一个是存储当前可能在或不在传输范围内的所有目的地信息的目的地数据表。

步骤二：当节点收到任意数据包时，它更新邻居数据表和目的地数据表。如果收到的数据包来自节点 n_i 的监听传输或 hello 通告，则假定节点 i 在当前节点的传输范围内，邻居列表按 $N = N \cup \{n_i\}$ 被更新。此外，节点的 macID、位置、轨迹以及拥塞状态由报头导出并以数组 $\{\text{macID}_i, \mathbf{P}_i^t, \mathbf{T}_i^t, \mathbf{C}_i^t\}$ 的形式存储在邻居列表中。如果收到地面站更新，更新的每个条目以数组 $\{\text{time}, \text{macID}_i, \mathbf{P}_i^t, \mathbf{T}_i^t, \mathbf{C}_i^t\}$ 的形式存储于目的地数据表中。由于地面站更新可能包含节点未来位置的信息，目的地数据表中的条目要加上时间戳。最后，当收到地面站更新时，邻居列表条目的位置和轨迹字段用最新值更新。

步骤三：步骤二完成后，假定一个给定节点 n_0 有 k 个被发现的邻居，从这个集合中，删除所有拥塞的邻居（CI 位设置为和待发送数据等同或更高的优先级）。此外，每个节点将其自身添加在邻居列表的第一个：$N_0 = \{n_0, n_1, \cdots, n_i, \cdots\}$。假定节点 n_0 希望给位置为 $\mathbf{P}_\text{d}$ 的地面站 n_d 发送数据包且所有节点的传输范围均为 R，随后为各邻居计算**拦截时间**（time to intercept, TTI）。TTI_i 表示节点 n_i 若继续当前轨迹时到达目的地的传输范围内所需要的时间，计算公式为：

$$\text{TTI}_i = \frac{\left|\mathbf{P}_\text{d}^t - \mathbf{P}_i^t\right| - R}{s_\text{d}}$$

其中 $\left|\mathbf{P}_\text{d}^t - \mathbf{P}_i^t\right|$ 是节点 n_i 和目标节点 n_d 当前位置间的欧几里得距离，s_d 是节点 n_i 在目的地方向上的实际速度 s_i 的组成部分，计算公式为 $s_\text{d} = s_i \times \cos(\theta_i - \theta_\text{d})$，其中 θ_d 是相对于当前节点位置的目的地角度。

步骤四：最后，数据被转发到第 j 个节点 n_j，如下

$$\text{TTI}_j = \min\{\text{TTI}_i\} \forall i : n_i \in N_0$$

这一过程在每个节点处重复，直到数据到达目的地。

地面站是航空网络中的特殊节点，它监听传输并转发去往其他地面站的数据包。对上行数据，地面站向最接近目的地的节点转发数据包。地面站通过飞行计划或从收到的数据包报头信息中知晓机载节点的位置信息。

如果被清晰指定，中继节点总是默认的下一跳，它们接收所有机载节点的数据包并直接将其转发至地面站或其他机载节点。

3. 服务质量

机载网络的无线链路会受限于带宽且满足不了产生的信息流。因此，在该网络中实施服务质量机制来确保高优先级的数据包能可靠传输是必要的。AeroNP 协议使用报头的两个字段来指定网络中数据包的服务质量：数据**类型**，如网络控制信息流、紧急响应（如灾害场景中的急救者）、机载操作、一般互联网接入、民用娱乐及给定类型的**优先级**。场景和应用需求决定给定数据流的类型和优先级，这些数据流通过带外信号传从 AeroTP 传递给

AeroNP。节点上使用的调度算法是基于类型和优先级的“加权公平队列”算法。

4. 拥塞控制

在重负荷网络中，多跳路由在涉及转发和发送自身数据的节点处会引起严重拥塞，为克服这一问题，AeroNP 在网络层使用一个简单的拥塞控制机制，该机制基于极少反馈使用拥塞指示符和背压，这样可以简化操作。使用拥塞控制机制可以避免局部拥塞，但不能保证全局优化或公平。由于网络的高动态特性，更严格的速率控制机制（如 [255]）并不适用于此，最优解决方案在该机制实现时就已变得陈旧。

在第一个机制中，节点使用拥塞指示符[346,289]字段来表明其自身的拥塞级别。一个节点发送的所有数据包携带 CI 字段及数据的类型和优先级。当节点的传输队列超出了预定门限时，节点设置其 CI 字段，邻居节点监听传输过程并能够知晓给定节点上的拥塞。若节点发生拥塞，邻居节点在其数据与该节点数据拥有同等或更低优先级时会退避，但高优先级数据仍然会向拥塞节点转发，这是由于该节点的优先级队列会优先服务这一信息流。

机载网络实现拥塞控制的第二种机制是背压[330,437]。当源向中间节点发送数据包时，它同时监听该节点查看数据包是否正在以与发送时相同的速率被转发。如果没有而是其他数据包被转发，则源可以推断它选择的下一跳由于拥塞正在对其数据包排队，如果可能的话，源节点随后退避并选择替代的下一跳。类似地在多跳场景中，如果遇到瓶颈，每个中间跳依次在拥塞路径上停止或减慢传输直至信息流的源到达。

4.5 性能评估

本节展示了使用 ns-3[10]（及其之前版本 ns-2）开源网络模拟器，执行 AeroTP 和 AeroRP 协议得到的部分仿真结果。将 AeroTP 的性能与 TCP 和 UDP 进行对比，也将 AeroRP 的性能和 DSDV、AODV 和 OLSR 进行了对比。每节提到的参考文献中提供了额外的分析和更全面的解释。测试台原型机的实现在参考文献 [27] 中描述。

4.5.1 AeroTP 仿真结果

使用 ns-3（在另一例中使用 ns-2）网络模拟器[359]针对 TCP 和 UDP，对 AeroTP 连接建立进行仿真并对完全可靠（自动重传请求选择性重传）和准可靠（前向纠错）模式下的数据传输进行评估，。

1. AeroTP 连接建立

如前所述，对于高动态机载网络，TCP 的缺点之一是用于连接建立的三次握手有延迟。因此，AeroTP 设计为当 ASYN 比特组收到数据流中的第一个**传输协议数据**单元（TPDU）时建立连接。如果第一个数据包丢失，仍能使用第二个或后续数据包的报头信息建立连接，且如果指定的可靠模式需要，第一个数据包可以在稍后重传。

图 4-11 展示了与标准 TCP Reno[360] 相比建立 AeroTP 连接所需的时间。两个机载节点间通过 10Mb/s 的链路连接，并有 5ms 的延迟和在 0% ～ 20% 间变化的固定丢包率。每个数据点由 AeroTP 或 TCP 的单个连接尝试组成，平均超过 100 次仿真。延迟是从发送节点处向传输协议发起连接直到目的地节点收到第一个数据包之间的时间。

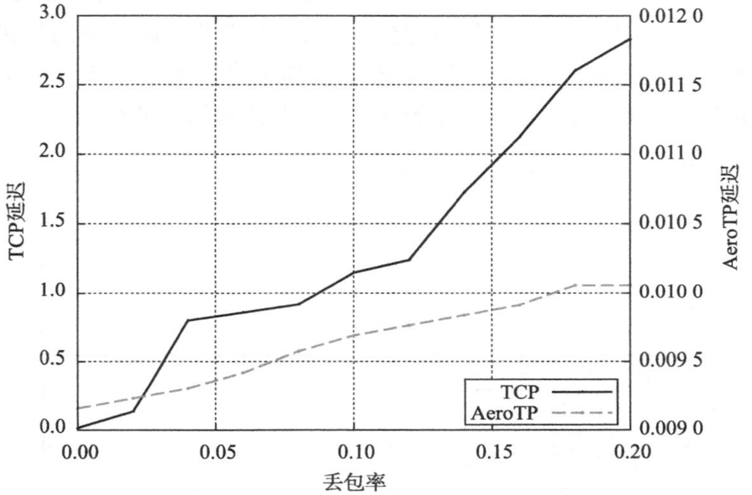

图 4-11　TCP 和 AeroTP 连接建立延迟

TCP 和 AeroTP 的结果都以单图形式展示，但它们是在两个不同的 y 轴下绘制的：TCP 在左边，AeroTP 在右边。当无丢包发生时 TCP 延迟 20ms，当丢包率在 20% 时延迟线性增长至 3s。另一方面，无丢包发生时 AeroTP 有 9.2ms 的延迟，当丢包率在 20% 时延迟线性增长至 10.1ms。这表现出两个数量级的提升，让 AeroTP 可通过仅存在几秒的路径成功发送数据，而 TCP 仍在试图建立连接。

2. AeroTP 数据传输

描述 AeroTP 性能的数据传输仿真由两个机载节点组成，它们以**恒定比特率**（constant bit rate, CBR）4.416Mb/s 发送 1MB 数据：每秒发 3 000 包数据，**最大传输**单元（Maximum Transmission Unit, MTU）为 1 500 字节。路径是由代表机载节点间局域网的 10Gb/s 链路、代表机载网络路径的具有 10s 延迟的 5Mb/s 链路和代表地面站局域网的第二个 10Gb/s 链路组成的三跳。机载网络链路有丢包，**误码率**（bit-error rate, BER）在 0 ～ 10^{-4} 范围内变化。每次仿真使用不同的随机数种子，平均运行超过 20 次。

（1）准可靠模式特性

在准可靠模式下，AeroTP 使用端到端前向纠错作为其可靠性机制，在每个数据包上增加开销以提升可靠性。基于使用此模式的应用具备一些容丢包能力，无法使用前向纠错纠正（如由 32 位 CRC 检验）的传输协议数据单元不会被重传。该机制的优点是低延迟，因为不需要通过重传纠正被前向纠错码覆盖的误码。第一组图比较了不同的前向纠错强度，从每个传输协议数据单元 0 个 32 位前向纠错字到 256 个前向纠错字。在所有情况下都使用 1 500 字节的数据包，因此，随着每个数据包中前向纠错字数量的增加，数据的字节数都减少，意味着传输相同的数据量需要更多数据包。

图 4-12 表明由于误码率提升产生了不可纠正数据包，有效吞吐量（成功接收的吞吐量）会减少，通过增加前向纠错强度可以减轻这种影响。对于非常高的前向纠错强度（128 或 256 位），在所测试的误码率范围内性能并没有实质地下降，不过高开销导致了低误码率下的性能下降。由于不涉及重传，数据传输的延迟不受数据包错误的影响。

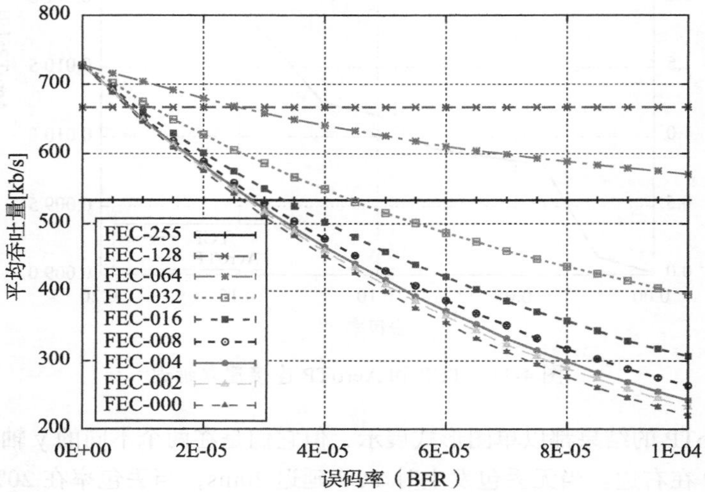

图 4-12 AeroTP 准可靠平均有效吞吐量

高级别前向纠错导致链路饱和，这转化为队列延迟引起的额外延迟。和有效吞吐量图类似，图 4-13 展示了接收数据的总量。根据前向纠错强度，该量值随误码率的提升而降低，除了在非常高的前向纠错强度（128 和 256 字）下，所有错误都能在测试速率下被纠正。

图 4-14 展示了每个数据包 96 字或更大的前向纠错强度，能够在测试的误码率上纠正所有错误。

（2）丢包链路的完全可靠模式特性

在可靠模式下，当 32 位 CRC 校验显示传输协议数据单元已出错时，使用自动重传请求重传。图 4-15 展示了 AeroTP 可实现远优于 TCP 的性能，TCP 性能随误码率的提升大幅下降。如大误差条所示，TCP 在其性能上也变得高度不可预测。同时如图 4-16 所示，TCP 的端到端延迟在误码率 1×10^{-4} 时增加三个数量级，而 AeroTP 可靠性（自动重传请求）增加不到一个数量级。由于 AeroTP 准可靠（前向纠错）和 UDP 均不重传出错的数据包，延迟以不可恢复的错误为代价保持恒定。在仿真过程中，TCP 和 AeroTP 都能以小于 0.000035

的误码率传输完整的 1MB 数据，但 TCP 性能由于重传下降很快，而 AeroTP 仍能在最高误码率下传输几乎所有的数据（如图 4-17 所示）。在同一图中可以看到 UDP 由于误码率增加丢失了一定比例的数据，但 AeroTP 准可靠模式丢失的数据比例更小。最后在图 4-18 中，我们看到 AeroTP 可靠模式的性能提升可通过比 TCP 更低的开销实现，而准可靠模式会带来显著开销，但不会由于误码率提升增加延迟。

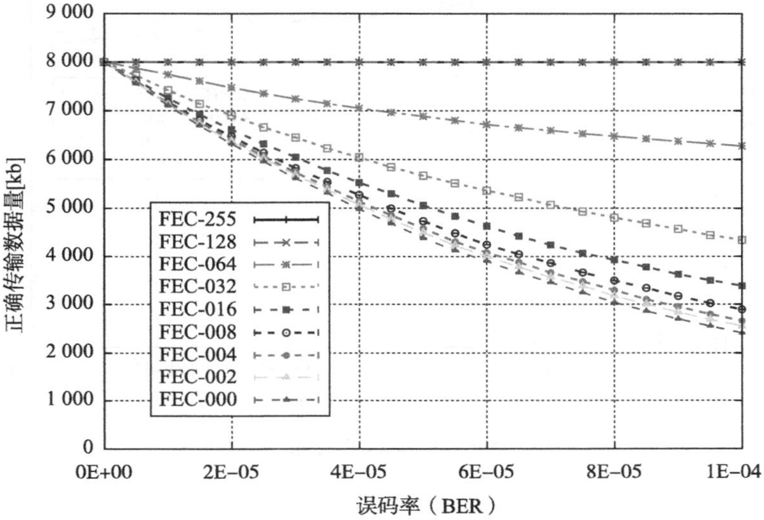

图 4-13　AeroTP 准可靠累积吞吐量

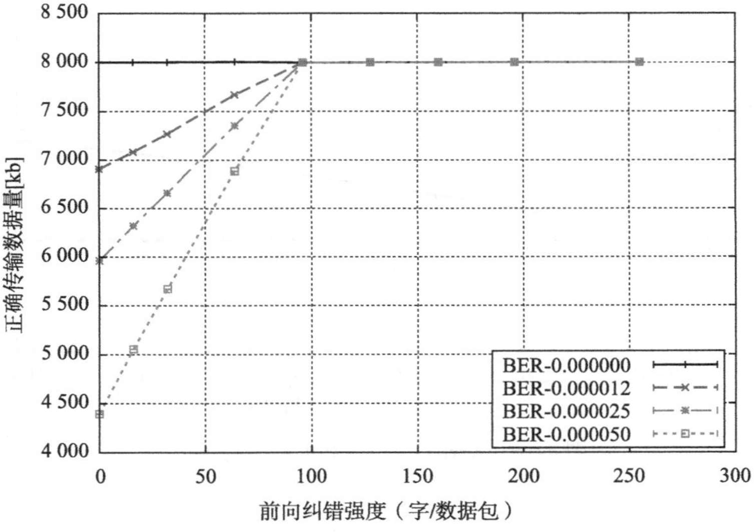

图 4-14　AeroTP 准可靠累积吞吐量

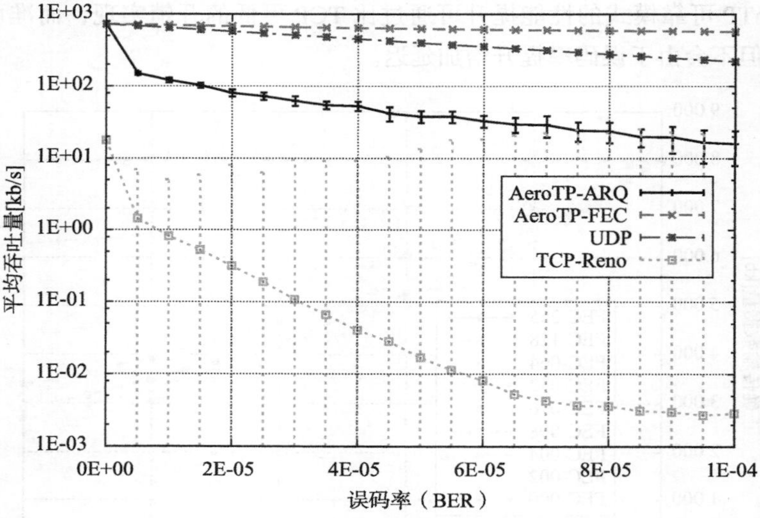

图 4-15 AeroTP 和 TCP 可靠平均吞吐量

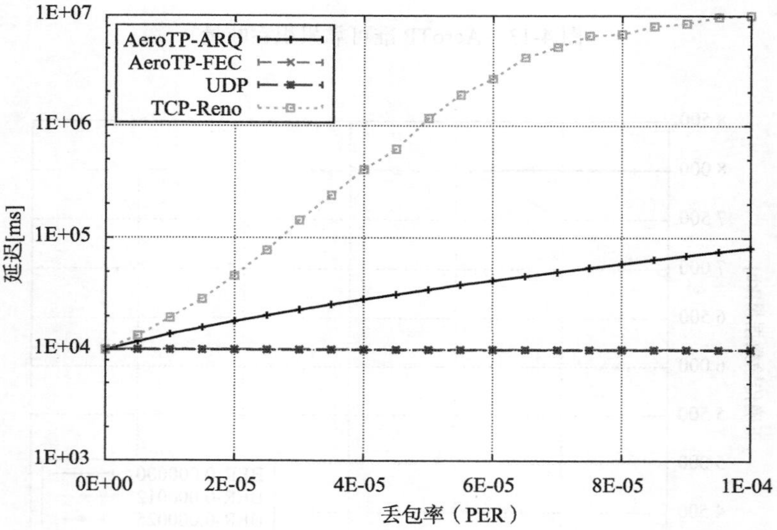

图 4-16 AeroTP 和 TCP 可靠平均延迟

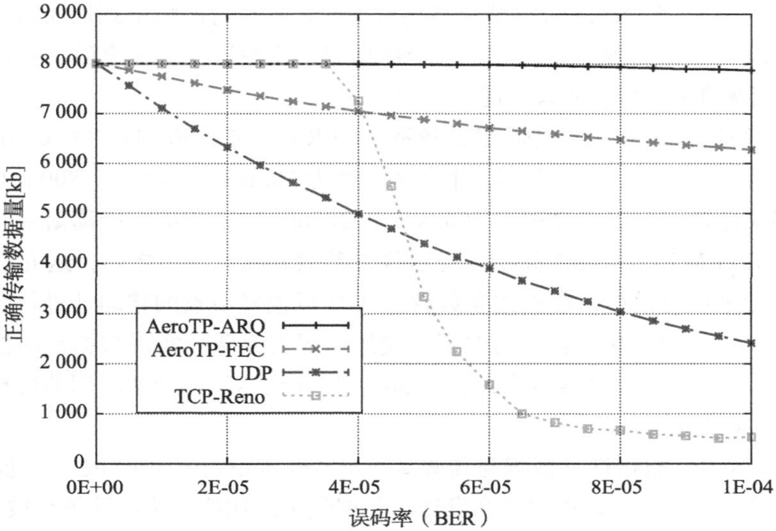

图 4-17　AeroTP 和 TCP 累积吞吐量

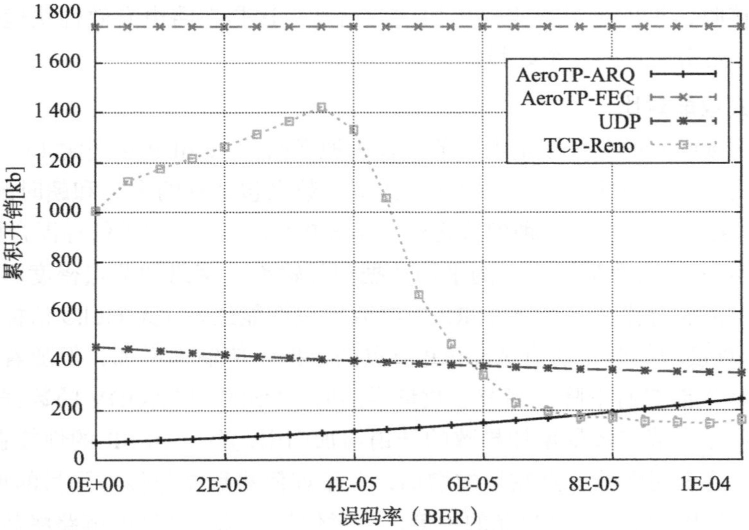

图 4-18　AeroTP 和 TCP 累积开销

4.5.2 AeroRP 和 AeroNP 仿真结果

使用 ns-3[313、355、339] 网络模拟器对 AeroRP 和 AeroNP 的不同模式和位置信息进行仿真，结果与传统移动 ad hoc 网络协议 DSDV、AODV 和 OLSR 进行了对比评估。在 150 平方千米区域内对 5 ～ 60 或 10 ～ 100 个随机放置的节点进行仿真，每次仿真在 1 000s 内进行 10 次，绘制了 95% 置信区间条。该通信模型是多跳对等的，具有与网络中到地面站节点数量相同的流。所有机载节点都配置为每秒发送一个数据包，使用这个低速率后，我们可通过尽量减小 MAC 层拥塞概率来评估协议性能。

ns-3 的**开关**应用被用于生成**恒定比特率**（CBR）业务，802.11b MAC 用于 Friis 传播损耗模型以限制节点的传输范围，发射功率设置为 50dBm 来实现 27 800m（15 海里）的传输范围。移动性模型是节点速率在 50m/s ～ 1 200m/s 间变化的三维**高斯 – 马尔科夫**模型（Gauss–Markov, G-M）[72]。设置高斯 – 马尔科夫参数 α 在 0 ～ 1 之间，这允许我们根据记忆的程度和变量来调整模型，这里把参数设为 0.85 以便对节点的移动性进行预测，同时避免突发的机载节点方向变化。默认情况下，使用尾部丢弃队列实现数据包的摆渡。最大缓存区大小设置为 400，最大缓存时间设置为 30s，任何到达缓存到期时间的数据包都将被清除。默认使用主动监听。

AeroRP 评估的性能指标是**数据包传输率**（packet delivery ratio, PDR）、路由开销和延迟：数据包传输率是接收的数据包量和发送的数据包量的比值；路由开销是被 AeroRP 控制消息协议使用的部分字节；延迟是数据包从源节点 MAC 协议到达目标节点 MAC 协议需要的时间。*精度*是接收的数据包和 MAC 层发送的数据包的比值，基于选定路由的数据包是否被目的地成功接收，可以测量给定路由协议的*精度*，这是在路由有效性快速变化的高动态拓扑结构中判断路由质量的一个好指标。

1. 不同模式效能对比

位于仿真区域中心的单个固定汇聚节点代表地面站，AeroRP 在摆渡（存储并传送）、缓存以及丢弃模式 [339] 下进行测试。在缓存模式下，数据包队列的大小和超时配置与 AODV、DSDV 执行的一致。除了上述三种模式之外，AeroRP 也在信标和无信标混合模式下测试。

图 4-19 展示了节点数量增加时的平均数据包传输率。网络的节点密度影响所有的路由协议，其中无信标混合模式下的 AeroRP 摆渡数据包性能最好（无 Hello 信标，但邻居监听传输）。当节点数量增加时，所有 AeroRP 节点的数据包传输率增加，但随着节点数量接近 90 个或更高时，性能略有下降。当节点数量增加时，DSDV 和 AODV 的数据包传输率立即下降，这最有可能是节点数量增加导致的开销增加而引起的。OLSR 的性能在大约 50 个节点时开始下降。这表明随着节点数量的增加，关于如何将数据包传输到目的地，AeroRP 能够比非 AeroRP 路由协议做出更智能的决策，后者依赖不基于地理的链路将数据包传输至目的地。

图 4-20 展示了随着节点数量的增加，路由协议精度的变化。OLSR、DSDV、AODV 的精度仅不到 65%，AeroRP 所有不同模式在所有节点密度处均有 50% 或更高的精度。随着节点数量增加，AeroRP 的摆渡和缓存数据包精度几乎保持不变。这表明 AeroRP 准确传输数据的能力，主要通过预测快速移动的邻居是否在传输范围内来实现，预测使用了最后获知的源与目的地间距以及邻居速率。在 AeroRP 的模式中，无信标混合模式比信标模式精度更高有两个原因。第一，周边节点监听范围内的所有数据包，因此获取每次数据包传输

时的轨迹数据，这带来的是比周期 Hello 信标更频繁的共享轨迹信息；第二，比起发送单独的控制数据包，将控制数据放在实际数据包可使通信过程更对称。一个 44 字节的控制包可能被成功传输至一个邻居，不过，这并不意味着一个 1 000 字节的有效载荷加上控制开销可以成功传输至同一邻居，尤其当邻居在传输范围的边缘时。

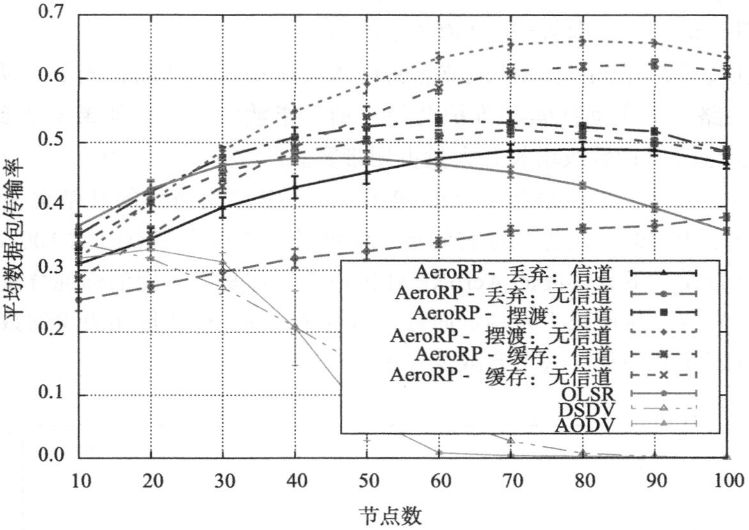

图 4-19　节点密度对数据包传输率的影响

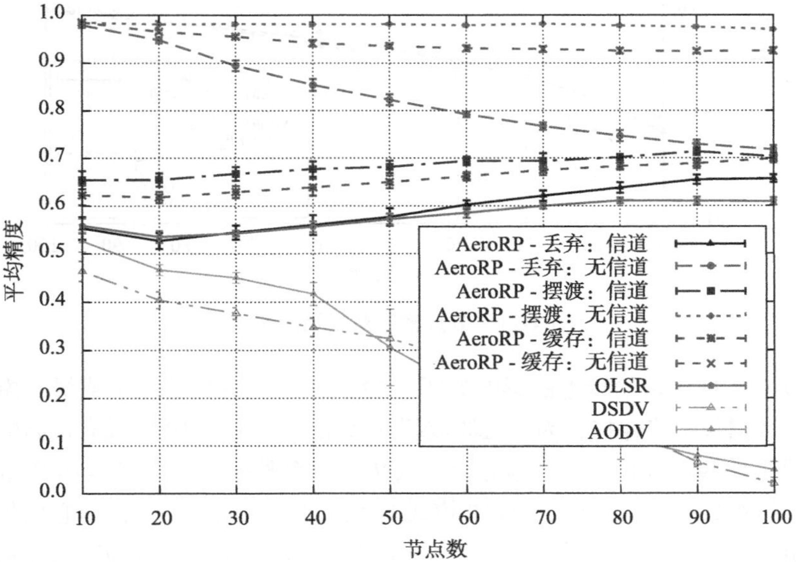

图 4-20　节点密度对精度的影响

AeroRP 精度随节点密度的增大而增大，并在无信标混合模式下运行，但不摆渡或缓存数据包。这一精度的小幅下降可以归因于节点不得不依赖数据传输将其轨迹信息告知附近节点。缓存和摆渡允许数据在仿真的不同时间发送，而不摆渡或缓存的 AeroRP 不经常共享信息。这一点当 AeroRP 在信标模式下但不摆渡或缓存数据包时并不会出现，这是由于 AeroRP 仍然以周期 Hello 信标的形式按惯例向邻居共享其轨迹信息。OLSR 随着节点数量增加而精度提升，但不会达到 AeroRP 模式下的值。

图 4-21 表明，网络的平均开销随节点密度增大而增大。然而，当节点从 30 个增至 50 个时，AODV 中路由的主动搜索和维护会使开销呈指数级增长。如果未达到网络饱和点，AODV 的开销会继续以指数级增长并大量占用带宽。DSDV 的开销从 10 个节点时的 18kb/s 线性增长至 100 个节点时的 1.5Mb/s。OLSR 和 AeroRP 路由协议的开销也呈线性增长，但不如 DSDV 显著，从 10 个节点时的 15kb/s 线性增长至 100 个节点时约 100kb/s。值得注意的是，无信标混合模式下无摆渡的 AeroRP 开销最低。这是因为无信标混合模式消除了对独立控制数据包的需要，从而减少开销。而且，这种 AeroRP 模式传输更少的数据包，因为若没有路由它会立即将其丢弃，这也会减少开销。

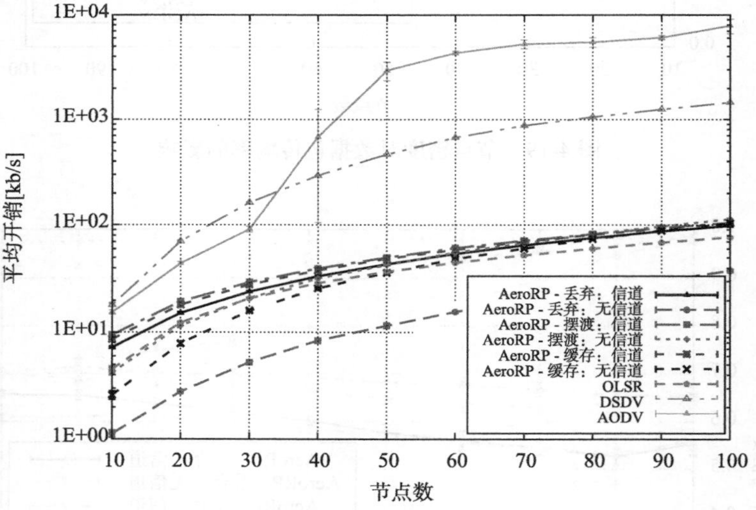

图 4-21 节点密度对开销的影响

节点密度对数据包传输延迟的影响如图 4-22 所示。当有传输需求或缓存模式下在队列中未到期时，数据包都将保持，因此摆渡或缓存数据包的 AeroRP 模式有最高的延迟。尽管延迟更高，但是这些模式通常比其他路由协议传输更多数据包，如图 4-19 所示。和其他路由协议相比，缓存数据包的两个 AeroRP 模式的延迟处于中间水平，因为它们仅在有限时间内保持数据包。不进行摆渡或缓存的两个 AeroRP 模式延迟最低，因为若无路由它们将立即丢弃数据包。

有趣的是，AeroRP 的摆渡和缓存模式下延迟随节点密度的增大而减小，而其他 AeroRP 模式，AODV、DSDV、和 OLSR 的延迟实际上随节点密度的增大而增大。可能随着节点密度增大，缓存和摆渡模式可以更快地从目的地处获取缓存和摆渡数据包，同时节点增加将增加跳数从而导致更长的延迟。值得怀疑的是，仅计算 AeroRP 模式未摆渡或缓存数据包的平均延迟，同样将得出延迟随节点数量增加而增加的趋势。

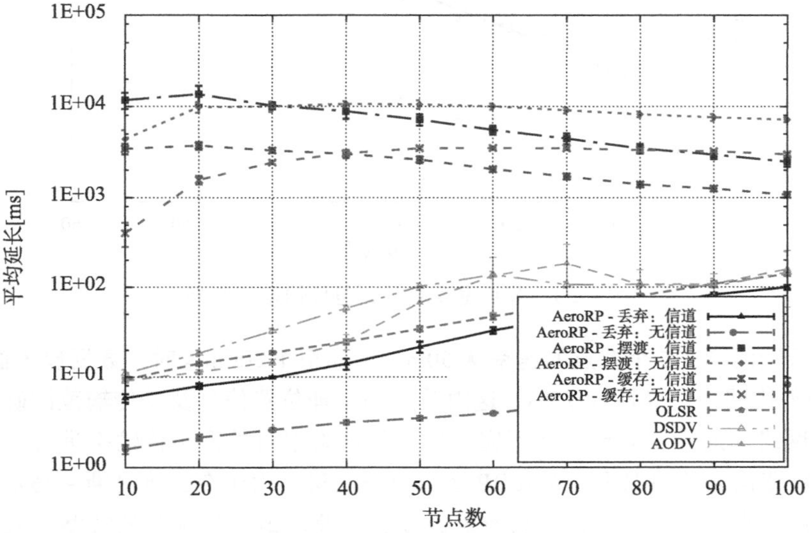

图 4-22　节点密度对延迟的影响

2. 定位信息的影响

先前的分析使用每个数据包的位置和轨迹信息来做出路由决策（仅来自 Hello 信标或来自所有数据包）。基于机载节点数据包包含地理位置和速度矢量（**非地面站**（NoGS）**拓扑信息**），或不含（**非地面站链路信息**），以及地面站是否向所有范围内机载节点额外广播完整的机载网络拓扑（**地面站拓扑信息**——与安排的商用、民用飞行计划、规划中的军事任务最相关），或仅从其他节点发现信息（**地面站链路信息**——与未规划的场景或秘密军事任务最相关），存在上述四种可能的信息组合。

图 4-23 展示了当机载节点密度从 5 增加至 60，并以 1 200m/s 的速率移动时，以数据包传输率形式表示的这四个级别 AeroRP 位置信息的性能。拥有**链路**信息的**地面站**更新模式在节点密度达到 35 个前都运行良好，之后性能随密度的进一步增加开始下降。节点密度的增加导致更多链路中断，这会导致机载节点已经确定的端到端路径被中断。尽管地面站试图通过发送触发器更新以对链路信息中的变化进行更新，但一些节点可能无法接收到所有更新，这导致数据包路由不一致。当节点密度增加时，没有地面站更新并且使用地理位置信息的 AeroRP 更新模式，开始的运行相对较好，这是由于该模式下的节点交换地理位置信息。

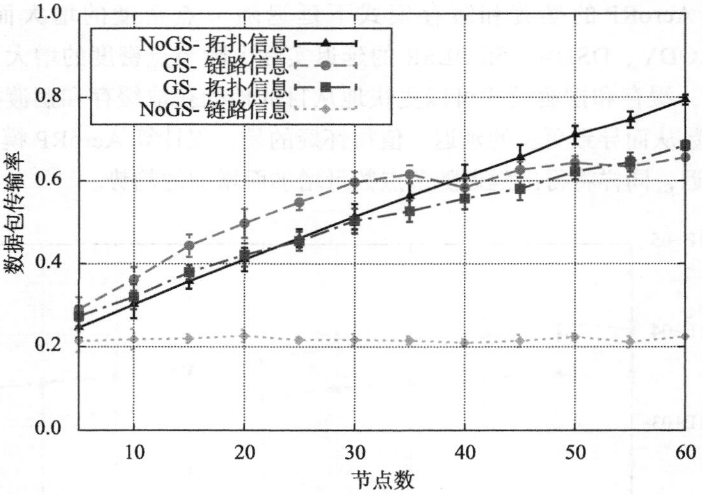

图 4-23 节点密度对数据包传输率的影响

图 4-24 展示了当 35 个节点的速率从 50m/s 增加至 1 200m/s 时，数据包传输率的变化。35 个节点的平均网络连通性为 75%，这由节点的地理位置信息及其传输范围确定。选定了 75% 的平均网络连通性，以允许在不完全连接的网络中对数据包传输率进行分析。在有**地面站**且使用链路信息的情况下，AeroRP 运行更好。这是由于在三维高斯 – 马尔科夫移动性模型下，机载节点移动时其方向不会突然改变，因此由地面站预测的链路在大多情况下保持稳定。然而，随着速率增加很多链路中断，会导致地面站发送更新的数量增加。由于机载节点执行 Dijkstra 最短路径算法，它们需要从地面站获取一致的信息，否则会导致数据包路由不一致。AeroRP 的另一种使用**拓扑信息**的模式，无论有无地面站更新存在，在速率增加时运行得都更好。这是因为处于高速时，节点在遇到不同邻居时有更好的机会识别到目的地的路径，这提升了识别一条到达目的地的良好路由的几率。此外，通过交换 AeroNP 报头的地理位置信息，节点可知晓整个网络拓扑。由于机载节点只知道它们传输范围内的邻居，AeroRP 模式在没有地面站更新时，使用**链路信息**运行的效果并不理想。

关键在于增加机载节点密度不仅能提升性能，且由于节点可能与更多邻居接触，还能提升**速率**。

图 4-25 展示了不同节点密度下的端到端数据包延迟。当使用**拓扑信息**时，有没有地面站更新，延迟都更大。这是由于**拦截时间**（4.4.2 节中的 TTI）的计算是基于机载节点当前和预测的地理位置坐标。由于地面站提供的**到期时间**通常比**邻居保持时间**更长，通过使用来自地面站更新的**拓扑信息**，可以在更长的持续时间内预测节点轨迹信息。这导致使用地面站更新的**拓扑信息**时有更高的拦截时间值。拦截时间值指定了识别一个数据包到目的地的路由之前，它应该被缓存的时间。其他两个使用**链路信息**的模式，由于不使用**拦截时间**指标，延迟非常低。

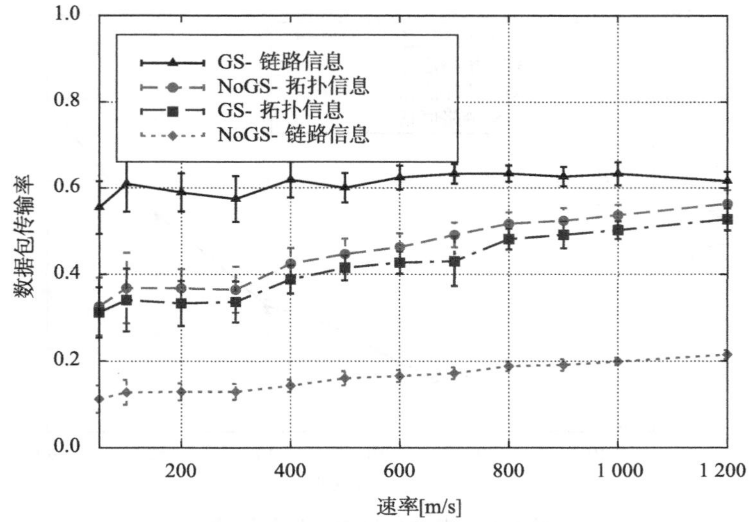

图 4-24　节点速率对数据包传输率的影响

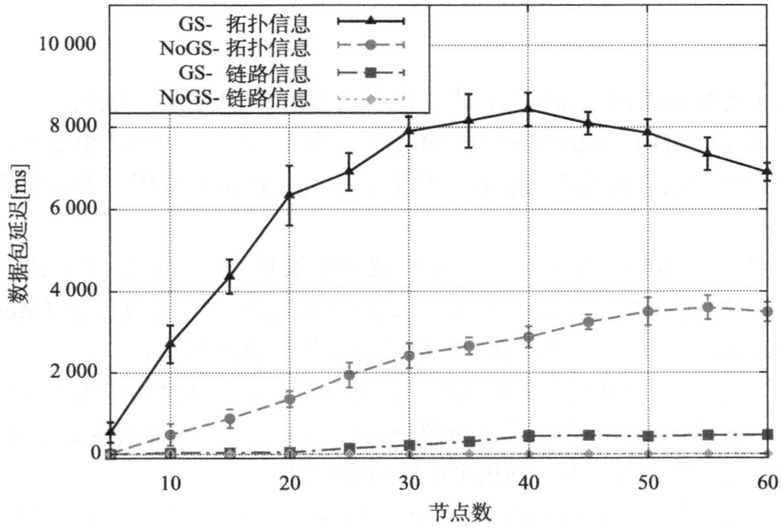

图 4-25　节点密度对延迟的影响

图 4-26 分析了不同操作模式下，节点密度对 AeroRP 控制开销的影响。当没有地面站更新且使用**链路信息**时，控制开销显著减少，这是由于除了初始引导信标外没有 AeroRP 消息发出。然而，对于启用地面站更新且发送**链路信息**的 AeroRP 模式，控制开销随节点密度增加呈指数增长。这是由于随着节点密度增加，传输范围内节点间的链路数量也增加，导致无论何时当有新链路形成或现有链路损坏时，地面站会产生更多更新信息。

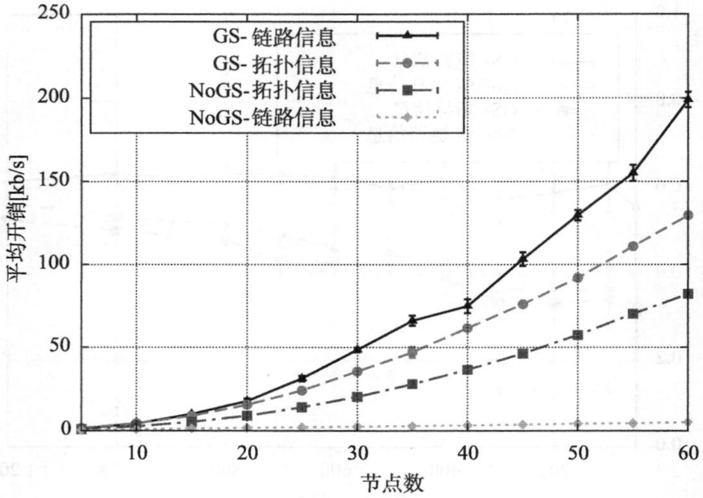

图 4-26　节点密度对开销的影响

4.6　总结

本章介绍了各种机载网络场景的特点。现有的基于 TCP/IP 的互联网协议架构不太适用于机载网络。诸如 AODV、DSDV 和 OLSR 等传统移动 ad hoc 网络路由协议，不是为具有高速率和不可预测移动性的高动态拓扑结构而设计的，该拓扑应用于大量无人机及战术级军用场景。

一种拥有特定域传输层及网络层的新协议架构被提出，并解决了上述问题。可以发现跨层的信息交换能够在高移动性环境中提供显著收益。特定域传输（AeroTP)、网络（AeroNP）以及路由（AeroRP）协议利用跨层信息来优化端到端性能。

AeroTP 提供了灵活及可组合的容断机制，可以在具有挑战性的场景下在机载节点间端到端传输信息。通过基于轨迹信息预测链路何时可用，以及主动监听附近节点，AeroRP 可向目的地随机发送数据，并更有效利用可用的网络容量。

仿真分析表明，与传统互联网协议及移动 ad hoc 网络协议相比，该协议性能显著提升，并深入研究了不同操作模式下成本 / 收益的权衡。

CHAPTER 5

第 5 章

无人机系统和网络：仿真和现场演示验证[⊖]

Jae H. Kim，Natasha Neogi，Claudiu Danilov，Andres Ortiz

本章讨论为在节点之间传输视频监视数据而进行无人机网络的设计、实现和部署工作。提出了一个异构网络，包括多个固定和移动地面节点，以及多个自主飞行器。概述了为实现跨多个无人机的协作，通过以可扩展的方式正确集成关键无人机子系统，在无人机平台系统中实现应急系统安全的设计过程。该无人机网络系统现场演示验证包括 16 个固定地面节点，1 个移动地面节点和 2 个通过两个路由网关连接到传统有线网络的机载节点。通过演示验证过程检查联网和通信效果，包括节点移动性、网络分区和合并的影响，以及网关故障转移。然后，在整个现场演示验证的情境下讨论所部署的网络协议以及性能问题分析。

5.1 无人机（UAV）平台系统

嵌入式自主系统航空航天实验室（Aerospace Laboratory for Embedded Autonomous Systems, ALEAS）无人机平台系统由几个单独的无人机组成。每一个系统都具有通用的架构和附带的可用来向无人机传递命令和运行程序信息的地面站。系统使用模块化的软件基础结构来实现无人机飞行的协同[361]。**无人机系统**（UAS）平台的主要目的是为无人机能够在**国家空域系统**（NAS）这样的共享空域环境中自主飞行提供保障手段。为此，确保此类系统具有高度的安全性和可靠性标准就成为主要的问题。5.2.1 节进一步详述的现场演示[125]要求视频数据可以在由地面和空中节点组成的网络中传输。如该演示实验所示，无人机系统由两个无人机组成，每架在高于地面大约 100 ～ 300 英尺的高度连续飞行约 50min。

⊖ 本文中的现场演示章节发表在 2009 年 10 月 18–21 日于美国马塞诸塞州波士顿召开的 *IEEE MILCOM 2009* 年会上，题目是《基于 802.11 的地面 – 无人机移动自组织网络的实验和现场演示验证》，作者是 Claudiu Danilov、Thomas R. Henderson、Thomas Goff、Jae H. Kim、Joseph Macker、Jeff Weston、Natasha Neogi、Andres Ortiz 和 Daniel Uhlig。

5.1.1 无人机平台系统

基础无人机平台由几个关键子系统组成：一架标准的业余级模型飞行器、一台汽油发动机、一台 PC104 嵌入式板型计算机、**商用现货**（COTS）自动驾驶仪，以及其他安全导向的电子设备（如死人开关（在驾驶人员无法控制时激活以确保安全））和有效载荷（如视频摄像头系统）。选择的模型飞行器是四分之一缩比的 Extra 300S，选用的自动驾驶仪是云帽科技公司生产的“短笛 +”。根据需要将附加子系统（例如摄像头、辅助计算和通信包）集成到基础平台中以提供想要的功能。

1. 机体

四分之一缩比的 Extra 300S 是一种流行的特技运动飞行器模型。特技飞行设计的主要优点之一是其能够承受超过无人机标称运行条件的载荷。这是一个重要的考虑因素，因为正在研发的平台不可能始终保持在标称运行状态内，因此拥有安全裕度从而可恢复变得至关重要。除了中立稳定之外，特技飞行器机体与其控制面和自由度是部分解耦的。控制的解耦特性极大地促进了自动驾驶仪控制回路的调试与调节。

特技无人机平台还提供了一个足够大且易作业的有效载荷舱，以及一个小翼展（80 英寸）情况下具有大机翼面积的机翼。机翼可以拆解成为两部分，因此易于运输并且在不需要进行大量拆解工作的前提下，就可以对飞行器的内部组件进行操作。除了飞行器满足平台目标要求之外，选择以 R/C 安全驾驶员而闻名的机体也是十分重要的。对于机体的熟悉可以使安全驾驶员能够及早发现可以纠正的问题以避免灾难性的后果。此外，飞行员对自主飞行期间飞行器行为的看法对于正确调整自动驾驶仪控制回路增益的过程至关重要。

2. 飞行器的测量与布局

表 5-1 总结了飞行器的关键重量和尺寸参数。飞行器的俯视图如图 5-1 所示。图中除去了飞行器的座舱盖和发动机整流罩，以显示无人机试验台的总体布局。

表 5-1 无人机平台的重量和尺寸

测量对象	值	测量对象	值
翼展	2.03m	机长（防火壁到机尾）	1.47m
机翼面积	$0.75m^2$	螺旋桨毂盖顶端到防火壁距离	0.34m
水平尾翼翼展	0.914m	机翼重量（带空速管）	1.4kg
水平尾翼面积	$0.17m^2$	机身重量（带发动机）	7.3kg
垂直尾翼翼展	0.38m	航空电子设备、电线和电池重量	0.8kg
垂直尾翼面积	$0.087m^2$	总空重	9.5kg
有效载荷舱尺寸	0.61m × 0.2m × 0.15m		

3. 动力装置

目前驱动 Extra 300S 的发动机是 Brillelli 46GT，使用的是 Menz20 × 8 螺旋桨。Brillelli

是一款汽油发动机，排量为 46cm³，重量约为 16kg，转速范围为 1 800 ～ 13 500 **转每分**（Revolutions Per Minute, RPM），飞行时间（满油）约为 50min。电子点火装置由专用的镍氢电池驱动。

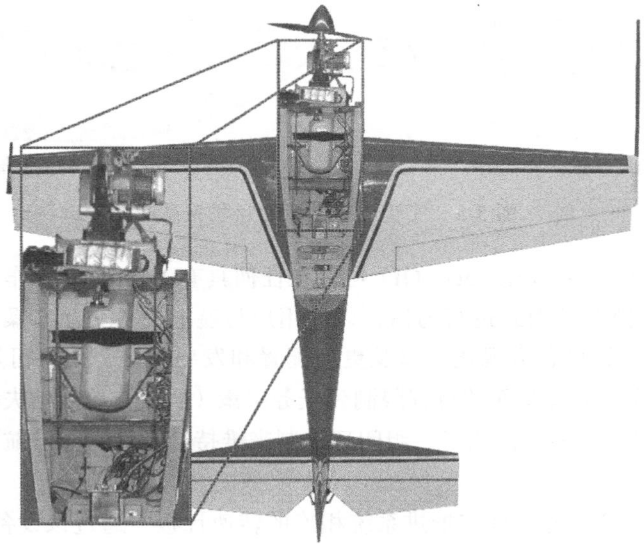

图 5-1　无人机的内部布局

为减轻发动机振动对自动驾驶仪传感器的测量精度的影响，安装了隔振机座，否则会影响自主飞行的安全。在汽油发动机的轴上安装了霍尔传感器，其在推进系统监测中发挥着至关重要的作用。

5.1.2　无人机自动驾驶控制系统

1. 自动驾驶仪

云帽技术公司生产的“短笛 +”自动驾驶仪是本文无人机主要的航空电子设备。它之所以被选中，是因为它在政府无人机应用方面的成功案例、在学术界的广泛使用，以及其高度可配置的界面 [426]。“短笛 +”自动驾驶仪嵌入了微处理器和一组传感器，包括一个 1Hz 的**全球定位系统**（GPS）、一个 20Hz 的**惯性测量单元**（Inertial Measurement Unit, IMU）以及一个大气数据传感器。空速管用于测量真实的空速和高度。“短笛 +”还具有 900MHz 的无线电台用来与地面站建立通信链路 [424]。无线电通信链路提供了修改无人机平台自动驾驶仪参数的能力，并可在手动控制模式下中继遥控驾驶员指挥命令（如图 5-2 所示）。地面站可以用于向自动驾驶仪发送消息并从其接收消息，还能显示和记录遥测数据，并提供在飞行中改变自动驾驶仪状态的界面 [426]。一个地面站能够监控多达八架无人机（每架无人机均配备一个机载单元）。

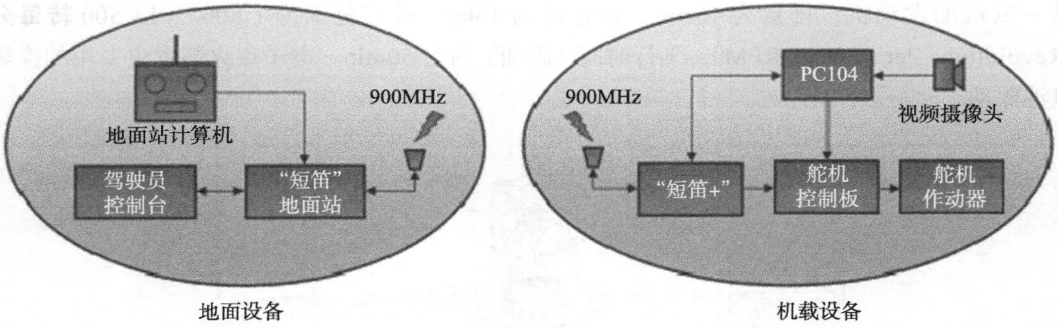

图 5-2 实验飞行设置的互联关系图

操作员界面（Operator Interface, OI）可以在任何具有 Windows 操作系统的计算机上运行，通过 RS-232 链路与地面站进行通信，以便用户与航电设备交互。操作员界面旨在使自动驾驶仪及其传感器的状态可视化，以及更新配置和发出命令。用户可用配置的范围包含从控制回路增益、飞行器控制面的行程限制到任务决策（如在与地面站失去通信的情况下如何处置）等方面。操作员界面使用了一组闭环控制来维持稳定性、导航航路点以及执行其他基本的自驾功能。

在外部，将“短笛”连接到与推进系统相连的转速计板。通过该设备，“短笛”可以接收发动机转速的测量结果，并在需要时命令发动机停车。“短笛”拥有 16 个伺服输出通道，以便与机体进行交互。无人机只使用其中五个通道：一个用于升降舵，两个用于副翼，一个用于方向舵，一个用于油门。控制面作动由 Futaba S3152 舵机控制，这些舵机使用三线连接（包括正 5V 电源线、接地线和信号线）供电和控制。通过发送脉冲宽度在 1mm ～ 2mm 之间的调制方波信号，可以命令舵机偏转并保持在从中性点到任一 45° 方向的位置上。舵机的偏转程度与从中性位置（对应于 1.5mm 的脉冲宽度）开始的脉冲宽度成正比。脉冲宽度命令由“短笛”或安全驾驶员生成，具体取决于其操作模式。Futaba T9CAP R/C 发射器与地面站相连，使安全驾驶员能够在不禁用“短笛 +”的情况下手动控制飞行器。此外，自动驾驶仪还有两个可与传感器或计算机等有效载荷单元建立通信链路的串行端口。可以用一个软件开发工具包来为这些元器件开发定制的通信协议 [54]。

2. 电气子系统

使用基于电池的电力系统来满足自动驾驶仪、机载计算设备、有效载荷、舵机和发动机的功耗需求。使用具有不同功耗和电压要求的 COTS 以及定制的元器件，给电气子系统的设计带来不小的挑战，尤其是当尺寸和重量构成两个主要约束条件时。为了满足想要的设计指标，将电气系统分成四个子系统来解决功耗需求问题，包括：推进系统功耗、舵机功耗、自动驾驶仪功耗以及计算平台（包括有效载荷）功耗。为在满足各子系统对电流、电压和运行时间要求的基础上实现成本和重量的最小化，每个子系统都由独立的电池供电。无人机上还为每个子系统安装了电开关，以防止电池完全耗尽。最后，为了使无人机的重

心（center of gravity, CG）保持在合适的位置并避免因电干扰、振动和过热而引发的故障，还考虑了电线的布线、选用的连接器类型以及电池的安装位置等。

3. 机载计算能力

每个无人机平台均配备 x86 板型计算机来实现监测、冗余和自动驾驶功能。PC104 Plus 板型计算平台，尤其是利珀特嵌入式设备公司生产的 Cool RoadRunner LX-800 被选为无人机的机载计算平台。该款计算机所使用的 AMD Geode LX800 处理器功耗极低，在 500MHz 的频率下功耗仅为 1 瓦特。为在不增加机载电池电量消耗的情况下使计算性能最大化，处理速度和功耗之间的权衡就变得至关重要。除了这方面的考虑之外，该计算平台还有一些与机载设备和有效载荷进行通信的接口，这些接口在其他尺寸相当的计算平台中并不多见。

4. 有效载荷：波音现场演示验证的网络硬件及视景系统

尺寸为 4 英寸 ×5.75 英寸 ×6.25 英寸的有效载荷舱可用于容纳**波音移动路由器**（Boeing Mobile Router, BMR），其强化的军事版本为**开放式战术路由器**（Open Tactical Router, OTR）。为了进行现场演示验证，对 Extra 300S 无人机进行了一些微小的修改：在无人机上安装了一个与波音移动路由器连接的基于 USB 的小型视频摄像头，在机体骨架突出部位安装了一个用于波音移动路由器 802.11 无线电通信的小型橡胶偶极天线。

在机载平台方面，我们在 Parvus 公司的产品中选择了一个基于增强版 PC-104 的 400MHz 的计算机来作为移动路由器平台。该平台与一个 MiniPCI 适配器、一个 802.11 卡、一个电源板以及一个 GPS 板一起集成在一个铝轨板卡盒（同样是 Parvus 公司的产品）中，该板卡盒可以放入边长为 4 英寸的立方体空间内。如图 5-3 所示，我们还在立方体板卡盒的每个角上安装了 0.5 英尺厚的橡胶减震器（Parvus 公司的 Shock Rock 产品）。在不考虑电池重量时，整个硬件重约 1.13kg。我们使用有效载荷电池以及电源板（允许输入 8V ～ 40V 的直流电压）来为计算平台供电，功耗约为 10W。

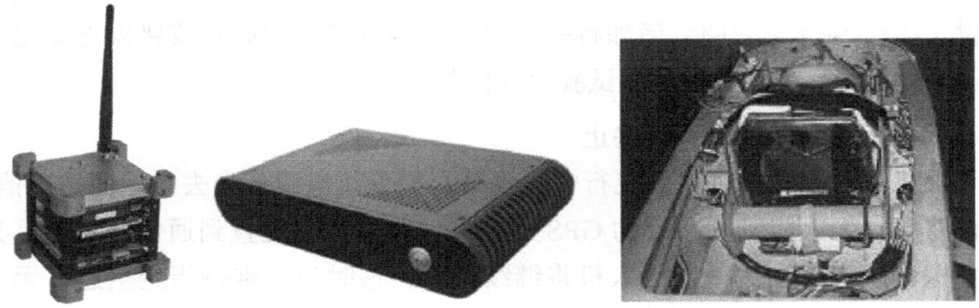

微型化（机载）　　标准化（地面）　　集成在无人机上

图 5-3　波音移动路由器：机载，地面，无人机集成版本

接地节点具有相似的规格，但并未做加固。我们使用了商用 802.11b 无线电和天线。无线电产品型号为 EnGenius EMP-8602 PLUS-S 双频 802.11 a/b/g 卡，最高发射功率为

600mW。在演示验证期间，节点设置在802.11b模式，单播和组播的基准速率为5.5Mbps，发射功率为600mW或400mW。所用天线是2.4GHz频段功率增益为7dBi的Rubber Duck Omni RP-SMA。在试验期间链路速率适配是关闭的。所有移动路由器都使用基于SiRF Star Ⅲ高性能GPS芯片组的GlobalSat BU-353 USB GPS接收器。我们使用内置贴片天线和USB连接器来连接到路由器。使用的摄像头是罗技科技的随身版QuickCam，视频速率设置为400千字节每秒，对于320×240像素的图像，传输速率为15帧每秒。我们选择思科公司的3845集成服务路由器作为现场演示架构的主要拓扑结构。更为详细的介绍可在网上获得[99]。

5.1.3 无人机通信系统

1."短笛"链路通信故障：PC104计算机作动的无人机舵机控制

最初，"短笛"无线电链路故障是无人机系统一种可能的单点故障。该无电线链路是地面站和无人机平台之间进行通信的唯一信道。为了缓解这种故障带来的危害，我们设计了一个可以多路复用伺服输入（来自"短笛"和第二信号源）的备份舵机控制板。该电路板默认将来自PC-104或备用RC接收器的信号传递给舵机。当自动驾驶仪正常工作时，来自"短笛"死人开关输出的5伏信号（高输出）促使电路将"短笛"伺服输出命令传递给舵机。在"短笛"软件意识到自动驾驶仪出现故障时，看门狗定时器会关闭死人开关。备份舵机控制板还预留了额外的输入，从而可以使地面站操作员或者能够对情况有进一步认识的机载故障监测系统触发开关，使无人机脱离"短笛"的控制。

对于无人机PC-104计算平台舵机控制的有效运转有几点需要重点关注。首先，在测试初期我们发现业余级标准R/C接收器在"短笛"900MHz无线电系统工作范围附近的任何地方都会遭到严重的干扰。其次，运行看门狗定时器的软件以及电路板上电气连接的可靠性，不能确保满足NAS中适航性对可靠性的常规要求。目前尚未有由于无人机测试台故障而导致"短笛"的死亡开关被触发的记录[425]。此外，备份舵机控制板上存在的伺服连接器的绝对数量（共有24个）表明，诸如将一根引线连接到错误的插孔或错误地固定一个连接等初级错误，就很容易失去对无人机试验台的控制。

2. 没有网络控制命令时的飞行终止

所有无人机平台都具备基本的飞行安全水平。如果航电设备失去与地面站通信的能力，自动驾驶仪将引导无人机到达预定的GPS航路点，并不断盘旋直到通信链路恢复为止。如果发动机在这种状态下也失效，无人机将继续盘旋，这时为了维持指定空速，无人机的飞行高度将不断降低。如果被地面站操作员设置为*首要要素*的空速选择得当的话，无人机将在一种半受控状态下降到指定地点。此外，同时失去通信和GPS链路将导致自动驾驶仪尝试使用惯性导航辅助设备和空气数据传感器来保持其既定路径。然而，随着时间的推移，惯性传感器的漂移和风的变化将使无人机偏离预定路径。由于诸如天气和其他扰动等影响变量难以表征，故无法实际量化飞行路径中的实际偏差量。此外，由于GPS系统的精度有限，以及缺少机载声波或激光高度计，无人机测试台无法在无线电链路恢复之前，实现安全的自动着陆。

在当前的发动机、自动驾驶仪和电气系统配置下，被动飞行推力终止是可能实现的。电子点火装置的电源可以通过转速 / 死亡接口板连接到“短笛”的死亡开关[424]。如果自动驾驶仪发生故障，死亡开关将不再向接口板发送信号，而将通过关闭发动机的点火装置来终止有动力的飞行。关闭油门、升降舵向上打满、方向舵右打满、副翼右打满等一系列动作的飞行终止系统的改进版本，可以让无人机螺旋下降到地面。被动飞行推力终止模式下，在经过一段固定的时间后通信链路仍然无法恢复或燃料耗尽的情况下，会接收到允许在发动机关闭的条件下无人机做平稳环形下降的伺服命令，并反馈给舵机。为实现重量最小化并使该系统与其他航电系统的隔离，可以使用一块基于**现场可编程门阵列**（FPGA）的电路板完成这项工作。

3. RC 链路与安全驾驶员手动恢复

为每架无人机配备一个安全驾驶员是一个必需的安全特征，它起到维持视线的作用并具有干涉和恢复指定无人机的持续控制的能力。一项关键的观察结果显示，控制面对 R/C 发射器的手动输入的响应有明显差异[174]。如果手动输入通过“短笛”无线电系统中继，而不是通过 R/C 发射器，那么无人机控制面的作动器就会存在明显的延迟和分辨率损失。在对专业的安全驾驶员有需求的前提下，使用“短笛”无线电链路飞行无人机平台，实际上与使用 R/C 业余级 72MHz 链路有很大差别。

5.1.4 无人机监测系统

PC104 计算机实现了面向软件的容错方法。它是一个在飞行过程中持续运行以便监测物理装置（机体和推进系统）和自动驾驶仪性能的功能单元。如果相关的资源可用，它还可以执行其他任务，例如路径规划和冲突探测与解决。然而，在故障模式的情况中，PC104 可能需要通过软件来承载故障组件的功能。例如“短笛”出现故障，导致它无法生成对一个或多个控制面的输出信息。在这种情况下，PC104 必须模拟“短笛”的行为，并自己向控制面生成正确的输出信息。更为严重的情况比如“短笛”出现全面故障，就可能需要 PC104 从机载监测系统转换到备用的自动驾驶系统，从而使无人机实现着陆。

1. 可靠性与安全性引擎

LX-800 PC104 具有可以与定制的 FPGA 板交互的 PCI 端口。这使其可以添加由定制硬件实现错误检查的设备，从而可以确保自动驾驶仪监测系统的安全性和可靠性。这种系统的一个例子是伊利诺伊大学[312]开发的**可靠性与安全性引擎**（Reliability and Security Engine, RSE）。RSE 是一个架构框架，它可以在不牺牲性能的前提下为处理器提供安全性和可靠性支持[268]。该框架主导着提供可靠性和安全性服务的硬件模块，它实现了该模块与处理器主流水线以及执行软件（即操作系统、应用程序）之间的输入 / 输出接口。它旨在保护处理器免受安全漏洞和内部错误的影响，从而实现系统的安全和可靠。RSE 的嵌入式实现是在 PC104 Plus 板型的 FPGA 板上开发的，它集成在 PC104 计算机上，如图 5-4 所示[325]。

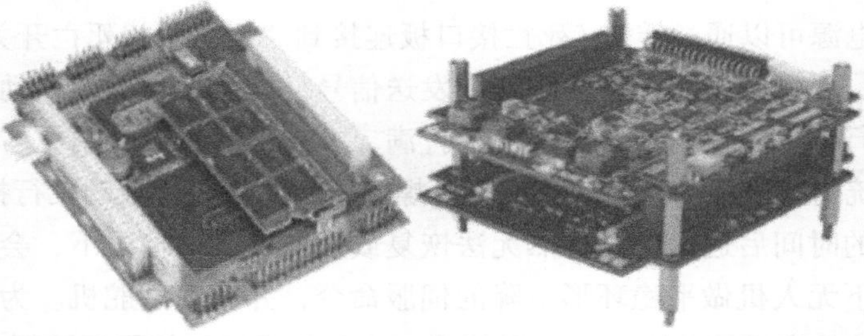

图 5-4　LX 800 PC104（左）和 BEN One PCI-104 FPGA 板（右）

2. 在线监测器的实现：副翼控制回路示例

我们为无人机平台的推进系统和副翼控制系统开发了在线监测系统。为测试这两个在线监测系统的功效我们进行了**硬件在环**（Hardware in the Loop, HITL）仿真。这种方法的优点是它可以使用真实飞行中使用的实际硬件组件来测试本研究中所实现的算法。故障检测和诊断算法在 PC104 上运行，如同它们在飞行器上运行一样。随后执行故障恢复动作，并将相应的控制命令从 PC104 发送到所需的舵机作动器。因此，这套实验装置比软件仿真环境更加真实，为结果提供了更高程度的真实性（如图 5-5 所示）。

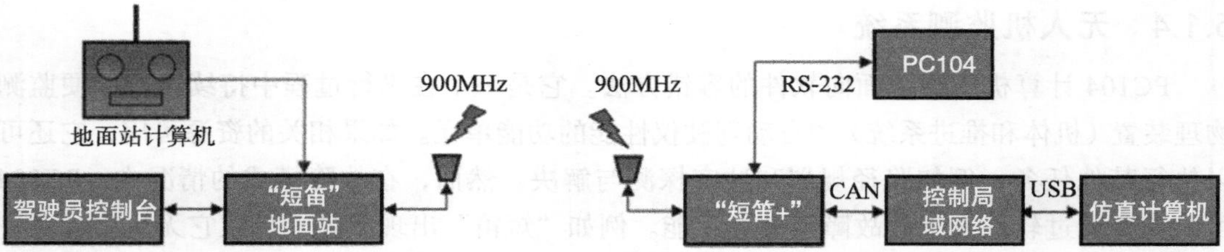

图 5-5　硬件在环实验设置

可以通过观察无人机的飞行行为或自动驾驶仪的行为来监测副翼偏转角度的错误计算。自动驾驶仪基于命令中的（想要的）滚转角和实际滚转角之间的误差以及角速度，来计算副翼的偏转角（如图 5-6 所示）。使用“短笛”制造商提供的信息，我们设计了一个预测副翼偏转角的控制回路。该控制回路在无人机的机载 PC104 计算机上运行，更新频率为 20Hz。控制器的输入来自于“短笛”的遥测广播，它包含了计算副翼偏转角所需的所有必需的传感器数据。该广播以 20Hz 的频率进行，这一频率也是“短笛”传感器的最大更新频率。

我们为推进系统也开发了类似的监测器并执行了监测，这些监测器在 RANGE 现场演示验证期间使用。在此演示中，搭载了这些监测器的多个版本的平台，能够通过 HITL 故障注入实验[53, 357, 417]，实现检测和恢复算法的确认。

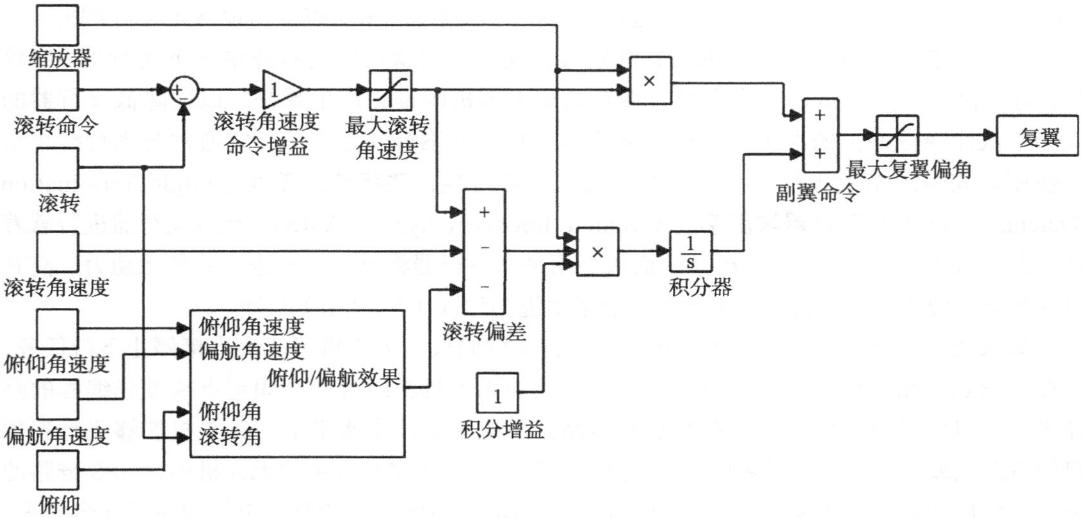

图 5-6 “短笛 +”所实现的副翼控制回路

5.1.5 无人机系统集成与安全

商用现货（COTS）组件指的是商业化制造的零部件，并且在它们集成到整个系统之前通常极少定制或不进行定制。这些系统在无人机系统的设计中经常使用，主要用于管理成本和实现重用的能力 [444]。然而，由 COTS 组件组装安全可靠的无人机平台存在许多挑战。一般而言，由存在潜在安全风险的组件组装安全、无威胁、可靠的系统是一项困难的工作 [275]。这种系统的行为不容易量化，因为系统的详细工作方式通常是未知的，导致难以为认证目的而建立同等水平的安全性 [191]。仅向最终用户提供了系统的基础黑盒行为以及有关其预期应用的指南。此外，每个 COTS 组件通常都带有预先指定的接口。因此，限制、量化和控制这些 COTS 组件之间的相互作用很难保证和评估 [105]。

无人机平台和地面站集成的关键系统是通信系统、计算系统和控制系统 [245]。这三个系统在 5.1.2 ～ 5.1.3 节中有更为详细的描述。同样，机体需要与推进系统（5.1.1 节）集成，并在某种程度上与电气子系统（5.1.2 节）集成。通过使用**飞行安全系统**（Flight Safety System, FSS）[54] 以及集成的无人机健康监测系统 [325]，可以实现想要的安全水平，从而用于诊断、缓解和控制发现的故障，并在极端的失效情况下终止飞行。

FSS 的传统目的是在飞行器非正常飞行的情况下保护人员和财产安全 [175]。最近，飞行安全系统还试图防止飞行器造成灾难性破坏。主要有两种类型的飞行安全系统：以距离为中心型和以飞行器为中心型。这些系统分别依据决策活动和决策数据来源是地面站还是飞行器的系统而分类。这种分类不是排他性的，以距离为中心的 FSS 可能在飞行器上也装有相关组件，反之亦然。主要以距离为中心的飞行安全方法是距离抑制和无人机自毁。如

5.1.3 节所述，ALEAS 无人飞行系统选择采用距离抑制理念来非破坏性地终止飞行[416]。

距离抑制涉及选择飞行器的位置和轨迹，使得在每次可能的故障情况下飞行器（或碎片）可以落在特定区域内。推力终止涉及关闭无人机的推力产生系统，以便降低飞行器的动能，从而降低冲击的严重性。推力终止不是独立的飞行安全方法，它通常与飞行终止结合使用以安全地结束飞行活动。为突出其非破坏特性，**飞行终止系统**（Flight-Termination System, FTS）又称**飞行器恢复系统**（Vehicle Recovery System, VRS），允许飞行器进行软着陆。在 ALEAS 无人机中，一组控制面指令用来在飞行器将要失速时进入一种无动力、高升力的状态，使无人机快速但又不会过于勉强地返回地面（5.1.3 节）[53,54]。

如果通信链路丢失，只装备了很基础的自动驾驶仪的无人机可能会直接停止飞行任务，并在事发点或预定位置附近徘徊。稍微高级些的无人机将绕着几个固定点或预先编程的路径飞行，以尝试重新建立其指挥和控制链路。最先进的技术水平下，无人机能够飞行到预定的航路点或位置，并自动着陆或终止飞行[326]。即使在完全自主的无人机中，GPS 链路的丢失也会使问题进一步复杂化，从而造成飞行器退回到比通常情况下更低的飞行安全水平。对于 ALEAS 无人机而言，如果失去控制链路，那么将会执行飞行终止程序（5.1.3 节）。

集成飞行器健康管理（Integrated Vehicle Health Management, IVHM）用于无人机系统，以便出现故障时系统能在性能下降的情况下继续运行。这些 IVHM 系统能够主动管理无人机的健康状况，而不是简单地在被动功能中监测无人机的健康状况[59,287]。IVHM 系统主要分为飞行后系统和飞行中系统两类。它们的主要目的是通过监测特定子系统来提高安全性，并协助完成故障的诊断和可能的预测。真正的反应式 IVHM 系统需要即时地检测、诊断和缓解故障、事故和失效。ALEAS 无人机采用机载 IVHM 系统来检测和诊断推进系统和副翼的故障（5.1.4 节）。

5.2 无人机网络系统

无人机网络系统现场演示验证[125]由**波音研究与技术部**（Boeing Research & Technology, BR & T）在波音**全球军用飞行器部**（Global Military Aircraft, GMA）、**海军研究实验室**（Naval Research Laboratory, NRL）和位于 NASA **德莱顿飞行研究中心**（Dryden Flight Research Center, DFRC）接受**海军研究办公室**（Office of Naval Research, ONR）资助的**伊利诺伊大学厄巴纳 – 香槟分校**（University of Illinois, Urbana-Champaign, UIUC）的支持下进行。本节介绍无人机网络系统的现场演示验证，重点介绍网络拓扑结构、模拟、集成、实验和现场演示验证。现场演示验证网络由 16 个地面节点（不要与用于操作无人机系统的两个“短笛”地面站和机载计算机相混淆）、1 辆移动地面车辆以及 2 架固定翼无人机组成，它们通过两个路由网关连接到传统的有线网络。现场演示验证展示了 802.11 地面无人机网络的性能以及诸如移动性、网络分区、网络合并和网关故障转移等网络效果。最后呈现了所记录的数据传输和路由协议状态的结果，移动节点作为数据传输源参与其中。

5.2.1 无人机网络互联运行概念（CONOPS）

现场演示验证中的**运行概念**（Operational Concep, CONOPS）基于无人机网络互联和多无人机范围扩展，如图 5-7 所示。它通过强韧的移动网络互联将 2 个无人机和 16 个地面（译者注：这里也可以是水面，下同）节点连接，从而可以拓展监视范围和提高作战空间的连通性。该概念的演示验证由海军研究办公室赞助，是**耐久机载网络扩展**（Robust Airborne Networking Extension, RANGE）项目中的内容。

为了模拟*无人机网络互联和范围扩展* CONOPS，我们部署了一个由 16 个节点组成的地面网络，并在地面站上方分别同时试飞了两个小型固定翼无人机。两架无人机都配备了波音公司的微型移动路由器和商用视频摄像头。同时我们还在地面车辆上安装了移动路由器，绕地面站驾驶并将音频和视频发送回观察区域。

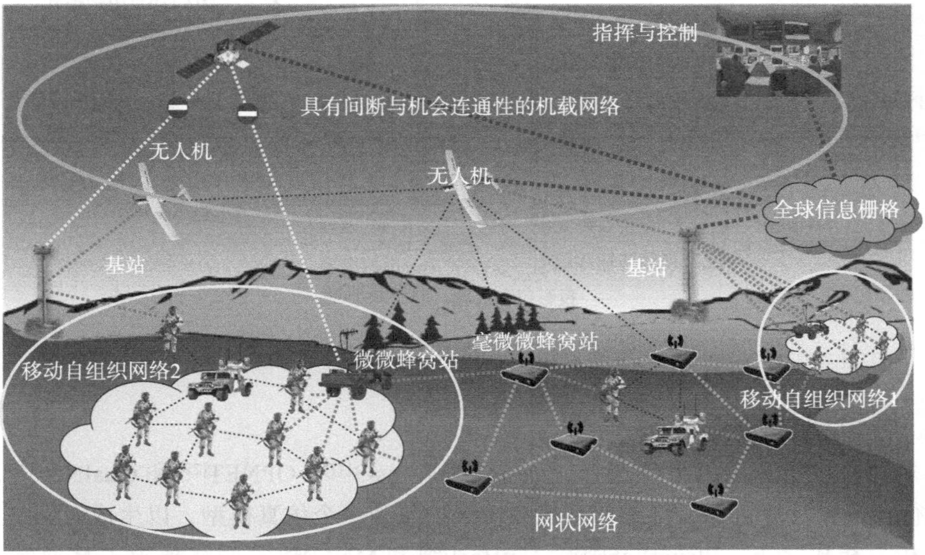

图 5-7 无人机网络互联和范围扩展现场演示 CONOPS

5.2.2 网络配置

在现场演示验证中，我们重点关注**移动自组织网络**（MANET）协议在机载和机载 / 地面混合场景中的应用。例如，我们考虑了由两架无人机支撑一个由大量地面静态节点组成的地面网络的用例，无人机可以担当数据源的角色，也可以被视为在网络拓扑结构中具有间断连通性的劣势节点。空 / 面混合网络通过两个网关互联到运行传统协议和设备的名义主干网络。该现场演示的一个关键元素是展示 MANET 如何使用主干网络和 MANET 之间的多网关互联到主干网络。该网络的拓扑结构和配置如图 5-8 所示，由（在 NASA DFRC 的）16 个地面 MANET 路由器、1 个地面和 2 个机载移动路由器组成。MANET 路由域通过两个边界路由器连接到主干网络，这两个边界路由器具有在两个不同接口上运行 MANET 和传统协议的实例。

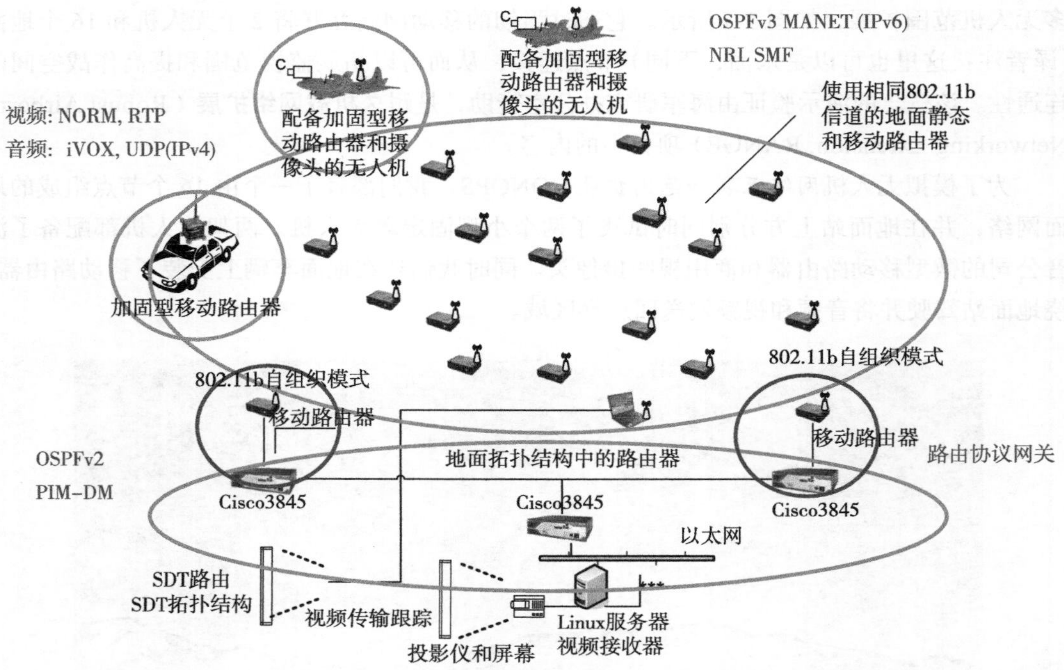

图 5-8 现场演示网络拓扑结构和配置 [125]

5.2.3 网络模拟

有多种网络仿真工具可供选择，如 ns-2[286]、ns-3[17]、OPNET[22] 和 QualNet[336]，它们通常运行在一台计算机上，将操作系统和协议抽象为一个仿真模型，以生成对网络系统的统计分析。相比之下，PlanetLab[393]、NetBed[196] 和 MNE[348] 等网络模拟工具通常涉及专用试验台，或者需要将待试的实际系统连接到专用硬件设备上。在所有这些允许通过模拟网络来运行实际应用程序的可用工具中，我们基于可扩展性、易用性、应用程序支持情况和网络模拟功能等方面的综合权衡，最终选择了**通用开放式研究模拟器**（Common Open Research Emulator, CORE）。

CORE[22] 是一个在一台或多台计算机上进行网络模拟的工具，它可以模拟路由器、个人计算机以及其他主机的网络堆栈，并且仿真它们之间的网络链接。由于 CORE 是实时运行的模拟，这些模拟的网络可以实时连接到物理网络和路由器上。因此，它可以在使用相对廉价的硬件的前提下，保证在模拟网络上运行实时的应用程序的真实性。图 5-9 显示了由基于**图形用户界面**（Graphical User Interface, GUI）的 CORE 构建的空对地无人机网络互联场景的网络拓扑结构。

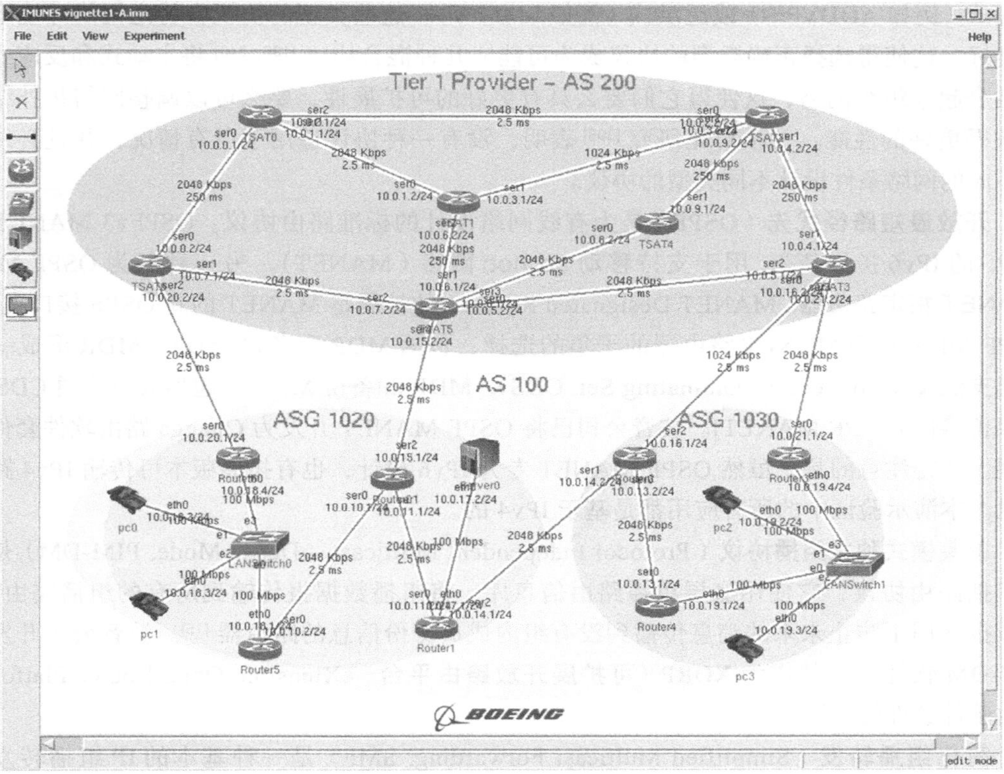

图 5-9　基于 GUI 的 CORE：空对地无人机网络互联场景网络拓扑结构构建

另一个模拟工具 EMANE 可以在第 1 层和第 2 层（物理层和数据链路层）工作，而 CORE 则侧重于模拟第 3 层及以上的层（如网络层、传输层、会话层和应用层）。CORE/EMANE 工具共同提供了易于使用的图形用户界面，以便于设计和配置虚拟网络，它们包含了与可插拔 MAC 和 PHY 层模型互连的轻量化**虚拟机**（Virtual Machine, VM）。CORE 提供了用于构建虚拟网络的**图形用户界面**（GUI）和 Python 框架（参见图 5-9 中的示例）。由于 CORE 使用虚拟化技术和 Linux 网络栈，并采用未经修改的用户协议和用户应用程序，所构建的系统可以真实地代表网络第 3 层及以上层，但链路层和物理层则大大简化。另一方面，EMANE 为模拟链路层和物理层的无线网络提供了必需的可插拔框架。关于 CORE 和 EMANE 的更多细节可以在参考文献 [22] 和参考文献 [221] 中找到。

5.2.4　网络协议

1. 移动自组织网络（MANET）

MANET 路由协议有大量工作要做，主要是在网络拓扑结构动态变化的移动环境中处理数据包转发。大多数 MANET 路由协议可以分为主动式（例如 OSPF MANET[322]、OLSR [108]）、反应式（例如 AODV[336]）或泛洪式（例如 SMF[285]）。这些类型的协议在特定网络环境下表现良好，这使得选择正确类型的协议成为可能。几种混合协议 [196, 348] 将主动式和反应式方法结合起来组织网络，这使得它们要么具有更好的可扩展性，要么可以调整网络拓扑结构以获得更好的性能。一项对比研究 [393] 表明，没有一种协议适用于所有情况，并且必须针对不同的网络条件设计不同类型的协议。

开放最短路径优先（OSPF）是为有线网络设计的标准路由协议。OSPFv3 MANET 是 OSPF 的 IPv6 扩展 [322]，用于支持**移动 ad hoc 网络**（MANET）。另一种名为 OSPF MDR（**MANET 指定路由器**, MANET Designated Router）的扩展是 MANET 的新 OSPF 接口类型。OSPF MDR 基于 MANET 路由器的子集的选择，包括 MDR 和备份 MDR。MDR 形成一个**连通支配集**（Connected Dominating Set, CDS），MDR 和备份 MDR 一起形成双连通 CDS 以确保鲁棒性 [OSPF MANET]。波音公司已将 OSPF MANET 开发为 Quagga 路由软件套件的扩展。值得注意的是，虽然 OSPF MANET 专为 IPv6 设计，也有拓展版本可传输 IPv4 路由信息。本演示验证中的所有应用都是基于 IPv4 的。

密集模式独立组播协议（Protocol Independent Multicast – Dense Mode, PIM-DM）是一种组播路由协议，它使用底层单播路由信息库，将组播数据报传输到所有的组播路由器。剪枝报文用于防止未来的消息传播到没有组内成员身份信息的路由器 [15]。波音公司开发了 PIM-DM 软件，将其作为 XORP（**可扩展开放路由平台**, eXtensible Open Router Platform）路由软件套件的扩展。

简化组播转发（Simplified Multicast Forwarding, SMF）是一种基本的 IP 组播转发协议，适用于无线网格和**移动 ad hoc 网络**（MANET）应用场景，该协议由**海军研究实验室**（NRL）开发。SMF 指定组播**重复数据包检测**（Duplicate Packet Detection, DPD）的技术，以辅助转发过程。SMF 还为 IPv4 和 IPv6 指定 DPD 维护和检查操作。SMF 利用减少的中继组在网状拓扑结构中进行高效的 MANET 组播数据分发。在演示中，我们的路由软件集成了一项波音的 PIM-DM 应用，并配备了 NRL 的 SMF 软件，该技术使用 OSPF MANET CDS 作为组播中继组。有关此项集成的更多详细信息，见参考文献 [125]。

2. 自适应移动 ad hoc 网络（A-MANET）

为了解决所列举的问题，并在**连接断开、间断和低带宽**（Disconnected、Intermittent、and Low bandwidth, DIL）环境中提供增强的性能，波音公司开发了自适应路由（又称多模路由）[126]，它可以根据网络动态变化在主动式、反应式和泛洪式路由策略之间实现自动切换。如果网络拓扑结构足够稳定，自适应路由协议就会使用高效的链路状态路由协议，如 OLSR[108]、OSPF MANET[322]。当链路状态路由协议无法跟上网络动态变化时，到特定目的地的路由可能会进入洪泛式状态，届时数据包将被传播到整个连通的 MANET。一旦有可能，数据驱动的按需路由将根据泛洪数据包经过的路径而创建。当这样的路由变得可用时，协议可使用按需路由状态实现泛洪式优化，直到链路状态协议适应了新的网络拓扑结构。图 5-10 显示了自适应路由协议的一般状态图。

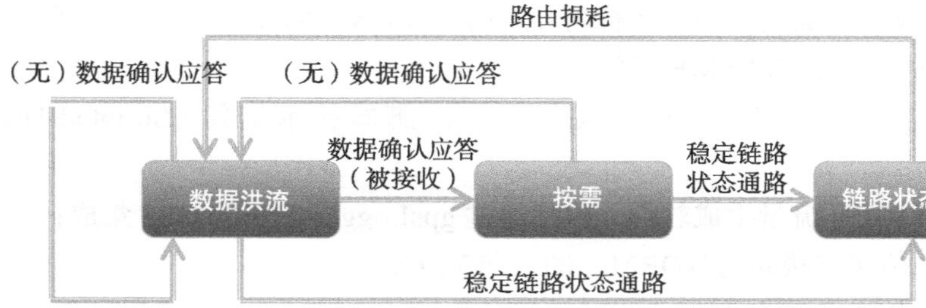

图 5-10　自适应路由状态图

自适应路由[126]避免将网络组织成为节点区域或邻域，而是以每个源/目的地或每个流为基础而运行。根据每个路径或每个流基准，基于自适应路由的自适应移动 ad hoc 网络（A-MANET），会根据网络条件和数据流的优先级自适应地应用不同的分发策略。关键的设计考量是，由于协议允许在节点之间没有形成全局或局部的协同之前就进行分发，这样一来网络节点之间对于同步的需求就减少了。标准的重复数据包检测为自适应路由提供了循环检测和避免功能[284]。基本上，自适应路由在无需路由器之间实现紧密协同（同步）的条件下，就融合了基于单播的泛洪式路由、按需（反应式）路由以及链路状态（主动式）路由。

表 5-2 显示了仿真和实际测试结果，在纯链路状态协议的性能面临挑战的移动网络场景中，基于广播的泛洪式路由协议，可以在与链路状态路由相近的网络开销水平下，达到较高的数据传输性能。这种自适应的 MANET 未来将显著地改善机载无人机网络的连通性和性能。

表 5-2　协议性能对比

协议	传输比率（%）	开销比率
泛洪式	100	29.16
OSPF MANET 默认状态	50.3	5.36
RANGE OSPF MANET	65.9	6.01
自适应路由	92.4	5.12

3. 评估场景

（a）在 1 200m 见方的区域内布置 30 个节点，节点以 0 到 60 英里每小时的随机速度按照随机路径点移动。

（b）每个节点的无线范围设置为 250m。

（c）在 30 个节点中，随机选择 15 个节点，每个节点向另一个随机选择的节点发送数据流量，使得网络中的每个节点要么是发送者要么是接收者。

5.2.5　网络系统集成

1. 无人机网络软件

使用的软件包括：

1）RANGE 项目中面向多网关运行而开发的 OSPF MANET 软件及其扩展；

2）用于组播集成的 PIM/SMF 网关；

3）用于节点位置和路由链路可视化的 NRL **脚本显示工具**（Scripted Display Tool, SDT）；

4）NRL 的 MGEN 流量生成软件，包括通过 gpsLogger 实现的 GPS 集成；

5）用于视频传送和接收的 NORM、RTP 和 VLC；

6）用于语音传送和接收的 IVoX。

脚本显示工具（SDT）是 NRL 的 PROTEAN 研究小组开发的开源软件，它以标准图像文件为背景，使用一组重叠节点提供简单的可视化功能。可以为背景定义一个自定义坐标系，在这种情况下，演示区域的 GPS 坐标如图 5-11 所示，节点的位置也可以实现动态更新，在背景上“移动”相关联的图标[310]。Multi-Generator（**多生成器**，MGEN）是由 NRL 的 PROTEAN 研究小组开发的开源软件，提供执行 IP 网络性能测试以及测量**用户数据报协议**（UDP）和**传输控制协议**（TCP）的能力。它还支持收入节点通过网络发送每个数据包时的当前 GPS 位置，以及数据包的发送时间（用于时延测量）[309]。

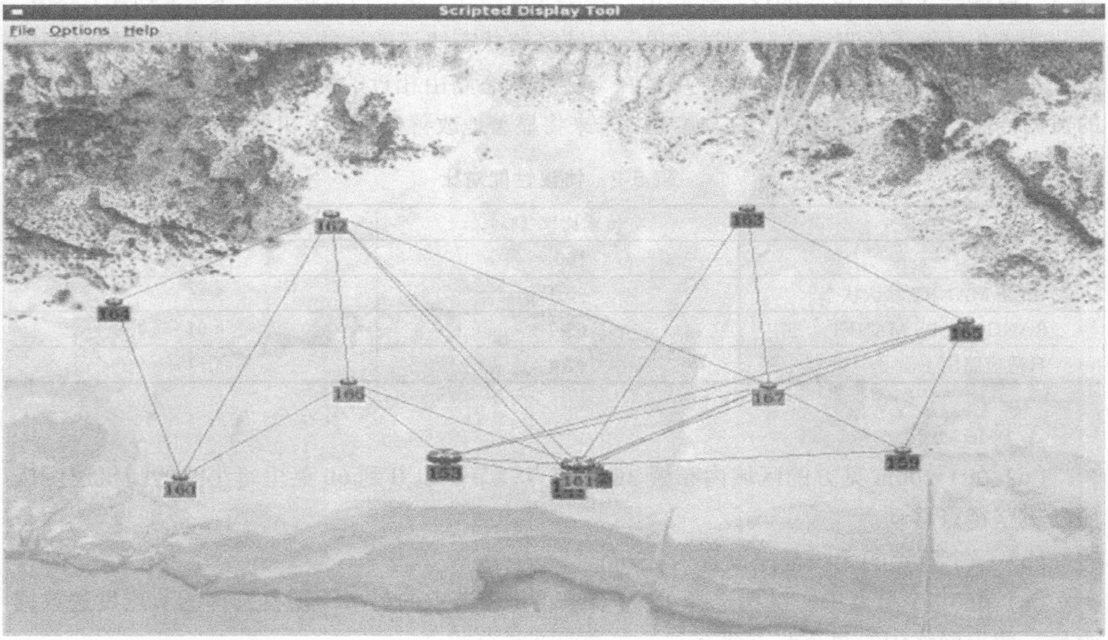

图 5-11　所部署的地面拓扑结构的 SDT 显示[125]

NRL 开发的 **NORM** 协议和软件[17]，旨在通过通用 IP 组播或单播转发服务，提供大量数据对象或数据流的端到端可靠传输。NORM 使用一种选择性**否定确认字符**（Negative Acknowledgement, NACK）机制来实现传输的可靠性，并且还提供额外的协议机制，在发送者和接受者之间只存在有限事先协作的条件下，执行可靠的组播会话。拥塞控制方案专门允许 NORM 协议与诸如 TCP 之类的其他传输协议公平地共享可用网络带宽。它能够实现两种运行方式：一种是发送者和接收者之间的相互组播路由，另一种是从发送者到接收者的非对称连通（很可能是一种单播返回路径）。该协议提供了许多功能，可支持不同类型的应用或者其他更高级别的传输协议，从而以不同的方式利用其服务。NORM 在其设计中使用了基于**前向纠错**（FEC）的修复以及其他**互联网工程任务组**（Internet Engineering Task Force, IETF）的**可靠组播传输**（Reliable Multicast Transport, RMT）结构单元[17]。

NRL 开发的 IVoX 是一种**交互式语音交换**（Interactive Voice Exchange, IVoX）应用程序，它是支持单播和组播的**网络电话**（Voice over IP, VoIP）应用程序，为确保通信可靠它还集成了 NORM。IVoX 支持许多数据传输速率至少 600bps 的语音编码算法。我们已经为移动路由配备了存储各种日志的设备，实验记录与数据的采集框架基于 Python 和 shell 脚本。它包括将 MGEN 信标（包括位置信息）发送到可视化节点；记录 GPS 信息（纬度、经度、高度和时间）；记录至多 8 个其他无线设备的信号强度信息（iwspy 统计限制）；使用 rtmon 监测核心路径变化；从每个指定的网络接口保存完整的 TCP 转储；使用 athstats 记录无线统计数据；储存 quagga、XORP 和 SMF 输出的日志文件。记录可以设置为开机时自动开始，也可以设置为获取 GPS 定位时开始。我们已经开发了用来处理组播实验结果的脚本，这些脚本可以生成每个网关的端到端中断统计和流量图表。

2. 可视化

我们将自编代码与 GPS 记录和 NRL **脚本显示工具**（SDT）集成到一起来实现可视化（如图 5-11 所示），使用波音定制的流量跟踪制图工具来显示 OSPF 开销，使用**视频 LAN 客户端**（Video Lan Client, VLC）来展示视频。在演示中我们采用两种方式使用 SDT。第一种用途是显示动态 OSPF 的拓扑结构。在图 5-11 中，地面节点的空间布局以及它们之间的链路是基于湖床的航空照片渲染的。我们修改了 quagga OSPFv3 的代码，以便以与 NRL 的 CMAP 工具兼容的格式记录网络链路信息。可以使用 quagga sty 命令以交互方式或基于配置文件来配置日志文件和更新间隔。节点的颜色编码具体如下：（1）紫色节点是被选为 MDR 转发器（也是组播拓扑结构中的 SMF 转发器）的活跃 OSPF MANET MDR 路由器；（2）绿色节点是非 MDR 的活跃 OSPF MANET 路由器；（3）红色节点是**帧数**（Frames Per Second, FPS）报告中不存在的节点，例如屏幕截图中返场降落和断电的 152 号节点（飞行器节点）。节点之间的红线显示了路由器 LSA（**链路状态通告**, Link State Advertisement）中由 OSPF MDR 路由器通告的链路。值得注意的是，在 OSPF MANET MDR 中，这组链路并不代表完整的拓扑结构，而是一种精简的路由拓扑结构，它可以在无须报告所有邻近邻接的条件下就能提供早期最短路径。因此，可用的 RF 拓扑结构实际上比图 5-11 所示的更大。此外，我们配置了另一个 SDT 来显示移动路由器节点和网关之间的活跃单播路由。

在演示过程中，SDT 展示了随着节点位置和连通状态变化而动态更新的网络拓扑结构。当飞行器在空中飞行时，它们在地图上显示为相对网络其他部分快速移动的节点。我们在类似的垂直尺度上捕获并显示了 MANET 和主干网络中 OSPF 流量的实时图。这些实时图表明 MANET 的路由协议开销主要包含在 MANET 路由域内，而由网关节点重新分配的路由不会显著增加主干网络的开销 [158]。

5.2.6 现场演示验证和分析

现场演示验证 [125] 使用一个 802.11 地面 – 无人机网络进行，该网络由 16 个地面站、1 辆车和 2 架固定翼无人机组成，它们由两个路由网关连接到一个已有的有线网络。所演示的网络效果包括移动性、网络分区、网络合并和网关故障转移。本节展示所记录的数据流量和路由协议状态的实验结果，以及对其的分析，其中将移动节点作为数据流量源。

我们从飞行中的无人机所发送的组播流量中提取了数据包分组投递率（不包括重复数据），该数据是在运行着 PIM-DM/SMF 的两个网关后遗留网络中的主机上接收的。由于无人机以 400kbps 的速率传输流视频，我们并行发送了两个组播通信流，每个流的传输速率为每秒 10 个数据包，每个数据包携带 100 比特的有效数据。其中一个数据流在本地主机上接收，而另一个组播数据流通过 NRL NORM 转发。NORM 在发送端配置了一个 75kB 的缓存（大约 1.5s 的视频），并具有 25% 的 FEC 冗余。图 5-12 和图 5-13 分别显示了实验过程中发送数据流的无人机和地面移动节点的轨迹。详细分析见参考文献 [125]。

飞行测试分为五个不同阶段，我们对每个阶段的网络性能都进行了分析。第 1 阶段，两架飞行器同时参与（节点 150、152），其中一架飞行器发送组播视频和数据，另一架飞行器根据其 MDR 状态适时地转发消息。第 2 阶段，关闭第二架飞行器的路由器（节点 150），这样一来第一架飞行器的流视频和数据（节点 152）就必须依赖地面网络进行转发。第 3 阶段，关闭用来在 SMF 和 PIM 之间进行数据转发的网关，这样一来组播路由协议不得不由于故障而转移到第二个网关。第 4 阶段，使地面节点接连失效，直到仅剩下第二个网关。第 5 阶段，监测飞行器和第二个网关之间的连通状态，此时飞行器和第二个网关是仅剩的可用节点。

从图 5-14 可以看出，在演示的大多数情况中，节点 167（地面节点）起到 MDR 的作用，由于它在网络中所处的地理位置，它既具有出色的连通性，又具有较大的路由器编号。节点 164 和 165 位于地面网络区域的最东端和最西端。节点 161 起到第二个网关的作用，并且是第 5 阶段中保持活跃的最后一个地面节点。由于第二架飞行器仅是适时地作为 MDR，阶段 1 和阶段 2 的组播丢包率几乎相同（在没有 NORM 的情况下约为 24% ～ 28%，在有 NORM 的情况下为 14%）。在第 3 阶段，当没能从第一网关转移到第二网关时，我们遇到了一个短暂的断连事件（超过 90% 的 NORM 组播丢包率）。在第 4 阶段，随着节点的陆续关闭，我们开始经历更多断连事件，其中有 NORM 时突然丢包率的局部峰值达到 40% ～ 70%。在第 5 阶段，连接情况以及丢包率与飞行器和第二网关的相对位置有关。相关结果的进一步深入分析，见参考文献 [125]。

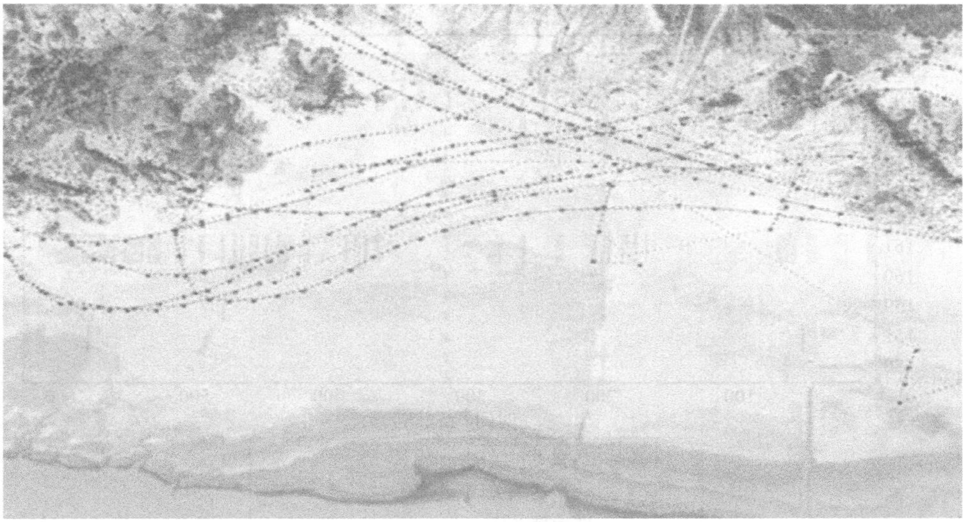

图 5-12 传输流视频的无人机轨迹 [125]

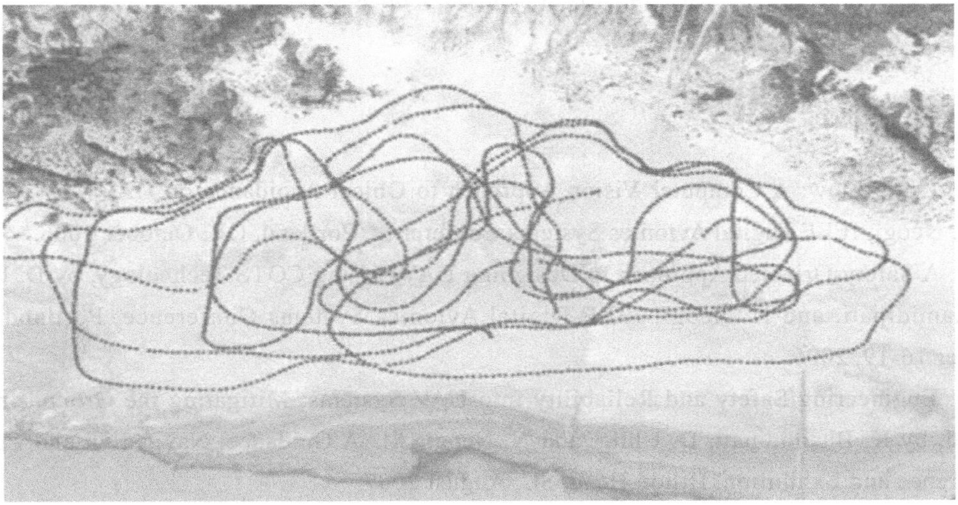

图 5-13 地面移动节点的轨迹 [125]

在整个演示验证期间，我们注意到无线链路的质量在白天变化很大，与不断变化的环境条件（例如风速、温度和尘埃颗粒）有关。我们还注意到当网络拓扑结构完全不稳定时，无线信道通信质量会普遍下降。尽管没有测量沙漠区域（湖床）的风速和尘埃颗粒，但我们观察到风速增加与网络拓扑结构稳定性降低之间存在一定的相关性。我们怀疑这可能是由于风吹起的尘埃颗粒导致了无线信号的问题，特别是在固定地面节点的天线高度较低的情况下。

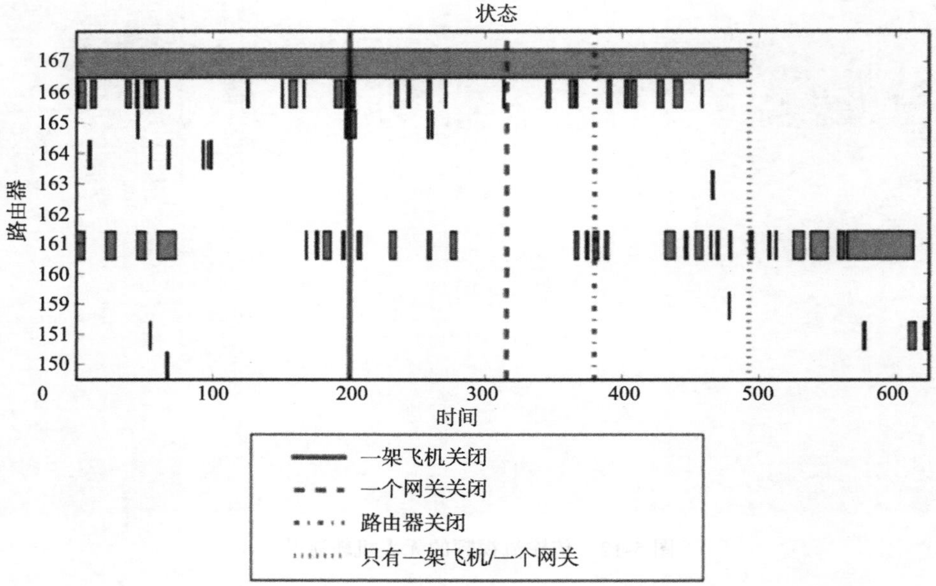

图 5-14 网络节点的 OSPF MDR 状态 [125]

5.3 相关工作

1. Optic Flow: A Computer Vision Approach to Object Avoidance on UAVs, by A. Ortiz and N. Neogi, IEEE Digital Avionics Systems Conference, Portland, OR, October 2006.

2. A Safety-Oriented Approach to Designing UAVs Using COTS Technology, by D. Uhlig, K. Bhamidipati, and N. Neogi, IEEE Digital Avionics Systems Conference, Portland, OR, October 16-19, 2006.

3. Engineering Safety and Reliability into UAV Systems: Mitigating the Ground Impact Hazard, by K. Bhamidipati, D. Uhlig, and N. Neogi, AIAA Guidance, Navigation and Control Conference and Exhibition, Hilton Head, SC, August 2007.

4. A Dynamic Threshold Approach to Fault Detection in Uninhabited Aerial Vehicles, by A. Ortiz and N. Neogi, AIAA Guidance, Navigation, and Control Conference and Exhibition, Honolulu, HI, August 2008.

5. Fault Tolerant Triangulation in Distributed Aircraft Networks with Automatic Dependent Surveillance Broadcast, by D. Uhlig, N. Kiyavash, and N. Neogi, International Journal of Systems, Control and Communications, eds. C. Hadjicostis, C. Langbort, N. Martins, and S. Yuksel, June 2009.

6. CORE: A Real-Time Network Emulator, by Jeff Ahrenholz, Claudiu Danilov, Thomas R. Henderson, and Jae H. Kim, IEEE MILCOM 2008, San Diego, CA, November 2008.

7. Experiment and Field Demonstration of a 802.11-based Ground-UAV Mobile Ad-hoc Network, by Claudiu Danilov, Thomas R. Henderson, Thomas Goff, Jae H. Kim, Joseph Macker, Jeff Weston, Natasha Neogi, Andres Ortiz and Daniel Uhlig, IEEE MILCOM 2009, Boston. MA, October 18–21, 2009.

8. Comparison of CORE Network Emulation Platforms, by Jeff Ahrenholz, IEEE MILCOM 2010, San Jose, CA, November 2010.

9. Integration of the CORE and EMANE Network Emulators, by Jeff Ahrenholz, Tom Goff, and Brian Adamson, IEEE MILCOM 2011, Baltimore, MD, November 2011.

10. Adaptive Routing for Tactical Communications, by Claudiu Danilov, Thomas R. Henderson, Thomas Goff, Orlie Brewer, Jae H. Kim, Joseph Macker, and Brian Adamson, IEEE MILCOM 2012, Orlando, FL, November 2012.

11. Analysis of Mobility Models for Airborne Networks, by Junfei Xie, Yan Wan, Jae H. Kim, Shengli Fu, and Kamesh Namuduri, IEEE MILCOM 2013, San Diego, CA, November 2013.

5.4 总结

本章主要贡献了两点。第一个是实现多个关键无人机系统集成的过程，它可以保证系统全局安全的涌现属性。第二个是对地面－无人机组网网络现场演示验证的描述和分析，该演示是无人机网络互联 CONOPS 使用案例的扩展。在这项工作中我们学习到了几个重要的经验教训。

1）对控制、通信和计算系统（尤其是软件方面）的正确需求对于确保无人机系统的系统全局安全至关重要。

2）无人机平台（单个无人机内部和不同无人机之间）的推进、电力和监测系统之间的资源分配是实现预期涌现行为的关键所在，并会直接影响无人机的续航力。

3）多个故障条件的场景表明，在一些服务降级导致几个故障同时发生的情况下，网络依然能够维持连通。

4）在故障场景下，网络展现出诸如网络分区、网络合并和网关故障转移等节点移动性相关的影响。

值得注意的是，地面－无人机机载网络互联配置和现场演示验证是在范围扩展场景中重点描述的。网络模拟基于**通用开放式研究模拟器**（CORE）工具。所部署的网络协议以及网络系统集成的详细规范，使得在概括的五种故障场景下分析网络性能成为可能。

该演示验证于2008年4月在NASA德莱顿飞行研究中心进行，它是第一个在多网关场景下，在MANET中使用无人机，将OSPF MANET和NRL SMF协议与OSPFv2和PIM-DM传统协议相结合的机载现场演示验证项目。虽然本演示证明了将MANET单播和组播连接到较大的已有网络的能力，但是未来仍有几个方向值得研究，例如改进MDR选择流程以及在网络配置中使用链路质量信息。

5.5 致谢

作者（Jae H. Kim）非常感谢BR & T和NRL的研究人员Tom Henderson、Tom Goff、Joseph Macker和Jeff Weston所提供的技术支持。这项工作得到了海军研究办公室N00014-05-C-0012号合同以及波音独立研发和投资基金的支持。作者还要感谢Santanu Das博士（ONR项目经理）的支持。

作者（Natasha A. Neogi）感谢UIUC ALEAS的研究人员Keerti Bhamidipati、Daniel Uhlig、Ross Allen和Christina McQuirk，以及来自Hobbico公司的Miguel Frontera所做的所有研究工作。这项工作部分由**国家科学基金**（National Science Foundation, NSF）的ITR第0325716号基金提供支持，作者也感谢Helen Gill博士和Timothy M. Pinkston博士的支持。本文作者还要感谢波音公司通过波音第15号ITI RPS基金提供的资金支持。在撰写本文章的过程中作者也非常感谢来自NASA兰利研究中心的支持。

CHAPTER 6

第 6 章

将无人机系统（UAS）集成到国家空域系统（NAS）中——监管、技术和研究挑战

Natasha Neogi，Arunabha Sen

本章介绍了**无人机系统**（UAS）进入民用空域系统的背景和环境。本章的内容涵盖了无人机系统集成工作的监管问题、社会问题和技术挑战。空域系统不断发展，所面临的风险也越来越高。如果飞行器、程序和基础设施有一套标准的设计方案，那么就可以利用这些完善的框架分析风险、降低风险。但是随着变化，在实践中，常规的框架可能不会再产生理论预测的结果。因此，这些框架有可能具有误导性，所以，为了使这些框架能够适应不断变化的各种因素，有必要在其开发背景环境中对其进行检验。本章围绕民用空域**常规驾驶飞行器**（Conventionally Piloted Aircraft, CPA）认证，对现行的监管系统进行了检验，讨论了该框架引入 UAS 而带来的海量变化的适用性；也简要涉及了隐私问题，因为将无人机系统集成到民用空域后，隐私问题也将受到挑战；接着概述了当前存在的确保航空系统安全的技术差距，以及 UAS 安全集成所必需的使能技术；最后概述了将 UAS 引入民用空域所产生的几个主要技术挑战，讨论了所提出的解决方案如何与当前系统相互作用。

6.1 民航监管框架——过去和现在

在几乎所有国家，任何新设计的飞行器在进入民用空域运营之前，都必须从该国负责航空的当局获得适航证，从而证明它是注册过并适航的。获得适航证只是在民用空域能够运营飞行器的一步，还必须解决飞行员和机组人员的证书资格、运营证书以及与其他监管问题有关的事项，如持续适航（见图 6-1）。严格遵守这些规定才能构建安全的空域系统。

然而在民用空域，无人机系统（UAS）执行的功能目的，不一定适合当今飞行器的传统运营模式，比如将人们从出发地运输到目的地——或者只是搭载人们而已——并不是 UAS

的主要目标。现在并不清楚的是，如果对所有 UAS 执行现行的、适用于**常规驾驶飞行器**（CPA）的适航规定，是否是实现空域安全的最佳手段。本节将检验几家著名航空监管机构监管 CPA 的通用方法，这些方法实现了民用空域 CPA 的安全运营。不管这些传统法规是否适用于所有 UAS，当前这些有关认证实践的基本知识都是有益的。从本质上讲，这类已经适用了这些法规的飞行器，将成为民用空域里 UAS 不得不和睦相处的伙伴用户，如果空域已满，那么将没有飞行器能够再获准进入空域。

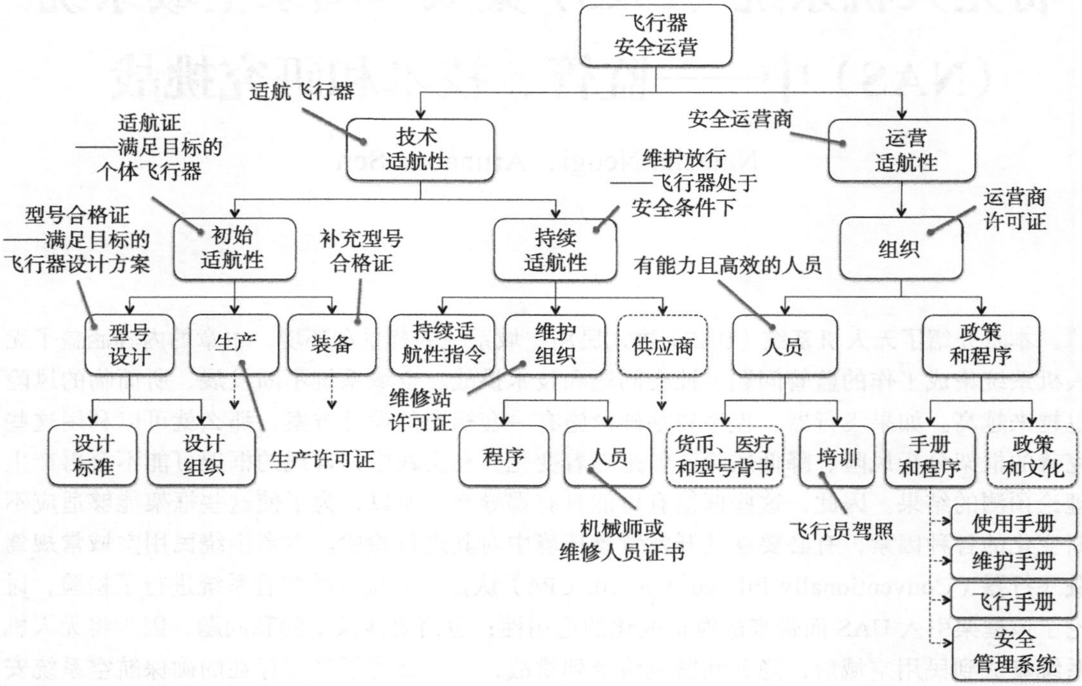

图 6-1　飞行器监管框架概要

6.1.1　适航认证

适航性描述了飞行器在所有可能的环境和可预见情况下对飞行操作的适应性，这些环境和情况是飞行器或设备在设计时就考虑到的[194]。从监管的角度来看，适航性是指飞行器满足既定的安全飞行标准的能力。符合这些标准的认证，通常是通过遵守一套给定的、由国家**民航局**（CAA）制定的法规（如美国**联邦法规第 14 章**（14CFR）[418]、欧洲议会和理事会法规（EC）第 216/2008 号[118]等）来实现的。下文，为了避免专注于某一特定国家的监管框架，我们将在民航局的通用框架下，讨论与常规驾驶飞行器监管相关的概念。

民航局负责评估申请方是否能够证明所申请飞行器的设计方案符合相关规定。指南材料（通常称为“软法”）包括可接受的合规方式，由民航局以**咨询通告**（Advisory Circular, AC）[165]、**可接受的合规方式**（Acceptable Means of Compliance, AMC）[122]或**临时指南宣传页**（Temporary Guidance Leaflet, TGL）[248]等形式发布。这些指南材料以及**最低运行性能标准**（Minimum Operating Performance Standard, MOPS）和行业标准，有助于研发飞行器的设计方案能够满足必要的监管要求，这些标准由**航空无线电技术委员会**（Radio Technical Commission for Aeronautics, RTCA）和**欧洲民用航空设备组织**（European Organization for Civil Aviation Equipment, EUROCAE）等组织共同开发。

飞行器设计的范围涵盖了各种各样的特征和属性，很难提出一套单一的规则，使其适用于所有类型飞行器的设计，让飞行器既可适航又不会对某些类型的飞行器施加过度的监管（和成本）负担。为了给飞行器设计提供一套适合的法规，在提高适航性的同时又不带来不应有的负担，需要将飞行器设计细分成组，然后对其进行分类。为了使某一组的所有飞行器满足全部适航要求，每组的飞行器设计方案需要具备一系列的共同属性，从而能够使适用的规则得到应用。已用于飞行器分类的属性有：空气动力学因素（如固定翼、旋翼等）或运营模式（如客机、货运飞行器等）。同样，有一些单独的法规适用于不同的动力形式（如往复式发动机、涡轮发动机等）。适用于每组的法规与每组的特征相关，这些法规的应用可以使它们与飞行器设计蕴藏的风险相称。建立适航性的第一步通常是开发一系列规则，这些规则将应用于飞行器的制造设计，设计方案依据民航局的监管框架（型号认证基础）进行分类。许多常规驾驶飞行器属于预先设定的组别，这些组与预先安排的一套法规的一部分相对应，这些法规构成了最初的飞行器型号合格证的基础。例如普通飞行器、通用飞行器、特技飞行器和和通勤飞行器等，都对应有特定的适航性法规，比如14CFR第23部[420]、EU-CS（**认证规范**, Certification Specification）第23部[156]和CASR（澳大利亚**民航安全条例**, Civil Aviation Safety Regulatory）第23部[104]规定的适航规定[156]。

1. 型号合格证

型号合格证（type certificate, TC）是民航局在申请人证明飞行器或飞行器产品符合民航局认为必要的适用法规时，颁发的设计批准书。可以为飞行器、飞行器发动机或螺旋桨或其他飞行器设备颁发型号合格证[419,120]。型号合格证确认产品设计合理、性能合适并符合规定的标准和法规。TC包括型号设计（即制造设计）、运行限制、**型号合格证数据表**（Type Certificate Data Sheet, TCDS）、适用法规以及民航局规定的其他条件或限制。一套适用法规构成了飞行器的型号合格证基础。如果使用了运行约束或限制来控制飞行器会引发的风险，则飞行器可以接收限制运行的TC。TC是获得所有其他批准书的基础，包括适航认证。传统上，当民航局发现飞行器符合其TC并且在检查后处于安全运行状态时，民航局会为飞行器颁发适航证书。

一旦颁发了型号合格证，飞行器的设计就会固定，任何变化都需要进一步批准，通常是获取**补充型号合格证**（Supplementary Type Certificate , STC）。注意，适航证书可以通过型号合格证以外的方式获取。但是，拥有型号合格证可以大大简化并增强验证飞行器适航性的能力。

2. 飞行器生产许可证

任何飞行器部件必须经过批准才能安装在已获得**型号合格证**（TC）的飞行器上[419,120]。此项批准，可以通过获得**生产许可证**（Production Certificate, PC）/ **生产组织批准书**（Production Organization Approval, POA）或**零部件制造人批准书**（Parts Manufacture Approval, PMA）来实现；生产组织批准书是一种**技术标准规定**（Technical Standard Order, TSO）/ **欧洲技术标准规定**（European Technical Standard Order, E/TSO）。获得飞行器生产许可证或生产组织批准书，使符合给定 TC 的零部件能够进行重复生产，这样就能够生产更多符合 TC 的飞行器。每架飞行器仍都需要适航证书。不过，与其制造相关的型号合格证和生产许可证是适航证申请的重要组成部分。

欧洲技术标准规定是用于评估产品（如材料、零件、组件、工艺或设备）的最低性能标准。当制造商要证明制成品满足 E/TSO 标准时，就可以为特定的制成品申请 E/TSO 授权。E/TSO 授权既可以作为设计批准书，也可以作为生产批准书。获得 E/TSO 授权意味着该产品满足最低性能要求，而与该产品后续在飞行器上的安装无关。在所有情况下，安装人员必须申请额外的安装批准书，才能在飞行器上安装相应产品。

零部件制造人批准书是美国的一种方式，允许将更换用或加改装的零部件安装到已获得型号合格证的飞行器上。它还包括设计批准书和生产批准书。**零部件制造人批准书**的申请要获得批准，需要获得**飞行器认证办公室**（Aircraft Certification Office, ACO）的设计批准和**制造检验地区办公室**（Manufacturing Inspection District Office, MIDO）的质量体系认证。设计批准阶段要证明更换用或加改装的零部件符合合格产品（如飞行器、发动机或螺旋桨）的适航标准。PMA 生产批准允许生产和销售有资格安装在已获型号合格证的飞行器产品上的零件。PMA 发放给主要的制造厂，这些工厂对已获批准的制成品的设计和质量进行控制。PMA 不可转让，并且在被暂扣、吊销或终止之前有效。

3. 小结

对于**常规驾驶飞行器**（CPA），使用型号合格证和生产许可证 / 批准书是确保飞行器质量合格的有效模式。是否能将这一概念转移到**无人机系统**（UAS），特别是小型**遥控飞行器系统**（RPAS），还不是十分清楚，因为不仅飞行器上不再有处于危险之中的飞行员，而且飞行员控制和飞行器控制面间的常规故障点，现在也封装在无线**指挥与控制**（C2）链路中了。在当前的系统中，尚没有条款来处理这个问题。此外，如果要求对 UAS 设计和制造的控制能力达到与 CPA 相同的质量水平，则会丧失许多 UAS 应用所特有的短时间上市的优势。由于**尺寸、重量和功率**（SWAP）的限制以及成本等原因，当前的 UAS 倾向于选用非著名厂家的零件用于发动机、传感器、制动器和无线电，这样就可以在飞行器上对这些零件的设计进行修改。这种做法使其不易适合当前确保适航性的条款结构。

6.1.2 持续适航规定

飞行器一旦获得适航证，并且飞行器已经在民航局进行了注册，那么就有必要确保飞行器在运营中的持续适航性。持续适航活动包括下述所有过程：飞行器在其使用寿命期内的任何时候，都符合适航证所固化的技术条件，并处于安全运行状态[224]。持续适航适用于飞行器、发动机、螺旋桨或零部件，包含说明飞行器符合所适用的适航要求，并且说明飞行器在整个使用寿命期间保持安全运行状态。

持续适航的过程，开始于最初的型号合格证、维护和运营监管机构的批准。在认证活动期间，**持续适航文件**（Instructions for Continuing Airworthiness, ICA）作为合规文件被提供，并按照适用的型号合格证进行准备。持续适航文件构成了运营商获批的维护数据的基础，并可实现零件和设备的检查、调整、润滑、拆卸或更换。ICA 被视为一种确保飞行器在其使用寿命周期内具有适航性的手段。这些文件涉及安全、与型号原始设计的一致性维护以及 ICA 任务所委派的责任等。这些 ICA 的任务主要包括运营维护、记录保存、事故和缺陷报告与分析、为检查提供所需可达性的设计准则的文档化、遵守零部件寿命限制（结构检查程序）等。持续适航还涉及遵守民航局颁布的任何**适航指令**（Airworthiness Directive, AD），这些指令均具有法律效力[421]。AD 由民航局发布，是为了解决当前正在运行的已认证飞行器必须修正的安全问题。因此，任何人不得运营 / 操作适用 AD 的飞行器，除非是与 AD 要求一致且由民航局特别指定。

6.1.3 工作人员和操作员的认证

为了规范具有特定作用的人与飞行器之间的相互作用，民航局颁发机组人员或飞行员证书。民航局制定了与民航机组人员证书相关的技术要求和行政程序，以及可接受的合规方式与机组人员执照指导材料[422,119]。常规驾驶飞行器的机组人员进一步细分为飞行员、空勤人员（不包括飞行员）和地勤人员。

1. 飞行员

与飞行器类似，必须对飞行员进行分类后才能应用相关法规。飞行员可以获得不同权限级别的飞行执照（如学生、运动、娱乐、私人等）。然后，在给定的权限级别，对飞行员进行定级，飞行特定大类的飞行器（如飞行器、旋翼机、滑翔机等）。如果将类别进一步划分为小类（如旋翼机分为直升机和自转旋翼机），飞行员必须取得分类定级。飞行员培训由理论知识测验和实操考试组成，并且可能要求飞行员拥有一定数量的、所需证书指定飞行器类别的飞行时间。此外，可能需要拥有与飞行执照所行使的权限相称的健康证明，并且必须保持良好的信誉。飞行教员也必须接受认证。

2. 空勤人员

飞行器的空勤人员包括飞行器飞行时操作飞行器的人员。与飞行员类似，辅助的空勤人员也必须通过认证才能在一型认证过的飞行器上操作。与空勤人员有关的规定，包括机组人员在飞行器上度过多长时间就要休息，这些与必须管理的飞行器相关的实操考试知识，都需要掌握。机组人员的范围，可能从飞行工程师到飞行导航员，这在20世纪70年代的飞行器驾驶舱非常常见。针对特定飞行器类型的培训和在不同类型飞行器间的转换培训，是航空运营商的责任。因此，机组人员必须经过培训才能通过认证，民航局要求运营商必须对机组人员进行安全程序、记录保存和事故报告等方面的培训。

3. 地勤人员

地勤人员包括所有那些基于地面并保障飞行器运行的人员。对地勤人员的主关键成员有认证要求，如维修技师和飞行调度员。维修技师或机械师可以根据他们具备服务资格的不同飞行器系统（如飞行器机体或动力装置）进行定级。这些角色经常需要呈送报告，并且可以在飞行器和飞行操作手册的开发，以及影响持续适航性认证方面发挥很大的作用。地勤学校的教员和塔台管制员认证也被认为是地勤人员的范畴。

4. 小结

遥控飞行员或操作员所需的技能，可能与实际驾驶舱内飞行员的技能大不相同。此外，在维持UAS的整体适航性方面，地勤和维修人员将发挥更重要的作用，因为可能几乎没有常规的态势感知信息会通过反馈发送给远程操作员，特别是关于飞行器健康的信息。在当前机组人员和操作员认证的监管实践中，UAS操作员和机组人员的任务将发生巨大的改变。

6.1.4　航空运营商的证书

航空运营认证（Air Operation Certificatioin）确定了适航飞行器商业运营所需的技术要求和管理程序。飞行器的商业运营被定义为运营一架飞行器，以换取报酬或其他有价值的回报，这种运营可向公众开放，或者可在不向公众开放的情况下，根据运营商与客户之间的合同执行。此时客户无法控制运营商[423,121]。飞行器的商业运营包括乘客、货物或邮件（称为商业航空运输）的运输，以及航空测量、广告、摄影和农业应用等，还包括航空医疗和飞行培训活动。

对于航空运营商的证书，需要飞行器（或机队）运营商向民航局证明飞行器的运营拥有足够的、经过认证的机组人员来保障，并且具有适当的安全流程以保证运营质量。可能包括的活动有：为机组人员认证提供培训计划、制订操作和维修手册，以及为确保遵守法规而实施系统安全流程等。这些活动直接影响飞行器的持续适航性。财务方面的考虑也是该认证过程的一部分，因为运营商必须证明他们拥有足够的基础设施、资产和保险才能开始和维持运营。

小结

某些形式的航空运营商的证书，可能需要用于比预定规模大的UAS。很可能是航空运营商负责维护部署UAS所需的固定基础设施，可能包括多个地面站以及数据链。在获得航空运营商证书所需的操作手册和安全流程中，构型管理可能会发挥更大的作用。

6.2 监管机构和UAS立法——现在和未来

为了促进无人机系统安全地融入持续运转的民用空域，任何新规定的制定都必须平衡一系列需求。监管制度需要设定社会可接受的安全和环境保护水平，并提供对其他公众利益如隐私和安全性的保护。但是，监管决不能给这个新兴的行业带来不应有的负担，而是要使其发展、创新和成熟。监管框架不应简单地将为有人驾驶航空而制定的体系应用于UAS。规则必须表明其目标是明确采取措施降低风险，并按行业标准实施。这一监管框架必须成为推动者而不是阻碍者。因此，必须在创新与社会对安全、环境保护、隐私和安防的关注之间寻求平衡。下面提供了此方面的样例，该样例包含了几项新的工作成果。

6.2.1 欧盟

欧洲航空安全局（European Aviation Safety Agency, EASA）负责欧盟（EU）成员国的飞行器、发动机和零部件的型号认证[118]。EASA还起草了航空安全法规，进行检查以确保其统一实施并执行相同的认证（即评估申请人适航性型号合格证的可接受性，这些合格证是从欧盟外的监管机构获得的）。EASA负责向在欧盟共同体内注册的飞行器发放型号合格证，依据**联合航空局**（Joint Aviation Authorities, JAA）的流程，与联合航空局一起发放产品的证书。

EASA的任务是对UAS进行管理，特别是**遥控飞行器系统**（RPAS）。RPAS的重量等于或大于150kg，目前在整个欧盟内部用于民用目的[118]。RPAS由一组可配置的元素组成，包括遥控飞行器、与之相关的地面遥控站、所需指挥控制链路，以及在飞行操作期间任何时候可能需要的任何其他系统元素。试验性或业余人士制造的RPAS、军用和非军用的政府RPAS飞行器、低于150kg的民用RPAS以及模型飞行器，由每个成员国的民航局分别管理。

EASA提出了无人机的运行概念[157]，其中提出了三类运行以及相关的监管制度：开放、特定和认证。开放运行类，不需要航空当局授权进行飞行，但要求飞行器在运行期间停留在界定好的边界内，并保持其他安全属性（如保持与机场和人员的距离）。特定运行类，需要对运行进行风险评估，以获得适合运行的特定限制下的运行授权。认证运行类，是具有较高相关风险的运行，或者可能需要在自愿的基础上由提供服务的组织提出要求，如遥控驾驶或诸如侦测与回避功能的设备。这通常涉及为UAS或RPAS获取型号合格证。

EASA已经发布了题为“无人机系统适航性认证”的政策文件，该文件确立了UAS型号合格证（包括环境保护）的一般原则[155]。该政策具体规定了颁发型号合格证或UAS限制性型号合格证的程序，但有关UAS的运营法规尚未在政策范围内得到解决。该政策概述了为超过150kg的UAS建立适航证书（通过型号合格证或限制性型号合格证）所采取的方法。如政策所述，这些UAS通常必须符合有人驾驶航空的标准，即EC的第21部分[120]。EASA已经发布了指导材料，以支持获批的设计组织选择适当的认证规范（在适用于有人驾驶航空的规范之中），从而为RPAS设计建立认证基础。此外，制定“标准欧洲空中规则”

（国际民航组织附件2[227]的修正案43）有助于将UAS完全融入民用空域，该规则同等用于常规驾驶飞行器与UAS。

1. 英国

英国民航局对所有质量低于150kg的UAS进行管理。由飞行运行政策部编制的指导文件CAP 722[364]最近进行了修订，以引入一个与EASA指示相符的运行方法的概念[157]。该文件概述了能够在英国运营所必须满足的适航性和运行标准方面的安全要求。

根据现行政策，依据重量将UAS分为两类：（1）20kg及以下，（2）超过20kg但低于150kg。**空中航行规程**（Air Navigation Order, ANO，2009年）[363]第166条包括了针对小型无人驾驶飞行器（20kg）的具体规定，第167条包括了对“装备后进行任何形式的监视或数据采集的”小型无人驾驶飞行器的附加规定。

如果UAS的质量不超过20kg，则在下列条件下不需要适航审批和注册：

（1）UAS必须保持在遥控驾驶员（即负责人）的视线范围内（通常在水平方向500m范围内、垂直方向120m范围内）。

（2）UAS不能进行商业运营（获取报酬或佣金）。

（3）UAS不可出现在A级、C级、D级或E级空域，也不能出现在机场交通区域内或高于地面400英尺的区域。

（4）UAS操作员不得使任何东西从飞行器上掉落，并且必须在起飞前确保其能够安全地飞行。

如果UAS远离人员、财产和拥挤区域，并且不用于监视目的，则UAS不需要获得运行许可。

此外，如果未经许可将UAS用于监视目的（无论UAS的重量是否低于20kg），对上述四种情况的其他限制也将适用。在任何拥挤地区上空或150m范围内，或在有组织的超过1 000人的露天集会的上空或150m范围内，或在任何未受飞行器负责人控制下的船只、车辆或建筑物的50m范围内，或在任何人的50m距离内，UAS均不准运行。必须获得许可才能在这些最低约束范围内运行UAS进行监视[100]。

所有UAS操作员都必须向民航局表明具备驾驶资格。驾驶员必须表明基本掌握了适用的法规（如空中航行规程、空中条例的规则）。有多种方式可以证明驾驶员的能力，最常见的是完成一门课程，申请人通过地面测验和飞行考试证明其掌握了必要的技能和知识。航空管理局不直接提供这些课程，而是批准商业化的国家资格认证实体（National Qualified Entities, NQE）代表民航局进行培训和评估。

运行质量超过20kg的UAS要像常规驾驶飞行器一样受到监管。但是，有可能某些规定由于无人驾驶飞行器无法遵守而得到豁免。ANO 2009第138条规定“任何人不得出于鲁莽或疏忽，造成或允许飞行器危害任何人员或财产”[363]。这也同样地适用于所有有人驾驶和无人驾驶飞行器。UAS超过20kg或用于商业运营的，需要高空作业许可。获得这些许可之一，需要运营商进行大量的工作，并解决诸如驾驶员资格到设计和建造证书等问题。截至 2015 年，有 1 005 个团体或公司获准在英国领空飞行 UAS。

2. 法国

在法国，**交通运输部民航总局**（Direction Generale de l’Aviation Civile, DGAC）管理所有质量小于 150kg 的 UAS。2012 年 4 月 11 日，DGAC 颁布了两项法令：关于无人机设计和分类的飞行器法令 [142] 和法国领空下与各种无人机使用有关的空域法令 [143]。

按照质量和功能，DGAC 的飞行器法令将 UAS 分为七类（从 A 到 G 七类）。A 类和 B 类包括模型飞行器，C 类是系留 UAS，D 类到 G 类是 UAS。D 类是指起飞时既不是模型飞行器也不是系留的 UAS，且最大质量小于 2kg。E 类是最大起飞质量小于 25kg 但大于 2kg 的 UAS。F 类指最大起飞重量小于 150kg 并且不属于 C、D 或 E 类的 UAS。G 类是指最大起飞重量大于或等于 150kg 的 UAS，由 EASA 监管。

空域法令明确规定了四种运行场景。场景 1 指的是在遥控驾驶员的直接视线中发生的 UAS 操作，位于人口稠密区之外，与遥控驾驶员的最大水平距离为 100m。场景 2 适用于在人口稠密区以外进行的操作，操作区域的最大水平方向为半径 1km、高度距离地面 50m 以下或高于人工障碍物。此外，人员可能出现在运行区内，此时遥控驾驶员必须解除操作。场景 3 涉及在城市地区或人们聚集地附近进行的操作，应当位于遥控驾驶员的直接视线中，并且距离遥控驾驶员最大水平距离为 100m。场景 4 涉及空中监视、在人口稠密地区以外的航空测量以及不符合情景 2 标准的操作，其中飞行高度位于距离地面 150m 以下或高于人工障碍物。这些操作可用于获得报酬或佣金。

对于给定的 UAS 操作，其类别和场景的组合可以用来确定要应用的监督和监管的级别。根据 UAS 的类别和所执行的操作类型，DGAC 可能会要求取得用于运营的适航证书。例如，用于商业目的的 UAS，即使其重量可能低于 4kg、在视线范围内运行且距离操作员最多 100m，或者超出视线范围最多 1km、在无人居住区域的最大高度为 50m，但该 UAS 将属于 E 类。UAS 飞行器必须证明自身满足某些要求才能获得证书，如最大撞击能量的要求。所有的 D 类和 E 类 UAS 都需要配备气压传感器和气压高度限制装置，确保飞行器永远不会超过其最大飞行高度。D 类和 E 类 UAS 还必须安装飞行终端装置，当飞行器飞行超出其预定的边界时，能够将飞行器从空域中移除。并且，安装能够在飞行器下降时避免飞行器造成撞击的装置，从而有效保护地面人员。所有这些设备必须能够在失去链路的条件下运行。

此外，在某些场景下，对于某些类别的 UAS 的驾驶员，还有一些特别的要求。这些驾驶员必须接受培训、达到最短飞行时间，并可能要拥有飞行器或直升机驾驶员执照。根据场景和 UAS 的类别，可能还需获取运行许可。而且，UAS 运营商还必须有足够的保险。目前，对于任何超出遥控驾驶员视线范围的 UAS，都需要特定的航空电子设备、安全设备以及广泛的认证和运行许可。值得注意的是，在开始运行前，必须遵守重要的行政程序。例如，所有 UAS 必须提供运营商的手册、维护手册和符合性证明，并在 DGAC 进行文件备案。遥控驾驶员必须完成私人驾驶执照要求的理论部分，运营商必须拥有特定活动的手册，并在DGAC进行文件备案，该手册要详细说明要执行的运行场景类别以及空中活动声明和飞行请求。

2015年，法国有1 000多个注册在案的UAS，制造商逾40家。

3. 德国

在德国，**联邦航空局**（Luftfahrt-Bundesamt, LBA）管理所有质量小于150kg的UAS。在"**德国航空法**"((Luftverkehrsgesetz, LuftVG）进行修订之后，民用UAS现在被确认为飞行器。UAS的运行使用受**德国航空法令**((Luftverkehrs-Ordnung, LuftVO）[283]的管制。任何重量超过5kg的UAS的运行，均需要有许可证。任何商用UAS飞行器也都需要许可证，且要求UAS不能超过25kg，除非获得了特殊的许可证。许可证由UAS运行所在的州发放。要获得许可证，运营商必须提供一份全面的飞行计划文件，以及关于飞行器设计的文件和保险证明。只要飞行处于相同的位置和时间范围内，就可以同时申请多次飞行许可。在整个德国境内，全面禁止特定UAS的运行[449]。对任何超过25kg的UAS的运行、对UAS的超视距操作以及高于地面100m的UAS运行，都是绝对禁止的。所有UAS必须由遥控驾驶员操作，并且需要具有手动控制模式（其中内部环路控制由遥控驾驶员进行）。任何飞越人员的、与UAS运营无关的飞行也都是禁止的。

截至2012年6月，重量不足5kg的UAS已经可以获得有限的许可，在距离地面100m以内的高度运行，而且在操作员的视线范围内可以进行单次或多次飞行。但是，"空中交通法"规定，这些小型UAS不能在人群、事故现场、灾区以及其他部署警察和安防人员的地区飞行。监狱、工业设施、发电厂和军事综合体也是禁飞区。由于商业运营未被禁止，这些法规对正在开展的活动的性质并没有给出规定。截至2015年，德国各州已为UAS颁发了500多项特别许可证。

6.2.2 美国

目前，**联邦航空局**（FAA）负责监管美国民用航空活动。当前，FAA打算通过使用14CFR 21.17（b）或21.25[419]等法规对UAS进行认证，这些法规允许向特殊类别的飞行器发放指定或限定型号合格证。这样，这些非常规飞行器可以在其运行概念的背景环境中逐个确定其适航性。

2013年7月，FAA向航空环境公司的"美洲狮"AE无人机和波音英西图公司的"扫描鹰"无人机（二者均为小型UAS）发放了第21.25部分限定类型号合格证，以便能够在阿拉斯加运营。这两型无人机获准用于商业目的，其运营商获得了豁免或**授权证书**（Certificate Or Authorization, COA），这些证书仅限于北极水域的空中监视。2013年9月12日，英西图公司和康菲石油公司在水上进行了UAS的第一次商业飞行。2014年6月，FAA修改了"美洲狮"AE无人机的数据表，这样该无人机的限定类型号合格证就允许其在陆地上进行商业运行。FAA向英国石油公司发放了豁免或授权证书，使该公司能够勘测阿拉斯加陆地上的管道和基础设施，截至2015年，陆地上的飞行还在进行。

FAA 还引入了豁免程序。依据法律，任何飞行器在国家空域内运行都必须取得适航证书并进行登记，且飞行员需拥有执照、飞行器运营要获得批准。2012 年的《**FAA 现代化和改革法案**（FAA Modernization and Reform Act, FMRA）》[11] 的第 333 条，授予了运输部长确定 UAS 是否需要适航证书才能在**国家空域系统**（NAS）中安全运行的权限。该权限用于在《小型 UAS 规则》第 107 部分定稿前，逐个授权某些无人机开展商业运营，这是授权小型 UAS 开展运营的主要方法。

FAA 还制定了一项临时政策，以加快某些商用 UAS 运营商获得第 333 条豁免的空域授权。根据这项临时政策，对于重量小于 25kg、在白天的**目视飞行规则**（Visual Flight Rule, VFR）条件下运行、在驾驶员**视距**（visual line-of-sight, VLOS）内操作、并保持在某些机场之间给定的固定距离范围内飞行的飞行器，FAA 将向任何符合第 333 条豁免条件的 UAS 运营商发放高度 200 英尺及以下飞行的豁免或授权证书。全面的 200 英尺 COA，允许在美国限定空域或其他限定区域之外的任何地方飞行。在这些限定区域，FAA 禁止 UAS 运营，如美国的主要城市。

《小型 UAS 规则》的第 107 部分，涵盖了 25kg 以下级别的 UAS，且最大空速 100 英里 / 小时、最大高度 500 英尺，并且在负责指挥的驾驶员的直接视线范围内 [167]。这些飞行器必须在白天的视觉气象条件下飞行，这样才能获得对其他飞行器的通行权。为每架飞行器分配一名观察员，让视觉观察员进行观察，协助飞行器规避和解除危险。但不能使用第一人称摄像头视图。最低能见度要求是距离地面控制系统三英里。在 B、C、D、E 级空域，获得 ATC 许可就允许运行。在 G 级空域，不需要许可就可以运行。在 A 级空域，运行不会获批。运营商必须在 FAA 批准的知识测验中心，通过初始航空知识测验。根据《小型 UAS 规则》，不需要适航证书。但是，运营商必须保持小型 UAS 在安全运行的状态下，并且在飞行前，必须对 UAS 进行检查，确保 UAS 处于安全运行状态。根据第 107 部分的规则，飞行器需要进行注册。

截至 2015 年，为了实现 UAS 运行，已经有超过 1 500 个符合第 333 条豁免的案例，但目前要求所有操作都必须在 UAS 遥控驾驶员的视线范围内进行。这种要求，是对航空环境公司和英西图公司的北极业务所发放的两种限定类型号合格证的补充。

6.2.3 加拿大

加拿大运输部于 2014 年 11 月 27 日发布咨询通告 AC 600-004[413]，题为“操作无人驾驶飞行器系统的指导材料”。该通告根据豁免规定，确立两类 UAS 可获得豁免在空域系统中运行：（1）2kg 以下的飞行器；（2）2kg ～ 35kg 的飞行器。对于 2kg ～ 35kg 范围内的飞行器，最大校准空速必须为 87 节或更低。这两类获得豁免的飞行器要求始终处于操作员的视线范围内，操作员必须至少年满 18 岁。遥控驾驶员可以操作单架 UAV（从单个控制站）并且必须与 UAV 保持连续的无辅助视觉接触，以便能够保持对 UAS 的操作控制。任何时候，遥控驾驶员都必须知道无人机的位置，并且能够扫描 UAV 运行的空域进行查看并果断地避开其他空中交通或物体。不可存在能够扩展UAS航程的中继站（也不允许使用视觉观察员或视频馈送来扩展视线）。

运营UAS要求缴纳至少10万美元的责任保险。UAS只能在白天、在G级空域300英尺高度或以下运行，而且在距离任何机场或市区至少5海里的地方。与所有结构、建筑物、车辆和人员必须至少保持500英尺的距离。遥控驾驶员必须能够随时干预并控制飞行器。此外，UAS运营商必须对任何失去通信链路所带来的风险进行评估。该评估必须解决：什么时间飞行器开始预先编程的“回家”机动（包括路线和高度），或者驾驶员何时启动飞行终止才是安全的。在此豁免下，操作UAS的遥控驾驶员也必须成功完成驾驶员的地面学校计划。

其他所有的UAS运行都需要获得《**加拿大航空条例**》（Canadian Aviation Regulation, CAR）第602.41节所要求的**特殊飞行运营证书**（Special Flight Operations Certificate, SFOC），并符合该条例第603.66节所要求的SFOC的条件[414]。上述所提及的两项豁免规定，仅适用于UAS的娱乐性运行，如果将UAS运行用于商业目的，必须申请SFOC。

6.2.4 澳大利亚

民航安全局（Civil Aviation Safety Authority, CASA）是澳大利亚的国家法定机构，负责监管航空安全和推动航空界的安全标准。2002年发布的《**民航安全条例**》（Civil Aviation Safety Regulation, CASR）第101部分[102]，是首个无人驾驶飞行器的运行规定。该条例主要涉及遥控飞行器，人作为飞行器的决策者必须在控制回路中。目前，CASA正在对CASR第101部分进行更新。此次更新包括一套咨询通告，提供培训和执照、运行、制造和初始适航性、维护和持续适航性、安全管理和人员绩效、运营商认证以及在受控空域运行等方面的指南[101]（AC101 1-10）。CASA编制了一项规则拟制通知，题目为“遥控驾驶飞行器系统术语和遥控驾驶飞行器的重量分类”（NPRM-1309OS）[103]。该通告的制定有助于将CASR第101部分更新为CASR第102部分，这意味着对现行条例进行实质性的重写。

目前，CASR第101部分将固定翼UAS分为两类：小型（1kg ~ 150kg）和大型（>150kg）。旋翼飞行器具有相同的分类方式，但重量分割点为100kg。CASR第102部分旨在介绍微型UAS。目前，所有大型UAS用于运营，都需要获得CASA批准。CASR第101部分规定，未获得相关机构的书面批准，UAS不能在限定区域或禁止区域飞行。UAS要在高度400英尺以上或距离机场3海里以内的范围内运营的话，必须获得对自身飞行空域的批准。UAS要在受控空域（即不包括G级）运行，需要获得区域批准并符合所有空中交通控制指令。除非提出的特殊理由获得批准，否则禁止在跑道、机场飞行区域和飞行器进场或离场路径附近运行UAS。因此，如果小型UAS符合其他所有CASA要求，并且距离任何机场至少3海里，那么，在不受控制的空域，它们在距离地面400英尺以下运行，不需要区域批准。

此外，UAS不得在与其运行无直接关系的人员的30m范围内运行。如果某人或公司持有无人机运营商证书，那他们只能出于租金或酬金的目的运行UAS。如果一家运营商拥有多个RPAS或UAS，则必须指定一名总控制员和维护经理进行运营，并将其详细信息在CASA存档。同样，遥控驾驶员（或遥控操作员）出于租金或酬金的目的运行UAS，必须持有RPA控制员证书。遥控驾驶员或操作员只有获得了**飞行器无线电操作员水平证书**（Aircraft Radio Operator Certificate of Proficiency，AROCoP）后，才能在受控空域内操作飞行器。此外，UAS在运行过程中，不得丢弃或施放会对另一架飞行器、人员或财产构成威胁的物体。除非提前获得批准和受过培训，否则UAS必须在视觉气象条件下、在遥控驾驶员的视距范围内运行。而且，除非UAS的遥控操作员能够获得足够的视觉提示，获取其他空中交通信息并进行规避，否则，受控空域中的UAS飞行都将被视为**仪表飞行规则**（Instrument Flight Rule, IFR）飞行，IFR飞行受ATC控制。CASA可能要求大型UAS配备**二次监视雷达**（SSR）应答器、防撞系统或适合于其运行类型的前视视景系统。最后，对于超出视距范围的操作，户外UAS飞行计划必须包括在失去对UAS数据链路的积极控制的情况下，关于预先规划的紧急飞行剖面的信息和程序。根据系统的能力，这些剖面包括：无人机自动转移到预先指定的恢复区域，然后进行自主恢复；无人机自动转移到预先指定的恢复区域，然后激活**飞行终止系统**（Flight Termination System, FTS）。

基于即将发生的飞行所在的空域级别，CASA规定了UAS执行视距操作的通信要求。如果遥控驾驶员或UAS操作员与RPAS/UAS发射控制器不在同一地点，那么在飞行开始前，发射和恢复控制站以及主要的地面控制站必须与负责飞行区域的ATC当局建立通信。对于超出视距范围的操作，UAS操作员必须开发特定的中止和飞行终止程序，并根据需要将程序提供给ATC。地面控制站必须利用与现有ATC通信设备和程序留有接口的通信架构，这样ATC人员才能完全了解遥控驾驶员或UAS操作员在地面的事实。一旦在ATC人员那边办理登记，遥控驾驶员或UAS操作员必须向ATC直接申请电话号码，以便在无线电通信失败时用于应急。进行超视距操作的UAS操作员，必须至少完成适用于仪表等级问题的地面培训，以便在仪表飞行规则许可下，在受控空域内操作UAS。通常，认证要求将在人口稠密地区的飞行限制到大型UAS。但是，小型UAS的设计者仍可申请型号合格证，但须符合CAR 1998第21部分的要求并同时附上咨询材料。

6.2.5 巴西

国家民航局（Agencia Nacional de Aviacao Civil, ANAC）是巴西的民用航空管理局，**《巴西民航条例》**（Regulamentos Brasileiros de Aviacao Civil，RBAC）[18]包含了航空管理的法规。在这些法规中，没有任何法律直接对在巴西空域自由的UAS民用运营进行限制，原因是目前的法规并未能够妥善编写以便处理UAS的适航性问题。这种状况带来了巴西UAS产业的蓬勃发展，商用摄影、电影拍摄和勘测逐渐得到普及应用。ANAC试图通过引入面向巴西空域UAS监管集成的路线图，来消除这种UAS不受监管的商用局面。

ANAC为UAS在巴西空域的使用引入了两种方式。第一种方式是接受根据RBAC 21.191发放的试验证书，其中包括研究、开发或模型试验等操作。这些试验证书是根据

《**巴西航空运输规则**》第91部分（Brazilian Regulation of Aeronautics Ratification, RBHA 91）定义的限定运行而发放的，根据具体情况逐个发放。第二种方式是可根据RBAC 7.565/86第20条获得特别飞行许可证。但是，UAS运行仍然受到RBHA第91部分的限制。ANAC-DECEA（**空中交通管理部**，Departamento de Controle do Espaço Aéreo）委员会正在制定UAS商业运营的新规定，该委员会是巴西的UAS行业论坛。目前，所有UAS活动都必须在非商业运营下进行，从人口稠密区域移除，并且在遥控操作员的视距范围内。禁飞区包括机场和军事设施。

6.2.6 南非

南非在UAS商用方面有着悠久的历史，但最近法律的变化限制了未来UAS用于有酬金或报偿的使用。2014年5月，**南非民航局**（South African Civil Aviation Authority, SACAA）暂停使用UAS平台进行摄影、电影和勘测等运行，并停止发放运营许可证[388]。造成这种争议性举措的原因是缺乏使用UAS的监管法规。SACAA打算发布更适合的法规对UAS的商用进行管理，但是没有给出完成这项任务的时间表。

因此，在南非，民航局局长不再批准无人驾驶飞行器系统的商业运营。而且，自2014年以来，也没有对南非的UAS运行发放任何豁免。南非当前用于管理UAS使用的法规源于2009年的《民航法》（2009年第13号法令），该法案所规定的UAS使用条件类似于常规驾驶飞行器的使用条件[387]。SACAA正在制定临时运营和随后将UAS集成到国家空域的指南材料。

6.2.7 日本

日本民航局管理航空运输和航空安全活动，该局受国土、基础设施、交通和旅游省管理。日本目前没有单纯和UAS运营有关的独立监管材料。UAS在日本运营的唯一航空法规，要求它们飞行高度低于150m且距离机场至少9km。

自20世纪80年代以来，日本在农业领域一直广泛使用无人直升机[371]。直升机采用遥控驾驶方式，通常在低空以低速（高度10m、20km/h）运行。针对农业领域的使用，日本农业航空协会（在日本农业、林业和渔业省的支持下）制定了管理无人直升机使用的标准。这些标准涵盖各种适航性、运行、维护和报告等问题（包括飞行员培训和飞行器注册），但仅限于农业应用。需要注意的是，这些UAS运行是在日本农业部门的监督下进行的，而不是在**民航局**（Civil Aviation Bureau, CAB）的主持下进行的。尽管如此，这些农用直升机仍然符合相关结构和飞行性能的安全标准。操作员必须证明其满足相关检验的规定，拥有有效的维护操作员许可证，并在操作员登记系统下进行了注册。目前有2 000多架无人直升机用于化学喷洒作业。

尽管在日本没有关于UAS使用的正式法规（农业产业之外），但仍然在制定行业标准方面开展了大量的工作。这些行业标准通常会对合规性规则的最终开发或诠释产生重大影响。

日本无人机协会（Japan UAV Association, JUAV）代表着日本的无人机行业，他们在各种应用条件（包括农业、监测、勘测和灾害保障）下开发、制造和运行 UAS。JUAV 已经为在无人区运行的固定翼和旋翼飞行器制定了行业标准 [239]，目前正在研究建立小型电动固定翼飞行器的行业标准 [240]。

6.2.8 小结

显然，许多国家采取了多种方法，旨在制定监管标准、将 UAS 安全地集成到空域系统中。各国共同的主题似乎倾向于定制标准，以弥补无人机及其运行概念所带来的风险。将运行概念整合到正确的监管基础的构建中，并不一定需要新理念。然而，UAS 和 RPAS 的广泛运行模式，将导致在制定必要的法规时，需要考虑的设计和风险空间会更大。

接下来，我们将研究标准组织的影响以及它们制定的将 UAS 集成到民用空域的行业标准。

6.3 标准组织

现代航空是飞行器、人、软件、硬件、操作程序、制造和维护过程、环境条件以及许多其他因素之间的复杂互动。民用航空中使用的程序和系统的统一性，使其能够安全和高效地运行。所有利益攸关方对标准和推荐实践的普遍接受和诠释，使之成为可能。下面，我们将研究几个正在制定标准的机构，这些机构帮助将 UAS 集成到民用空域。

6.3.1 国际民航组织

国际民航组织（ICAO）是联合国的一个专门机构，由 191 个成员国组成。ICAO 制定和维护普遍接受的民用航空标准，即**标准和推荐实践**（Standards And Recommended Practice, SARP）。SARP 涵盖国际民用航空的所有技术和运行方面，如安全、人员执照、飞行器运行、机场、空中交通服务、事故调查和环境。ICAO 目前正在制定 SARP，帮助将 UAS 集成到民用空域。ICAO 用“无人驾驶飞行器系统”一词来指代没有机上驾驶员的飞行器，用“遥控飞行器系统”（在国际民航组织第 328AN/190 号通告 [226] 中使用）一词来指代拥有操作员但不是自主飞行的飞行器。

ICAO 假定有两种可能的 RPAS 认证方式。第一种方式类似于常规的认证概念 [225]，将向**遥控驾驶飞行器**（RPA）发放的**型号合格证**（TC）记录在案。RPAS 的配置全部都包含在 RPA 的 TC 中，由一个唯一的 TC 持有者负责。与飞行器相关联的地面遥控站将是一个单独的实体，可能是以类似于发动机和螺旋桨的方式对待它，因为地面站可能是由民航局设计的、并获得由其发放的 TC。RPA 及其使用的地面遥控站的配置，将与 RPA 一起，由设计 RPA 的民航局进行认证，并记录在 TC 的数据表中。然后，地面遥控站就成为 RPAS 整体的一部分。这种方式将认证整个系统设计的责任赋予了设计 RPA 的民航局，RPA 的民航局还要负责提供强制性的持续适航信息，登记国将负责确定与适当的适航要求相关的RPAS持续适航性。只要在TC中描述了配置，就能将多个地面遥控站与RPA相关联。可以向RPA发放适航证书，不过运营人仍要负责控制RPAS的配置（如RPA、地面遥控站和数据链路）。必须在飞行器适航性的背景环境中，制定地面遥控站设计标准的SARP[225]。

设想的第二种方式，不仅要求为RPA/UAS的适航性制定新的SARP，而且还要求新的证书与现有的地面遥控站的TC和适航证书相当。此种方式与传统方法明显不同，因为在RPAS的设计配置中，将为RPA和地面遥控站分别定义。这意味着RPA的适航性和地面遥控站的类似证书将分别进行处理。RPAS的设计者将负责验证RPA，地面遥控站可以配置到适航系统中。目前尚不清楚，确切的RPAS设计过程批准（类似于目前所称的TC）和RPAS生产过程批准将是什么，但它们都需要对认证方法进行根本性改变[225]。

无论选择哪种方式，ICAO都认为RPAS/UAS应具有某种形式的适航性证书。在第一种方式中，直接通过适航证书或通过每次飞行的配置控制机制（如RPA日志），使得与飞行器相关联的地面遥控站与RPA适航证书联系起来。在此种方法中，只有RPA需要注册。在第二种方式中，地面遥控站将具有单独的证书，该证书类似于RPA的适航证书，同时还必须有受运营商控制的系统文档，RPAS（即RPA和地面遥控站）配置受该文档控制。在第二种方法中，必须明确定义RPAS元素的注册要求。在这两种方式中，都需要开发一种方法来证明地面遥控站和RPA之间的连接是足够的。传统上，仅有设备要通过认证，数据链路不需要通过认证。在新的工作场景下，数据链路可能会取代传统的布线和电缆，而它们将驾驶员操作的飞行控制与控制面连接起来。因此，相应的民航局机构需要将数据链的性能视为RPA/RPAS认证过程的一部分。

ICAO已经要求引入UAS**运营商证书**（UAS Operator Certificate, UOC），该证书与当前航空运营商证书的构成有些类似。该证书的引入，将使运营商能够进行UAS运行，前提是他们已经证明了自身的组织、控制手段、飞行操作监管、培训计划以及地面处理和维护是足够的。然后，航空运营商将负责满足地面遥控站语音和数据链路的服务质量需求。

6.3.2 航空无线电技术委员会：SC-228

SC-228是在**航空无线电技术委员会**（Radio Technical Commission for Aeronautic, RTCA）的支持下成立的工作组，目的是确定无人驾驶飞行器系统的**最低运行性能标准**（MOPS）。工作组正在讨论的一些主题是：开发用于**侦测与回避**（detect and avoid, DAA）设备的MOPS；为L波段和C波段的解决方案建立**指挥与控制**（C2）数据链路MOPS。标准制定的初始阶段侧重于根据IFR飞行规则在A级空域运行的民用UAS[372]。MOPS假定的运行环境是，UAS从A级或特殊用途空域转到A级或特殊用途空域，转换要经过D级和E级空域，也可能是G级空域。MOPS开发的第二阶段预计是：指定DAA设备，用以支持UAS在D级、E级和G级空域内扩展运行。SC-228工作组已经在其网站上提供了两份白皮书：第一份白皮书报告了SC-228在DDA问题上的初始立场[374]，第二份白皮书概述了在SC-228运行背景环境中的相关 C2 问题[373]。预计将于 2015 年向公众发布 DAA 和 C2 的第一阶段的主要 MOPS，计划 2016 年推出 MOPS 的最终版本。

6.3.3 欧洲民用航空设备组织：WG 73 / WG 93

欧洲民用航空设备组织（European Organization for Civil Aviation Equipment, EUROCAE）处理与航空运输应用相关的机载航空电子设备和地面设备的技术问题。EUROCAE 专门处理航空标准化（机载和地面系统与设备）以及航空设备和系统监管所需相关文件。EUROCAE 工作组（Working Group, WG）73 的成立，是为了分析和制定将 UAS 集成到民用空域的标准[250]。该工作组的战略是基于所定义的安全因素，实现对空域的增量访问。采用这种方法是为了专注于专门选择的基本能力，这些能力允许 UAS 在某些约束下，以一种易处理的方式运行。目前的工作主要集中在两个场景：在 IFR 条件下，从 A、B 和 C 级空域进入、飞行和退出；在视距范围内，所有类型 UAS 在所有地点的运行。在探索第一种场景的过程中，正在制定一份**安全和性能要求**（Safety and Performance Requirements, SPR）文件，该文件将用于派生出**通信、指挥和控制**（Communication, Command and Control, C3）以及**看见和回避**（See and Avoid, S & A）的要求。此外，正在建立一个隶属 EUROCAE 结构的新工作组 WG 93，该工作组专注于小型 / 轻型 UAS。WG 93 将研究 WG 73 所创建的标准是否适用于小型 UAS，或者是否需要派生出新标准[447]。

6.3.4 无人驾驶系统规则制定联合机构

无人驾驶系统规则制定联合体（Joint Authorities for Rulemaking on Unmanned System, JARUS）由来自民航当局和地区航空安全组织的一组专家组成。JARUS 的主要目的是为 UAS 的认证和安全集成到民用空域推荐一套技术、安全和运行要求。JARUS 的目标是提供指导材料，以促进每个民航局编写自己的要求，并希望每个民航局彼此协调、避免重复工作。JARUS 的工作范围涵盖了 UAS 运行所有方面的监管，如人员、组织和操作问题，以及技术（适航）要求。目前，JARUS 正在与 ICAO、RTCA 和 EUROCAE 等机构持续开展合作。JARUS 已经发布了包括 JARUS CSLURS 在内的多份文件，这是一种用于遥控旋翼机的民用认证规范[246]。JARUS 与 ICAO、RTCA 和 EUROCAE 等一起，已经制定了与 RPAS 组织规则、可接受的合规方式、C2 链路**运行概念**（Concept of Operations, CONOPS）和 C2 **所需通信性能**（Required Communications Performance, RCP）等相关的审查文件[247]。

6.3.5 小结

很明显，为了制定统一的标准来管理 UAS 的设计、部署和运行，各种组织采用了大量的方法。但是，大部分工作都是初步的，并受到问题所涉及范围的阻碍。显然，在高空多个空域之间穿越且执行任务持续时间很长的大型 UAS，其遇到的问题与小型电动 UAS 不同，后者的飞行时间以分钟为单位，可在城市地区运行并靠近大型人群。必须对标准进行裁剪，反映运行模式以及飞行器特性，并且应该能够适应快速发展的、推动近期和远期应用的使能技术。

UAS 不断扩大的应用空间及其在城市附近运行的能力，将带领我们进入下一节的内容。下一节讨论公众接受 UAS 和将 UAS 集成到民用空域的一个主要障碍：隐私和安全性问题。

6.4 社会影响——隐私和安全

两个关键问题，推动着正在进行的关于将 UAS 集成到民用空域的辩论，推动着公众对其运行所带来的风险的总体接受情况，那就是隐私和安全性。后续章节将深入讨论安全性问题。本章我们只考虑会影响到隐私和安全的安全性问题。当前管理民用空域系统的法规明显侧重于与安全有关的方面，很少考虑在航空运输系统安全运营中发生的任何隐私问题。UAS 将带来一种全新的运营模式，其中隐私等新兴问题将会成为最受关注的问题。

隐私

在 UAS 可能在民用空域扩散的情境中界定隐私绝非一件小事。与控制个人信息和秘密的概念有关的传统定义，不足以表达普遍存在的视景监视可能包含的全部问题 [332]。UAS 运营将对个人自主权和匿名性产生影响，考虑这些因素才能更全面地了解某些社会技术问题，它们是围绕具有隐私意识的 UAS 政策和法规问题而新出现的。此外，随着之后对 UAS 所获取信息的聚合、使用和保留，会产生另外的一些隐私利益。

1. 监管

目前，在 UAS 运营的直接情境中，还不存在围绕隐私的权威监管机构。一些国家有数据保护和隐私法令，用于限制对公众一般监视的相关条款，以及对所收集信息的使用。此外，监管的来源多种多样，一些源于法令，一些源于监管条例，一些源于实践。在评估什么样的监管措施适合达到所期望的、将在法律上赋予公众的社会隐私水平时，航空当局、政府间商务部门、国土安全部门，以及执法和公共安全部门与政府的立法部门，都将发挥一定作用。

当前，与 UAS 相关的监管有三种类型。首先，长期存在着的针对非政府侵入的依照法令和普通法的保护 [50]。例如侵犯，即个人在未经许可的情况下侵入他人财产，这既是犯罪也是侵权行为。对于侵犯隐私、侵扰隐居、发布私人事实和非法跟踪的禁令，可能都同样适用于 UAS 所采取的行动。其次，还有关于特定监视形式的法律，即在双方没有同意的情况下，不得记录图像或对话。同样，还有反偷窥法，禁止在某些情况下未经授权进入别人家中。相对清楚的是，使用 UAS 通过空中手段非法接近个人的方式，可能是违反这些法律的。最后，有越来越多的民法和刑法，专门阻止公共或私人拥有的 UAS 进行不必要的空中监视 [50]。这是一个新兴领域，由于 UAS 的使用模式不断发展，因此尚不确定的是，这些法律如何证明其有效。有两个要点需要引起关注：（1）目前有一套实质性的隐私法规，必须在 UAS 的情境中对其加以审查和解释；（2）正在为专门处理 UAS 问题而制定的法规本质上是多种多样的，通常会实施不同的隐私标准。也就是说，并非所有法规都以相同的方式定义侵入或 UAS 监视，或者对相同的地方应用相同的隐私保护。

2. 受 UAS 使用影响的隐私方面

在民用空域，使用 UAS 对隐私影响的主要方面，是最初的人员信息收集。由于低成本 UAS 的引入，再加上高保真摄像技术的小型化和巨大的存储容量，导致政府机构和个人都可以进行无处不在的监视，因而空中监视的性质也已经发生了根本性的变化。UAS 能够在不同的高度运行，也能在非常靠近人的地方运行。许多 UAS 应用，包括商业和娱乐的，都涉及成像设备比如摄像头，拥有成像设备才能够捕获全部飞越区域的图像或信息。在公共论坛上甚至私人财产上空使用这些 UAS，会对社会当前对隐私的期望提出许多挑战，更不用说对隐私的其他方面，如对个人图像和数据的存储和使用提出了挑战。

人员控制是隐私的核心原则之一。之前，隐私被定义为“个人、团体或机构对自己确定何时、如何以及在何种程度上将信息传达给他人的要求”[446]。然而，如果必须要获得配备摄像头的飞行器所飞越航路上的每个人的许可，那么这种确定隐私的方法会证明对 UAS 的未来应用带来了限制。此外，公共场所中对隐私的期望也不一定就容易界定。

类似地，保密的概念经常用于定义隐私限制。按照这一认识，如果之前隐藏的信息变成已知或成为公共领域的一部分，那么就认为一个人的隐私受到了侵犯。不幸的是，许多国家目前拥有的判例法或先例都指出：通过民用空域飞越获得的任何信息已经处于公共领域。也就是说，通过有人驾驶飞行器飞越所获得的信息可以进行分发，但并不侵犯个人隐私。因此，如果一个人通过飞越的方式向公众展示他们的活动，则他们无权享有隐私权。这是一个明显令人担忧的定义，因为 UAS 具有长时间监视的能力，而又不会让公众知道它们的存在。常规驾驶飞行器就无法做到长时间监视和不为人所知这两件事情。

个人自主权意味着人们能够做出免受政府或私人参与者干涉或控制的决策。有人指出：“对人类行为的监视是为了及时控制人类行为，无论是通过限制对项目或机构的访问，监测和影响这些领域内的行为，还是通过观察并记录符合和偏离常规的行为来执行规则和规范。”[181]。很显然，普遍存在的 UAS 监视可能对个人自主权造成潜在风险。这里核心的认知是监视的普遍性。目前，在公开场合，普通人在任何给定时间都会受到多种来源的监视。然而，交通摄像头、手机摄像头、商店和银行的监视器，以及来自新闻摄像机的飞越，通常是位置特定的并且持续时间有限。尽管可以使用来自公共机构、商业机构和个人等各种来源的摄像头，跟踪一个人在整个城市中的片段，但要集成这些片段并非易事，并且需要大量的资源和特定的访问权限。单个 UAS 对个人毫不引人注意的跟踪，将使任何一个公众成员能够获得这种访问能力。

匿名是一种“隐私状态”，“当个人处于公共场所或开展公共行为但仍然寻求并发现免于被识别和监视时发生”[446]。对城市景观或大型公共事件无处不在的监视，不会对匿名造成巨大威胁，因为必须有充分的解决方案才能够进行身份识别，同时需要必要的意图来寻找出特定的个人。这可以令我们想到手机摄像头的概念，即人们拍摄并在互联网上发布大型聚会的片段，然后将组群中的人识别出并众包给所有观看图像的人，这些人挑出他们认识的人。然而，政府机构、商业实体或个人利用 UAS 进行的针对特定个人的监视，例如通过使用面部识别技术或以手机为目标的 GPS 定位，将会大大降低或消除公共场合中个人的匿名性。

3. 数据使用和保留

另一类隐私风险涉及 UAS 在民用空域所收集的数据的使用。在很长一段时间内收集、处理和分析大量的数据，然后对这些数据进行操作、存储，这样可能会对隐私产生直接的影响，而这些可能不容易从任何单一数据的收集中发现。

根据聚合隐私理论，假设：尽管收集有关某人的少量数据可能不会侵犯他的隐私利益，但是收集关于他的大量信息可能会升级到法律上隐私侵犯的程度 [223]。这种广泛的信息收集可能是对单一来源进行持续监视的结果，或者可能是由于多种监视手段或数据收集被聚合在一起，以发现此前不容易表现出的行为模式。因此，虽然每个单独数据的收集可能不侵犯个人隐私（或暗示秘密、匿名性或自主权的隐私利益），但数据的聚合会导致侵犯隐私。此外，UAS 潜在的泛在性，将极大地改变随时间可获得的个人信息量，尤其当与个人信息（如公益事业、银行、电话或保险记录）的其他来源相结合时。因此，在由单个或多个 UAS（持续或其他类）监视的情境下，数据聚合的问题对当前的隐私期望直接提出了挑战。

随着个人与政府机构和商业公司分享的信息越来越多，确定适当使用所收集数据的标准变得至关重要。针对特定情境获得授权和收集的数据，随后可能会以未授权的方式被使用，这种方式是侵犯个人隐私的。许多国家 / 地区都有“数据隐私法案”，该法案要求联邦机构维护个人记录数据库，告知每个人收集个人信息以及打算使用这些信息的主要目的或意图 [223]。在 UAS 通过潜在的长期监视进行数据收集的情境中，需要对当前数据收集和隐私框架的应用进行审查。此外，还必须认真考虑这些信息的披露，因为以前搜索大量数据的能力处于政府机构或大公司的能力范围内，但现在私人也可以办到。一个潜在的解决方案是：不对数据的收集方式进行监管，而是限制数据的使用方式。这样，UAS 的部署就不一定会受到限制，但是必须在任何时候对聚合信息进行严格的数据管理并确立保护方案。

由于数据存储成本的降低，无限期地存储和保留大量个人信息数据库的能力几乎变得无限大。这一数据保留问题已经成为推动欧洲“被遗忘权利法”的因素之一，该法的一项条款规定：“保留的数据不能超过数据收集目的所必需的数量” [117]。保留 UAS 所采集的数据对隐私的影响，将取决于是否可以通过这些数据识别出特定的个人。无限期保留那些包含个人身份识别的信息并随后可基于此类个人信息进行定位的数据，就匿名性和自主权的概念看，会明显影响个人隐私。

4. 公共使用 UAS 的隐私影响

目前，政府使用 UAS 执行多种任务。除了军事用途以及情报机构使用，它的主要用途包括海关和边境巡逻、移民和海关执法、执法（包括禁毒执法）、搜救和逃犯逮捕。国土部门也使用 UAS，用于地质调查、生态和牧群监测。由政府机构运营的 UAS，极有可能会受到所有关乎保护国家公民隐私的法律限制。所有通过公共（政府所有并运营）UAS 积累的信息，必须按照宪法、刑法、民法和国土普通法以及所有其他适用的法规和政策进行收集、使用、保留和传播。此外，公共使用 UAS 收集信息必须遵守问责制和透明度流程。

由于当前 UAS 的增强型信息收集系统超过了以前可收集的数据的性质和数量，因此必须制定新的法规，以确保不会妨害公众以前所享有的隐私期望。而且，必须对政府机构（如执法机构或税收机构）依据 UAS 平台所收集数据而采取的行动进行认真审计。应该建立公众核查程序，以确保滥用 UAS 或从中收集的数据无法得出结果。

5. 商业或私人使用 UAS 的隐私影响

同样，需要开发一个框架，该框架将涵盖商业和私人使用 UAS 的隐私、问责制和透明度等问题。必须认真关注的是：使用安装在小型无人驾驶监视飞行器上的监视摄像头时，对可识别个人身份的图像的收集，即使是无意中收集到的，也将受到 UAS 运行所在国的数据保护法的约束。数据保护法包含有关收集、存储和使用此类图像的要求，该要求也适用于私人公民。如果没有该法，那么可能存在本地化的要求，对合法使用和共享所捕获的针对私有财产的图像或未经所有者许可的图像提出要求。

商用或私人 UAS 的扩散也可能产生法律方面的影响，从而使得政府的监视变得更加普遍。例如，云服务器是商业（或私人）UAS 所捕获信息的存储设备，但是尚不清楚访问云服务器的正当法律程序的标准是什么。也就是说，人们普遍认为政府不应该强迫私人实体移交大量非特定的第三方数据。而且，通过个人位置跟踪生成的信息对广告商和数据经纪人来说可能是有价值的。商业数据收集者可能很快就能够连续跟踪公共场所中个人的移动，就像他们现在跟踪在线活动一样。必须制定对私人 UAS 使用的法规，并承认 UAS 不仅可能产生新型犯罪，而且会使其他犯罪变得更加容易实施。使用 UAS，使得诸如跟踪、骚扰、勒索和侵犯隐私等罪行可以变得更加容易、秘密和隐蔽。

6.5 监管需求与最新技术之间的差距

很显然，UAS 安全地集成到民用空域还存在着重大障碍。在不降低空域系统总体安全性、获允在民用空域中运行之前，为了确保 UAS 的适航性，一个明确的问题是需要制定哪些标准（如果有的话）。而且，UAS 的运营模式与当前飞行器在空域系统中的运营模式非常不一样。需要运营法规来维护组织结构的安全标准，如安全管理系统、事故和意外报告、培训和设施或基础设施维护等组织机构。由于目前正在设计的大部分法规都是以自组织或零碎化的方式进行的，因此跨国界的监管协调将会是一项挑战。除了安全问题之外，安防和隐私等概念还将决定管理将 UAS 集成到民用空域系统的政策和法规。

这些障碍本质上是社会技术性的。也就是说，它们在社会监管的本质上具有强烈的技术成分。民用空域 UAS 的适航标准，会显著受到这些飞行器侦测和回避其他常规驾驶飞行器能力的影响。在链路安全性（以及机密性或隐私性）方面，特别是在“失去链路”协议和行为方面，飞行器平台和 UAS 地面站之间 C2 链路的质量，会直接影响飞行器的安全。无论是通过雷达或 ADS-B 等常规方式，还是通过操作手段，UAS 在民用空域系统运行时，在任何时候都能对 UAS 飞行器平台进行准确而精确的定位，这意味着 UAS 能够进入更高的交通空域，如 A 类或 B 类。需要协调的或合作的网络解决方案以及基础设施的互操作，可以将 UAS 转换到不同的空域部分以及国际边界。

下面，我们将重点关注联网 UAS 定位的特定技术问题，即为了在给定区域内保持完整的网络或 C2 覆盖，对多个 UAS 同时进行定位。

6.6 技术挑战

本节首先介绍极其异构的无人机世界。无人机在目的、功能和技术能力等方面的异构性，使得将无人机集成到国家空域变得更加具有挑战性。如表 6-1 所示，位于谱系两端的两型无人机 RQ-4“全球鹰”和“纳米蜂鸟”完全不同。它们的翼展从 131 英尺到 6.3 英寸不等，重量从 32 250 磅到 0.67 盎司不等，飞行时间从 28h 到 11min 不等。因此，无人机所带来的技术挑战和研究挑战是完全不同的，而且在这样的多样化环境中，适合所有无人机类型的通用方法也不可能有效。下面，我们将会先列出无人机研究领域的一些挑战，然后对其中的两种研究挑战进行更详细地讨论。

表 6-1 无人机的广阔世界

无人机名称	**RQ-4“全球鹰”**	**MQ-9“死神”**	**MQ-1“捕食者”**	**MQ-8“火力侦察兵”**
制造商	诺•格	通用原子	通用原子	诺•格
翼展	131 英尺	66 英尺	55 英尺	28 英尺
总重	32 250 磅	10 500 磅	2 250 磅	3 150 磅
飞行时间	28h	24h	24h 以上	6h 以上
航程	12 300 海里	1 000 海里	675 海里	110 海里
通信距离	—	—	—	—
主要用户	武装部队	武装部队	武装部队	武装部队
主要用途	监视	监视和作战	监视和作战	态势感知

（续）

无人机名称	**RQ-7“影子”**	**精灵 2 Vision+**	**U818A**	**“纳米蜂鸟”**
制造商	AAI	大疆	UDI	航空环境
翼展	14 英尺	18 英寸	16 英寸	6.3 英寸
总重	375 磅	10.8 磅	3 磅	0.67 盎司
飞行时间	6h	25min	10min	11min
航程	31 英里	700m	30m	—
通信距离	—	—	—	—
主要用户	武装部队	业余和专业摄影师	飞行爱好者，业余摄影师	研究与开发人员
主要用途	侦察	航拍	休闲飞行、航拍	精确飞行的原型机

6.6.1 研究问题

1）在体积固定的空间（球形或立方体）中，一组同构无人机运行的安全密度是多少？第一步分析可以在二维平面上进行。

2）在体积固定的空间（球形或立方体）中，一组异构无人机运行的安全密度是多少？第一步分析可以在二维平面上进行。

3）在已知航迹（可预测的航路）上飞行的无人机，无人机所组成的网络始终保持连通所需的最小传输距离是多少？

4）在已知航迹（可预测的航路）上飞行的无人机，即使由于某些自然原因或目标攻击所致的恶意干扰或故障而变得无效，但在一个特定的子区域（或子空间或空间上相关的区域）内的所有无人机，仍能保持其所组成的网络始终保持连通所需的最小传输距离是多少？

5）在已知航迹（可预测的航路）上飞行的无人机，即使由于恶意干扰或其他某些事件，使得位于一个特定的子区域内的所有无人机无效，这些无人机所组成的网络仍能保持连通所需的最小传输距离是多少？

6）在未知航迹（不可预测的航路）上飞行的无人机，在体积固定的空间（球形或立方体）中，无人机所组成的网络仍能保持连通所需的最小传输距离是多少？

7）如果无人机网络有时必须以断开模式运行（如果保持网络始终连通所需的最小传输距离大于无人机机载发射器的传输距离），那么什么类型的协议将确保数据可以在尽可能早的时间内从源传输到目的地？

8）如果使用一组无人机来监测一组可疑的移动目标，这些目标看起来以预设航迹运动，那么在移动目标的整个飞行期间，若能够实现对每个可疑移动目标的监测，所需无人机的最少数量是多少？注意，只有当移动目标处于无人机的“感知范围”内时，无人机才能对该可疑的移动目标进行监测。

6.6.2 节和 6.6.3 节将更详细地讨论研究挑战 3 和挑战 8。

6.6.2 无人机保持与机载主干网始终连通的最小传输距离

机载网络（AN）是一种移动 ad hoc 网络，该网络利用一组异构物理链路来连接一组高度移动的机载平台。在机载网络中，无人机可以作为移动的机载平台发挥重要作用。目前，无论是在民用领域还是军事领域，机载网络都正处于建设中。在民用领域，谷歌和脸书都正在进行机载网络建设，用以将互联网服务带到世界更遥远的地方。在军事领域，几个国家的空军也正在进行机载网络的建设。移动节点网络的设计、开发、部署和管理，比静态节点网络复杂得多且更具有挑战性。这一点从**移动 Ad Hoc 网络**（MANET）技术的虚幻前景就可以看出。前几年，尽管开展了很多研究工作，但依然未能获得成熟的解决方案 [74,114]。MANET 环境下所面对的一个主要挑战是：移动节点不可预测的移动模式及其对网络的结构和动态性的影响。对于机载网络，能够对移动的机载网络平台的移动模式进行相当大程度的控制。设计人员可以指定控制参数，例如**机载网络平台**（Airborne Networking Platform, ANP）的位置、飞行路径和速度，从而使机载网络具备所需的功能。即使网络节点高度移动，这种控制方式也能够为设计人员开发拓扑稳定的网络提供机会。

在网络研究领域，人们越来越多地认识到，可能难以借助完全移动且缺乏基础设施的网络，获得机载网络连续（无中断）运行所需的可靠性水平 [298]。为了增强机载网络的可靠性和可扩展性，Milner 等人在参考文献 [298] 中建议用 ANP 组成主干网络。为了满足机载网络的可靠性和可扩展性要求，我们提出了一种机载网络的架构，即用一组 ANP 组成机载网络的主干。可将这组 ANP 看作是具有可预测且结构严谨飞行路径的移动基站，其客户可以是固定的或移动的。客户可以包括个人、飞行器、船舶、汽车或任何其他可能需要网络服务的实体。从可靠性的角度看，即使主干网络的拓扑结构随着 ANP 的移动发生变化，由移动 ANP 所组成的主干网络也必须要始终保持连通。

通过大幅增加 ANP 的传输距离，可以很容易实现网络连通，但是，传输距离越远也意味着功耗越大。为了将功耗降至最低从而延长网络寿命，一种方式就是以最小传输距离运行，从而确保主干网络在任何时候都保持连通。我们定义了**关键传输距离**（Critical Transmission Range, CTR）：确保由 ANP 运动组成的动态网络在任何时候都保持连通的最小传输距离。我们给出了一种当飞行路径已知时计算 CTR 的算法。作为该算法设计方案的一部分，我们开发了用于计算机载网络在任何时刻的动态拓扑的技术。

在我们所提出的机载网络架构中，主干网络（即 ANP）的节点被视为具有可预测且结构严谨飞行路径的移动基站，固定和移动的客户可以是任何个人、飞行器或船舶。该架构的示意图如图 6-2 所示。在该图中，无人机是形成机载网络基础设施的 ANP（尽管在图 6-2 中，只有无人机被示意为 ANP。但是，飞行器和卫星等其他实体也一样可以被视为 ANP）。我们假设 ANP 按照圆形路径飞行，ANP 的圆形飞行路径及其覆盖区域（以 ANP 为中心的阴影球体）如图 6-2 所示。粗虚线表示 ANP 之间的通信链路。该图还显示了三架正在通过所谓“空中走廊”空域执行任务的战斗机，该空域的网络覆盖由 ANP（1）～（5）提供。当战斗机沿其飞行轨迹移动时，它们穿过多个 ANP 的覆盖区域；当战斗机从一个 ANP 的覆盖区域移动到另一个 ANP 的覆盖区域时，网络链路实现从一个 ANP 到另一个 ANP 的平稳切换。在图 6.2 飞行路径上的 P1、P2、P3、P4、P5 和 P6 点，战斗机分别连接到 ANP（4）、ANP（2,4）、ANP（2,3,4）、ANP（3）、ANP（1,3）和 ANP（1）。

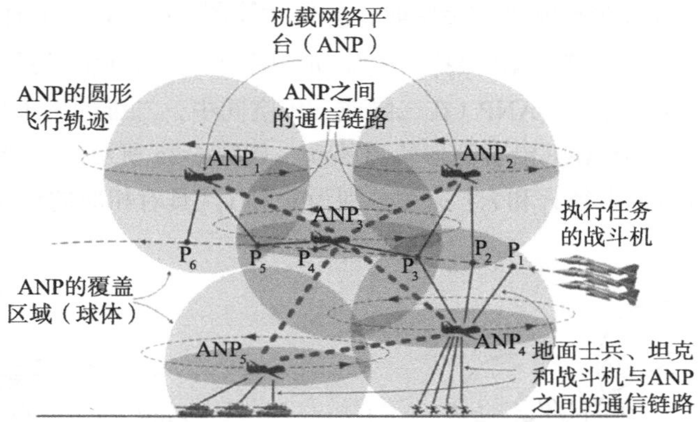

图 6-2 机载网络示意图（经 IEEE 许可由参考文献 [432] 重制）

我们做一个简化的假设，即：只要两个 ANP 之间的距离不超过指定的阈值（机载发射器的传输距离），两个 ANP 就可以互相通信。确实，两个机载平台之间的成功通信，不仅取决于它们之间的距离，还取决于各种其他因素，比如：（i）平台之间的视线[411]；（ii）由于湍流、云和散射引起的大气通道条件的变化；（iii）飞行器尾涡产生的倾斜角、机翼障碍物和死区[150]；（iv）多普勒效应。此外，链路的传输距离不是常数，受各种因素的影响，如传输功率、接收器灵敏度、高度和距离的散射损耗、传播距离内的路径损耗、湍流损耗和透射孔径尺寸等[150]。然而，由于在确定 ANP 之间是否可以进行通信时，ANP 间的距离是一个非常重要的参数，因此，我们认为这样的假设是合理的。一旦很好地理解了问题的基本难点，就可以将（i）–（iv）等因素集成到模型中，以获得更准确的解决方案。

为简化分析，我们再做两个假设。我们假设：（i）所有 ANP 飞行高度相同；（ii）ANP 按照圆形路径飞行。第一个假设允许我们将问题从三维空间降低到两维。然而，这两个假设都不是关键的，我们的分析技术可以很容易地将场景扩展到 ANP 不在同一高度飞行并且不遵循圆形飞行路径的情况。作为假设（i）的结果，我们可以将 n 个主干节点（ANP）看作二维平面上的动点。设 $(x_i(t), y_i(t))$ 为时刻 t 时节点 i 的坐标。飞行的 ANP 网络生成一个动态图 $G(t)=(V,E(t))$，其中 $V=\{1,2,\ldots,n\}$ 是由 ANP 索引的节点集，$E(t)$ 是在时刻 t 时的边缘集。如果两个节点的欧几里得距离 S_{ij} 小于时刻 t 时的传输距离 T_r，那么两个节点之间存在边缘，即 $E(t)=\{(i,j)\,|\,S_{ij}(t)<T_r\}$。可以注意到，动态图 $G(t)=(V,E(t))$ 完全由以下五个

控制参数定义：

1）二维平面（代表圆形飞行路径的中心）上的点集 $\{c_1,c_2,\ldots,c_n\}$；

2）代表圆形飞行路径半径的半径集 $\{r_1,r_2,\ldots,r_n\}$；

3）代表平台初始位置的点集 $\{p_1,p_2,\ldots,p_n\}$；

4）代表平台速度的速度集 $\{v_1,v_2,\ldots,v_n\}$；

5）机载平台上收发器的传输距离 T_r。

下文解释了当全部五个控制参数给定时，如何计算图 $G(t)=\left(V,E(t)\right)$ 的动态拓扑。我们还提供了一种技术，用于计算 ANP 保持所生成动态图始终连接所需的最小传输距离。

假设点 i 和 j 分别代表两个 ANP（在二维或三维空间中，二维的例子均对应着 ANP 在相同高度飞行的场景），两个 ANP 沿着圆形轨道移动。如图 6-3a 所示，两个圆形轨道的中心分别位于 c_i 和 c_j、具有轨道半径 r_i 和 r_j、速度分别为 v_i 和 v_j（具有相应的角速度 w_i 和 w_j）。

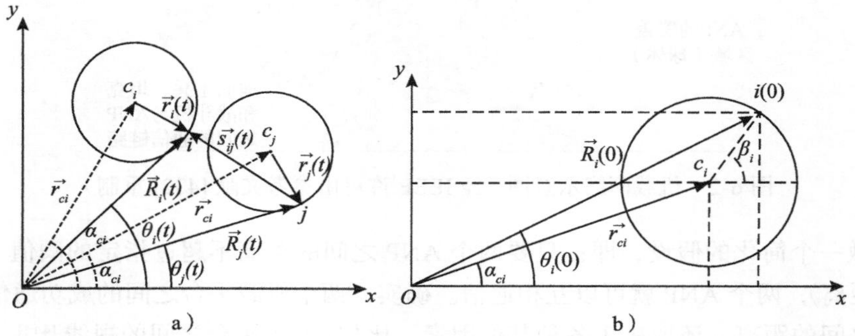

图6-3　a）点 i 的初始相位角 β_i。在时刻 0 时，点 i 显示为 $i(0)$　b）在时刻 t 时沿两个圆形轨道移动的两个点 i 和 j 的矢量分别表示为 $\left(\vec{R}_i(t)和\vec{R}_j(t)\right)$：$r_{ci}=15$，$r_{cj}=27$，$\angle c_iOx=\alpha_{ci}=\dfrac{\pi}{3}$，$\angle c_jOx=\alpha_{cj}=\dfrac{\pi}{6}$（右）(经 IEEE 许可由参考文献 [432] 重制)

移动节点 i 由从某个原点 O 指向的半径矢量 $\vec{R}_i(t)$ 表示，类似地，点 j 由 $\vec{R}_j(t)$ 表示。那么，在时刻 t 点 i–j 间的距离 $S_{ij}(t)$ 由下式给出：

$$s_{ij}^2=\left(\vec{R}_i(t)-\vec{R}_j(t)\right)^2=\vec{R}_i^2(t)+\vec{R}_j^2(t)-2\vec{R}_i(t)\cdot\vec{R}_j(t) \tag{6.1}$$

如前所述，我们已经假设：当且仅当两个 ANP 之间的欧几里得距离不超过通信阈值距离 T_r 时，ANP 之间才可能通信。这意味着节点 i 和 j 之间的链路是活跃（或活动）的：

$$s_{ij}(t)\leqslant T_r \tag{6.2}$$

在接下来的分析中，我们假设 ANP 在同一高度飞行，也就是说，将注意力集中在二维场景上。在二维情况下，可以将 ANP 视为二维平面上沿着两个圆形轨道移动的两个点，如图 6-3a 所示。在图 6-3a 中，将从原点 O 到两个轨道中心点 c_i 和 c_j 的矢量表示为 $\vec{r}_{ci}$ 和 $\vec{r}_{cj}$。两个中心点的笛卡尔坐标可以很容易地获得，$\vec{r}_{ci}=(r_{ci}\cos\alpha_{ci},\ r_{ci}\sin\alpha_{ci})$ 和 $\vec{r}_{cj}=(r_{cj}\cos\alpha_{cj},\ r_{cj}\sin\alpha_{cj})$。因此，$\vec{R}_i(t)$ 相对于原点 O 可以用极坐标表示为：$(R_i(t),\theta_i(t))$，$\vec{R}_j(t)$ 也类似。两个节点的初始位置 $\vec{R}_i(0)$ 和 $\vec{R}_j(0)$ 已给定。从图 6-3b 可以看出，节点 i 相对于轨道中心点 c_i 的相位角 β_i 可以如下面计算获得（通过在轴上进行投影）：

$$\tan\beta_i=\frac{R_i(0)\cos\theta_i(0)-r_{ci}\cos\alpha_{ci}}{R_i(0)\sin\theta_i(0)-r_{ci}\sin\alpha_{ci}} \tag{6.3}$$

由图 6-3a 可得：

$$\vec{R}_i(t)=\vec{r}_{ci}+\vec{r}_i(t) \tag{6.4}$$

这里，$\vec{r}_i(t)=(r_i\cos(\beta_i+\omega_i t),\ r_i\sin(\beta_i+\omega_i t))$（因为在时刻 t，由 i 产生的关于 c_i 的角度由 $(\beta_i+\omega_i t)$ 给出）。因此，$\vec{r}_i(t)$ 和 $\vec{r}_{ci}$ 之间的角度是 $(\beta_i-\alpha_{ci}+\omega_i t)$。所以：

$$R_i^2(t)=r_{ci}^2+r_i^2+2r_{ci}r_i\cos(\beta_i-\alpha_{ci}+\omega_i t) \tag{6.5}$$

现在，取 $\vec{R}_i(t)=\vec{r}_{ci}+\vec{r}_i(t)$ 分别在 x 轴和 y 轴上的投影，得到：

$$R_i(t)\cos\theta_i(t)=r_i\cos\alpha_{ci}+r_i\cos(\beta_i+\omega_i t) \tag{6.6}$$

$$R_i(t)\sin\theta_i(t)=r_i\sin\alpha_{ci}+r_i\sin(\beta_i+\omega_i t) \tag{6.7}$$

考虑到 $\cos(A-B)=\cos A\cos B+\sin A\sin B$，通过化简得到：

$$\begin{aligned}R_i(t)R_j(t)\cos(\theta_i(t)-\theta_j(t))=&r_{ci}r_{cj}\cos\alpha_{cicj}+r_ir_j\cos(\beta_{ij}+(\omega_i-\omega_j)t)+\\&r_{ci}r_j\cos(\alpha_{ci}-\beta_j-\omega_j t)+r_{cj}r_i\cos(\alpha_{cj}-\beta_i-\omega_i t)\end{aligned} \tag{6.8}$$

其中，$\alpha_{cij}=\alpha_{ci}-\alpha_{cj}$ 且 $\beta_{cij}=\beta_i-\beta_j$。将方程（6.1）与方程（6.5）和方程（6.8）组合，得到：

$$\begin{aligned}s_{ij}^2(t)=&r_{ci}^2+r_i^2+2r_{ci}r_i\cos(\beta_i-\alpha_{ci}+\omega_i t)+r_{cj}^2+r_j^2+2r_{cj}r_j\cos(\beta_j-\alpha_{cj}+\omega_j t)-\\&2r_{ci}r_{cj}\cos\alpha_{cicj}+r_ir_j\cos(\beta_{ij}+(\omega_i-\omega_j)t)+\\&r_{ci}r_j\cos(\alpha_{ci}-\beta_j-\omega_j t)+r_{cj}r_i\cos(\alpha_{cj}-\beta_i-\omega_i t)\end{aligned} \tag{6.9}$$

方程（6.9）的图例（利用 MATLAB 软件生成）如图 6-4a 所示，通信阈值距离 T_r=18。这意味着当节点 i 和节点 j 之间的最大距离为 18 时，它们的链路存在，否则链路不存在，如图 6-4b 所示。深灰色部分表示链接处于非*活动*（或死亡）状态的时间区间，浅灰色部分表示链接处于*活动*（或存活）状态的时间区间。

因此，使用等式（6.9）并将任意两个节点之间的距离与通信阈值 T_r 进行比较，可以确定所有链路的活动 / 非活动时刻。这可以表示为时间轴上的区间，如图 6-5 所示。通过绘制时间轴上每个链接活动 / 非活动时刻的端点的投影，可以找到时间轴上的区间内所有活动的链接。如图 6-5 所示，链路 1、2 和 3 在时间区间 1 中有效；链路 1 和 3 在时间区间 2 中有效；链路 1、2 和 3 在时间区间 3 中有效，依此类推。一旦知道了一个时间区间内的所有活动链接，我们就可以使用任何计算图形连通性的算法，确定图形在该时间区间内是否连通[141]。通过检查图形是否在所有时间区间内连接，我们可以确定当 ANP 以指定的速度移动时，图形是否在所有时刻都处于连通状态。

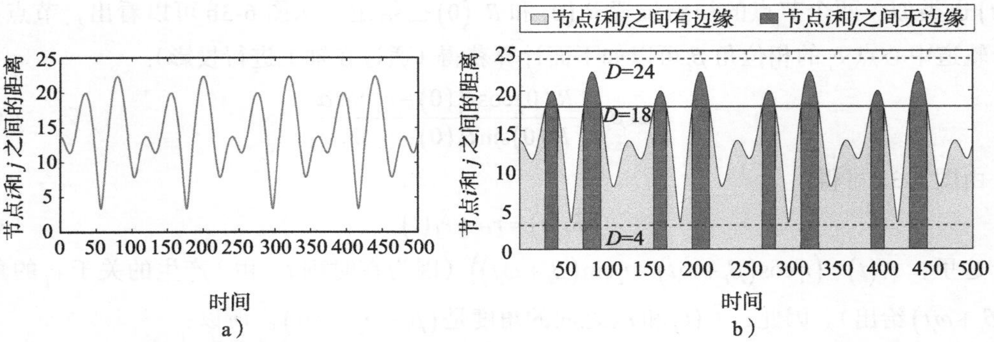

图 6-4　节点之间的距离对它们之间是否存在通信链路的影响　a）节点 i 和 j 之间的距离，为时间的函数　b）传输范围 T_r=18 时，节点 i 和 j 之间的链路的活动（浅灰色）/ 非活动（深灰色）时刻

我们注意到，基于等式（6.9），如果每对速度 ω_i 和 ω_j 是相称的，则 s_{ij} 是周期性的，即 ω_i / ω_j 是有理数[323]。因此，网络拓扑将周期性重复，这足以用于检查一段时间内网络连通性。

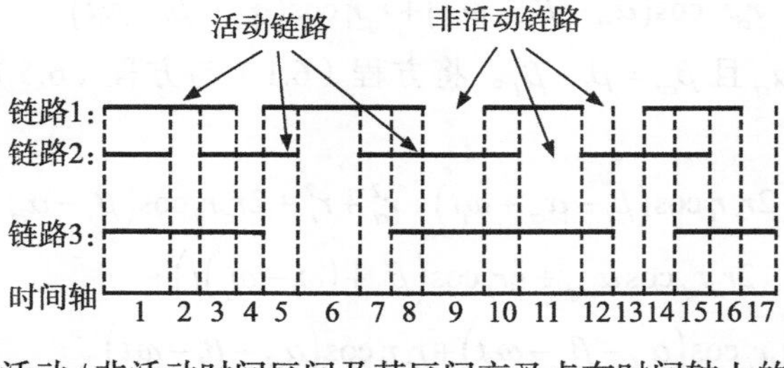

图 6-5　每个链接的活动 / 非活动时间区间及其区间交叉点在时间轴上的投影（经 IEEE 许可自参考文献 [432] 重制）

如果问题的参数（1）到参数（5）都已经确立，那么就可以按照下述两个步骤检查动态图是否在所有时刻都连通。第一步，将 $s_{ij}(t)$ 与 T_r 进行比较，找到链路状态发生变化的时间点，然后确定每对节点 i 和 j 之间的每条链路的寿命（活动 / 非活动区间）。令 $L(T_r)=\{e_1, e_2,\dots, e_l\}$ 表示当传输距离为 T_r 时，链路状态发生变化的事件 e_i 的集合，将 $L(T_r)$ 按事件发生时刻的递增顺序排序。因此，在时刻 t_i 和 t_{i+1} 发生的两个连续事件 e_i 和 e_{i+1} 之间，活动链路的集合不变。算法 1 显示了计算 $L(T_r)$ 的细节。第二步，使用参考文献 [115] 的连通性检查算法，检查所有 $0 \leqslant i \leqslant l-1$，每个区间 (t_i, t_{i+1}) 内的图形连通性，其中 t_0 表示

当前时间（即起始点）。在算法 2 中对步骤 2 进行了详细描述。

算法 1 链路寿命计算

输入：(i) 代表圆形飞行路径中心上的点集 $\{c_1,c_2,\ldots,c_n\}$；(ii) 代表圆形飞行路径半径的半径集 $\{r_1,r_2,\ldots,r_n\}$；(iii) 代表平台初始位置的点集 $\{p_1,p_2,\ldots,p_n\}$；(iv) 代表平台速度的速度集 $\{v_1,v_2,\ldots,v_n\}$。

输出：$L(T_r)$：一个链接从活动状态变为非活动状态或从非活动状态变为活动状态的事件的有序集合。

1）$L(T_r)\leftarrow\phi$；

2）**对于所有** i，j 对，**执行**；

3）为了找到链路（i，j）状态改变的时刻 t 的实例，计算 l 为时刻点 t 的集合，在一段时间内有 $s_{ij}(t)=T_r$（等式 6.9）；（如果 $s_{ij}(t)=T_r$ 且 $s_{ij}(t)$ 在 t 时刻增加，则意味着链路在 t 时刻处于死亡状态；如果 $s_{ij}(t)$ 在 t 时刻减小，则意味着链路在 t 时刻变为活动状态。）

4）**对于所有** $l_k\in l$，**执行**；

5）使用二分搜索法，在 $L(T_r)$ 中找到 l_k 的位置，并将事件添加到 $L(T_r)$ 中；（$L(T_r)$ 按递增顺序排序。）

6）**结束循环**；

7）**结束循环**。

算法 2 检查机载网络的连通性

输入：$L(T_r)$。

输出：如果图形始终连通，则为"真"；否则为"假"。

1）**对于所有** $l_k\in l(T_r)$，**执行**；

2）在区间 $(l_i,\ l_{i+1})$ 内，检查机载网络图是否与活动链路的集合相连通；（可以用参考文献 [115] 中的连通性测试算法来完成。）

3）**如果**机载网络图与活动链路集不连通，则**返回**"假"；

4）**结束循环**；

5）**返回**"真"。

设 n 为**机载网络平台**（ANP）的数量。算法 1 的第一个循环执行 $O(n^2)$ 次。内循环的迭代次数取决于 $s_{ij}(t)=T_r$ 的解的数量。对于 ANP 以相同速度移动的情况，即 $\omega_i=\omega_j=\omega$，显然等式（6.9）是周期性的，并且一个周期性区间的长度是 $2\pi/\omega$。因此，在一个周期 $(t_0,\ t_0+2\pi/\omega)$ 内执行算法 1 就足够了。在这种情况下，等式（6.9）可写为 $A\cos(\omega t)+B\sin(\omega t)=\sqrt{A^2+B^2}\sin(\phi+\omega t)$，其中 A、B 和 ϕ 是常数，这可以很容易地从等式（6.9）中获得。此时，等式 $s_{ij}(t)=T_r$ 最多可以有两个解，并且这些解可以在常量时间中找到。因此，

对于每个链路，在一定时间段内，时间轴最多被分成三段，区间集的大小 $|L(T_r)|$ 是 $O(n^2)$，且二进制搜索的时间复杂度为 $O(\log n^2)$。所以，算法 1 的总时间复杂度为 $O(n^2 \log n)$。即使 ANP 的速度不同，如果每对速度 ω_i 和 ω_j 是相称的，则 s_{ij} 保持周期性，即 ω_i / ω_j 是有理数 [323]。在此种情况下，我们还需要仅仅在一个周期内对 $s_{ij}(t)=T_r$ 进行求解。否则等式（6.9）就不是周期性的。我们需要考虑 t_0 和结束时间 t_f 之间的一段时间，并找到该段时间内的解。为简单起见，我们假设 ANP 以相同的速度移动。参考文献 [115] 中的连通性测试算法的运行时间为 $O(n^2)$。另外，由于 $|L(T_r)|=O(n^2)$，算法 2 的时间复杂度为 $O(n^4)$。

由于我们希望确定 *CTR*，因此可以用以下方式表述问题；给定控制参数 1、2、3 和 4，若使图形在任何时刻都连通，则 ANP 的最小传输距离是多少？

之前我们已经解释了，在所有五个参数已经给定时，我们是如何检查网络的连通性的。ANP 的最大传输范围 $T_{r\max}$ 是预先知道的。为了计算 *CTR*，可以在距离 0 ～ $T_{r\max}$ 内进行二进制搜索。而且，当所有其他问题参数都已经指定时，在整个运行时间内，我们可以确定使机载网络连通的最小传输距离是多少。二进制搜索添加了 $\log T_{r\max}$ 的系数，增加了算法 1 和 2 的复杂度。

6.6.3　时刻对全部移动嫌疑目标保持监视所需无人机的最小数量

鉴于目标跟踪在军事和民用环境中的重要性以及无人机在目标跟踪中广泛使用，人们已经针对使用无人机和移动传感器对目标进行跟踪的问题，开展了大量研究 [468], [465], [448], [318], [457], [469]。同时，人们还对使用传感器网络的目标跟踪问题进行了大量研究。然而，在大多数研究中，传感器节点（跟踪器）都是静态的，因此不存在跟踪器的路径规划问题。在参考文献 [311] 中对这些研究进行了调查。通常，使用移动跟踪器的目标跟踪问题具有两个要素：(*i*) 使用传感器数据估算目标位置；(*ii*) 跟踪器（传感器）的移动性管理。大多数使用移动传感器进行目标跟踪的研究，都聚焦在使用给定的一组无人机（移动传感器）时，探测移动目标的质量如何。在这些研究中，用一个或多个移动跟踪器跟踪单个或多个目标。在参考文献 [14] 中研究了使用多个无人机的多目标跟踪，开发了一种分散化的方法，用于目标位置估算和无人机移动性管理。尽管人们已经针对目标跟踪问题进行了广泛的研究，但只有少数研究是采用最佳移动跟踪器数量，来解决移动目标的连续时间跟踪问题。

本节，我们将讨论有多个轨迹事先已知的移动目标的场景。因此，目标位置的估算和预测在这里不是主题，而且，目标跟踪问题的关注点，在于找到具有速度界限的无人机的最小数量及其轨迹，这样整个观测期间至少有一架无人机对每个目标进行跟踪（覆盖）。尽管完全了解目标轨迹的假设可能使问题变得非常简单（如果不是微不足道的话），但可以证明的是，即使有了该假设，用于移动目标连续覆盖的跟踪器的最小数量及其轨迹的计算问题依然非常困难，这是 NP 完全问题（译者注：即多项式复杂程度的非确定性问题，是世界七大数学难题之一）。

目标跟踪问题（Target tracking problem, TTP）：TTP 的目标，是使整个观测期间跟踪所有目标所需的跟踪器的总数量最小。图 6-6 描绘了一个跟踪三个目标的例子。在时刻 0 ～ 5 处给出了三个目标（正方形）在其轨迹（曲线）上的位置。虚曲线表示跟踪器的轨迹，以跟踪器位置为中心的圆代表不同时刻跟踪器的感知区域。

目标跟踪问题，可以通过使用网络流量技术和整数线性编程来解决。我们首先将时间离散为长度为 δ 的相等的时间区间。考虑包含 n 个目标的集合 $\mathcal{A}=\{a_0,\ldots,a_{n-1}\}$，这 n 个目标在二维空间、时刻 $0,\ldots,T$ 上移动[⊖]。令 $P(a_i,t)=(x(a_i,t),y(a_i,t))$ 为时刻 t 时目标 a_i 的位置，其中 $x(a_i,t)$ 和 $y(a_i,t)$ 表示时刻 t 时 a_i 的 x 坐标和 y 坐标。假设：如果目标与跟踪器之间的距离小于感知半径 r，那么目标被跟踪器 b_j 覆盖。用 $|p_1\sim p_2|$ 表示二维空间中两个点 p_1 和 p_2 之间的距离。

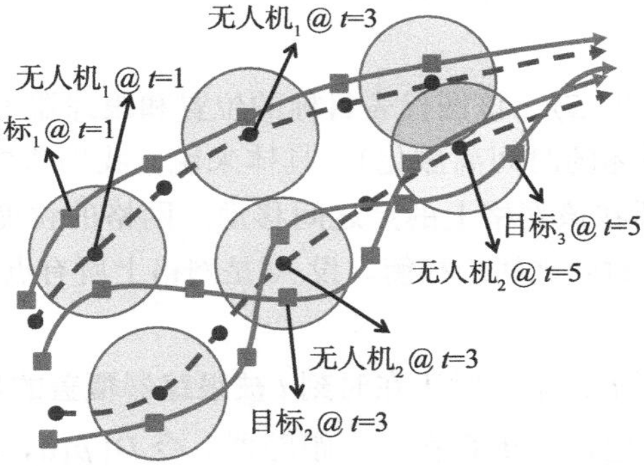

图 6-6　用于跟踪全部三个目标的跟踪器及其轨迹（经 Springer 许可自参考文献 [433] 重制）

在**目标跟踪问题**（TTP）中，我们的目标是找到一个最小的跟踪器集合 $\mathcal{B}$，即：

1）覆盖范围——对于任何目标 a_i，在任何时刻 t，存在跟踪器 bj $\in\mathcal{B}$，其在时刻 t 时的位置由 $p(b_j,t)$ 表示，该跟踪器与 $p(a_i,t)$ 的距离不大于 r，即 $|p(a_i,t)\sim p(b_j,t)|\leqslant r$。

2）移动性——对于任何具有指定速度 d 和任何时隙 $t\geqslant1$ 的跟踪器，$|p(b_j,t-1)\sim p(b_j,t)|\leqslant d$。

可以证明，目标跟踪问题在计算上很难，这是 NP 完全问题。考虑 TTP 的特殊情况，此时目标仅在一个时刻 $t=T=0$ 时被覆盖。TTP 的这种特殊情况，等同于几何圆盘覆盖问题[172]。几何圆盘覆盖问题的目标，是找到二维平面上可以覆盖一个点集的（规定半径的）圆盘的最小数量。也就是说，给定平面上的点，识别能够覆盖所有点的、尺寸最小的（规定半径的）圆盘集。

⊖ 为简短起见，我们给出了两个维度的公式。更高维度的扩展很简单，在 6.6.3 节中讨论。

解决方案技术：为了解决 TTP，我们首先利用流量网络以及对空间进行离散化对其进行建模。接下来，通过计算（修改版本的）定向图 $G=<V, E>$ 上的最小流量，来找到问题的解决方案。然后，将流量分成路径，其中每条路径代表一个跟踪器的移动。在解释图形构造之前，我们给出了经典最小流量问题的定义 [158]。

最小流量问题：给定一个容量网络 $G=<V, E>$，该网络具有非负容量 $c(i, j)$ 且具有与每个边缘 (i, j) 和两个特殊节点相关联的非负下届 $l(i, j)$，两个特殊节点是源节点 S 和汇聚节点 D，流量被定义为满足下述条件的函数 $f: E \rightarrow \mathbb{R}^+$：

$$\sum_{j\in V} f(i, j) - \sum_{j\in V} f(j, i) = \begin{cases} F, & i=S \\ 0, & i \neq S, D \\ -F, & i=D \end{cases}$$

$$l(i, j) \leqslant f(i, j) \leqslant c(i, j)$$

对于某些 $F \geqslant 0$，其中 F 是流量 f 的值。最小流量问题，就是要确定 F 最小化时的流量 f。

TTP 的图形构造

我们构造定向图 $G=\langle V, E\rangle$，该图代表目标的位置和跟踪器可能的运动。这种构造涉及空间离散化（除了前面描述的时间离散化）。具体来说，我们考虑在二维（或三维）空间上的网格，同时限制跟踪器在该网格上的点之间移动。网格的粒度用 ε 表示，粒度代表我们在解决方案的精度和运行时间之间的权衡。设 $\mathcal{N}$ 是网格上所有点的集合，即对于二维空间，$\mathcal{N}=\{i\cdot\varepsilon, j\cdot\varepsilon \mid i, \mathrm{j}\in\mathbb{Z}\}$。

我们注意到，基于覆盖约束，对于在时刻 t 被跟踪器覆盖的目标 a_i，在以 $p(a_i, t)$ 为中心、半径为 r 的圆盘中，应该至少存在一个跟踪器。令 $D(p(a_i, t), r)$ 表示该圆盘。那么，跟踪器应位于 $\mathcal{N} \cap D(p(a_i, t), r)$ 中的一个点。对于每一个这样的潜在位置，在任何给定时间，我们向图形增加一个顶点，该顶点用〈位置，目标id，时隙〉三元组表示，其中位置对应于网格上点的坐标（也就是说，对于许多目标和 / 或时隙，相同的位置可以多次增加）。图 6-7a 描绘了一个圆盘 $D(p(a_i, t), r)$。圆圈显示 $\mathcal{N} \cap D(p(a_i, t), r)$，方块表示圆盘的中心。

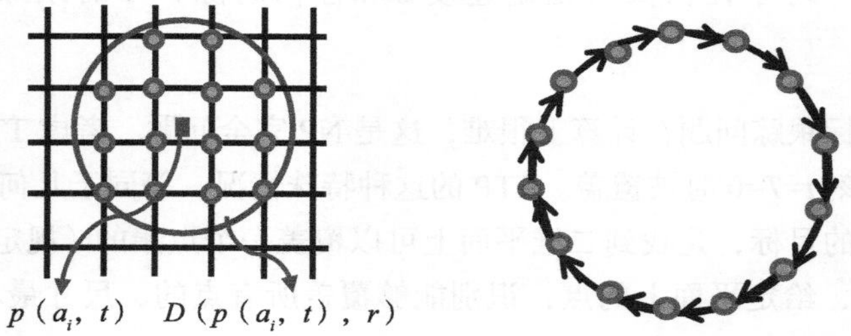

a）　　b）

图 6-7　a）时刻 t 以目标 a_i 的位置为中心的圆盘　b）对应 a）中所示圆盘中离散点的环（经 Springer 许可自参考文献 [433] 重制）

另外，我们增加一个超级源顶点 S 和一个超级汇聚顶点 D。此时顶点集为：

$$V=\{S,\ D\}\cup\bigcup_{t=0}^{T}\bigcup_{i=0}^{n-1}\langle\ \mathcal{N}\cap D\big(p(a_i,\ t),\ r\big),a_i,\ t\rangle$$

有四种类型的边缘：

1）目标内边缘：对于每个目标 a_i 和时段 t，我们构造了一个定向环，该环将所有顶点与目标 id a_i 和时刻 t（如图 6-7b 所示）连接。我们注意到环中节点的次序是任意的。

2）移动性边缘：$\{(\langle p,\ a_i,\ t\rangle,\langle p',\ a_i',\ t'\rangle)\,|\,i\neq i',|\,p'\sim p|\leqslant d\,|\,t'-t|\}$。注意，如果 $t'=t$，那么 $p'=p$。这些边缘具有容量 1 和需求 0。这些边缘的方向从具有较低时隙的节点指向具有较高时隙的节点，其中连接被节点的目标 id 断开。一个移动性边缘，表示在时间区间 $|t'-t|$ 期间跟踪器可以从位置 p' 移动到 p。

3）超级源边缘：所有顶点都连接到超级源 S，边缘容量为 1、需求为 0。这些边缘位于超级源内。

4）超级汇聚边缘：所有顶点都连接到超级汇聚 D，边缘容量为 1、需求为 0。这些边缘终止于超级汇聚内。

空间离散化需要付出代价，因为它排除了每个时段内踪器都不在网格点上的解决方案。由于 $\varepsilon<<d$（也就是说，网格的粒度比跟踪器的最大速度精细得多），所以这些差异可以忽略不计。

6.6.4 修改的最小流量问题

在图 6-8 中，我们用一条线（一维）上三个目标的例子进行阐释，用两个时隙的 X 坐标显示目标的位置。比例中，$r=2$、$\in=6$、d=1。图 6-9 描绘了图 $G=\langle V,\ E\rangle$。为清晰起见，没有显示 E 中的所有边缘。每个节点上的数字显示其在 X 维上的位置。此例中，我们注意到，当目标内边缘的 f 值为 1 时最小流量值为零，而且所有其他边缘均为零流量。

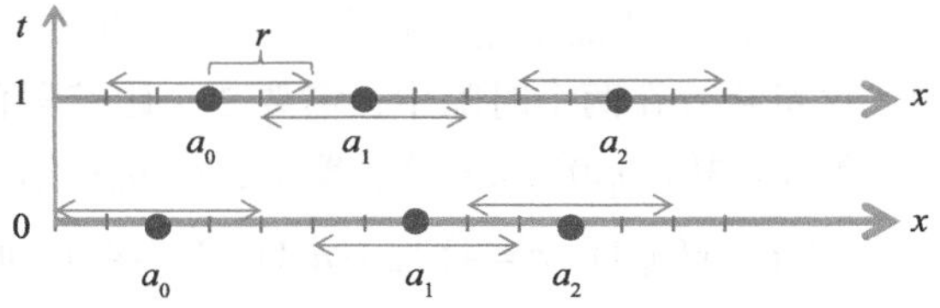

图 6-8　目标跟踪问题示例（经 Springer 许可自参考文献 [433] 重制）

更具体些，当没有从 S 开始的流量时，目标内边缘的所有下界约束均满足。因此，我们已经将最小流量问题进行了修改：如果流量从源节点 S 开始，那么在图 $G=\langle V,\ E\rangle$ 中，目标内边缘上的下界约束均满足。在这方面，我们增加额外的约束，以确保从 S 到 $V\setminus\{S,\ D\}$ 中的每个节点都有一条路径，使得路径边缘上的流量 f 为 1。令 g_u 为相对于节点 $u\in V\setminus\{S,\ D\}$ 而定义的流量函数。仔细观察我们的构造，该构造显示，如果在一个环中，

存在一条从 S 到环中节点的路径，那么存在一条到该环中的所有节点的路径。因此，对于 G 中的每个环，对应于时刻 t 的目标 a_i，我们选择任意节点 u（其形式为 $\langle p, t, a_i\rangle$），并将以下约束添加到最小流量问题中：

$$\sum_{j\in V} g_u(i, j)-\sum_{j\in V} g_u(j, i)=\begin{cases}1, & i=S\\0, & i\neq S, D\\-1, & i=D\end{cases}$$

$$g_u(i, j)\leqslant f(i, j)$$

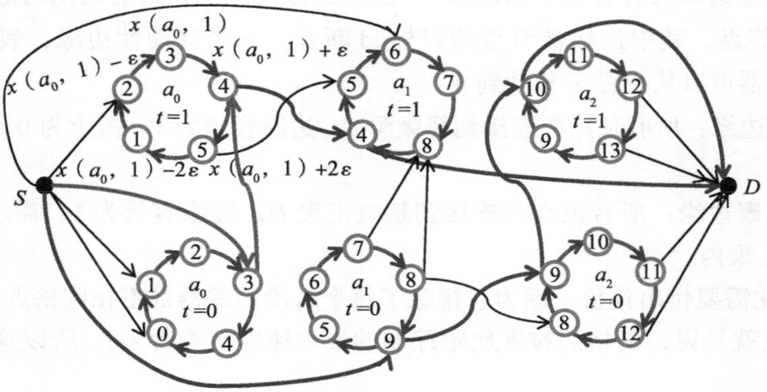

图 6-9　图 6-8 的例子修改后的最小流量解决方案（经 Springer 许可自参考文献 [433] 重制）

目标跟踪问题的解决方案

考虑到在每个时刻，只有目标位于在圆盘中以目标位置为中心的离散点时，跟踪器才覆盖目标，我们可以证明，在所有时刻，覆盖目标所需的最小跟踪器数量等于图 $G=\langle V, E\rangle$ 中修改的最小流量值，并且可以用修改的最小流量问题的解来计算跟踪器的轨迹。

在图 6-9 中，这些边缘是修改后的最小流量解决方案中具有流量 1 的边缘。可以看到，修改后的最小流量值为 2，这意味着在两个时隙中，需要 2 个跟踪器覆盖这三个目标。时刻 0 时，第一个跟踪器位于位置 $X=3\left(x(a_0,0)+\varepsilon=3\right)$、覆盖目标 a_0；第一个跟踪器在时刻 1 时移动到位置 $X=4$、覆盖 a_0 和 a_1 $\left(x(a_0,1)+\varepsilon=4\right)$ 且 $x(a_1,1)-2\varepsilon=4$ ）。时刻 0 时，第二个跟踪器位于位置 $X=9$、覆盖目标 a_1 和 a_2，其中 $x(a_1,0)+2\varepsilon=9$ 且 $x(a_2,0)-\varepsilon=9$；第二个跟踪器移动到 $X=10$ 时，$\left(x(a_2, t_1)-\varepsilon=10\right)$ 覆盖 a_2。

扩展到更高维度：在二维空间中，我们使用环内连接的 $O\left((r/\varepsilon)^2\right)$ 节点来表示目标周围的圆盘。为了将该解决方案扩展到三维，必须在所有三个维度中将空间离散化，同时使用 $O\left((r/\varepsilon)^3\right)$ 节点来表示目标周围的球，并将节点连接为环。同样，我们可以将模型扩展到更高的维度。

6.7 总结

本章回顾了当前适用于常规驾驶飞行器适航认证的监管框架，以及相应程序对监管UAS的潜在途径的影响。调查了全球UAS的监管情况，特别指出了其面向运营和基于风险的方法的趋势，着重指出了国际标准组织和面向行业的标准组织对新兴监管的影响。深入研究了UAS使用和监管背景环境下的隐私问题。最后，详细探讨了维护UAS网络和互联互通两个技术问题。随着UAS监管格局的不断发展，需要进一步开展工作。需要正式确定用于UAS通信、控制链路和协议的技术解决方案，以及与其一致的可接受的手段，这样才能真正发挥UAS的潜力。

6.8 致谢

作者（Natasha A. Neogi）感谢Kelly Hayhurst（NASA兰利研究中心）、Jeff Maddalon（NASA兰利研究中心）和Reece Clothier（墨尔本皇家理工大学）为这项研究工作在信息方面所提供的所有帮助和建议。她也非常感谢撰写本文时NASA兰利研究中心的支持。

CHAPTER 7

第7章 无人机网络中的安全、安防与隐私问题

Kamesh Namuduri，Damien Sauveron

7.1 引言

随着空域逐渐向无人机系统开放，预计其市场将在未来的20年里实现巨大增长。据推测，到2035年仅美国就将有多达25万架无人机活跃在空域中，提供各式各样的服务，这些无人机为商用企业、公共事业公司、州和联邦政府等拥有[321]。在有限的空域中引入如此庞大数量的无人机将会在安全、安防和隐私方面带来诸多挑战，而这是将无人机集成到空域以及设计实际应用场景所要考虑的三个关键维度。这三个因素之间并不是完全独立的，因为任意一个因素都会对其他两个产生影响。

人类的生命安全无疑是任何有人或无人驾驶飞行器所要考虑的最为重要的方面。安全问题的解决往往通过航空技术以及法律法规的进步而实现，它们将帮助避免空中和陆地上的潜在碰撞事故。影响与安全相关的决策因素包括价格、性能、有效载荷和动力需求等。在制定相关法律法规时，需要仔细考虑这些因素之间的权衡。例如，在联邦法规的约束下强制执行的防撞技术，选择技术种类时应当充分考虑其对飞行器性能的影响。

信息安防至关重要，因为向黑客透露重要的飞行信息可能会危及飞行器和地面人员的安全。因此，信息安防问题并不独立于安全问题而存在。例如，黑客能够伪造信息来冒充或欺骗一架飞机，在空中制造并不真实存在的幽灵飞机。为了保障安全和态势感知，需要采取适当的信息安防措施，来区分虚假消息和真实消息。类似地，如我们在机场体验到的一样，航空安防措施会对民众的隐私造成一定影响。尽管民众能够接受因为安防因素而牺牲一些舒适性，但是任何能够引起隐私问题的措施都应极力避免。

鉴于无人机逐步融入空域，围绕无人机使用的信息安防和隐私问题正在被重新研究。个人隐私和信息安防的法律定义都在被重新审视，以更好地理解它们之间的权衡关系。

尽管安全和隐私看上去是相互矛盾的两个方面，但仍有可能制定出可以同时加强这两方面的措施。这需要在包括航空领域专家、公民自由联盟和普通民众等利益攸关者内部进行大量的调研和交流。社会上相关意识的不断提高可以减轻人们对无人机问题的担忧。比如，在无人机部署于社区之前就提前通知相关民众，严格规定无人机所能携带的传感器的种类，为无人机所收集的信息建立透明化和严格审核的制度等都将有助于协调安全和隐私问题。

每一个国家都拥有自己的国家空域。以美国为例，由程序、政策、法规、基础设施、飞行器和相关人员等组成的**国家空域系统**（National Airspace System, NAS）构成了美国的国家空中运输体系[443]。尽管每个国家的具体法律法规不尽相同，但在无人机安全、安防和隐私的基本概念方面存在共识。因此，将无人机系统融入世界各国的空域，在所面临的安全、安防和隐私规则上有很多相通和相似之处。尽管三个因素都是必要的，但其相对重要性依应用环境会有所改变。

将无人机系统集成到空域中最重要的原则就是保障人类的生命安全。将无人机系统安全地融入美国国家空域系统，是美国国会为**联邦航空管理局**（FAA）设定的一个关键里程碑。安全集成的核心是防止飞行器在空中和地面上相撞。因此，非常有必要检验现在正在使用的和将来要使用的飞行器碰撞探测和规避技术，而这些技术是各种无人机的必备能力。从安全的角度评价无人机防撞技术优劣的指标包括可靠性、寿命和效率。

7.2 空中安全

本节将讨论旨在提高人员安全和飞行器态势感知的技术、标准和法规。其中一些技术是正在使用的，如**广播式自动相关监视**（Automatic Dependent Surveillance – Broadcast, ADS-B）[403]；一些是正在考虑中的，如 L- 波段数字航空通信系统（L-Band Digital Aeronautical Communications System, LDACS）[376]；其他的是为未来应用正在被提出的，如自组织网络[220,222]。本节讨论的目标是给出安全和态势感知相关技术的现状和趋势端倪。

7.2.1 广播式自动相关监视

ADS-B 允许**空中交通管制**（ATC）系统、其他飞行器和第三方人员跟踪附近的飞行器，提高飞行活动的安全性。对于**空中交通管理**（ATM）来说，相比雷达系统，基于卫星的 ADS-B 更为精确。使用 ADS-B 能够增强飞行器系统的态势感知能力和防撞能力。ADS-B 航电设备可使飞行器通过 ATC 在各种气象条件下飞行。所有在受管制空域中飞行的、统一使用 C 模式应答机的飞行器，都将于 2020 年之前配备 ADS-B。ADS-B Out（即发送）功能使用 GPS 技术确定飞行器的位置、空速和其他信息，并把这些信息广播给地面站网络，地面站网络将这些数据中继给空管显示器，以及附近装备 ADS-B 的飞行器，通过 ADS-B In（即接收）接收数据。FAA 仅强制飞行器系统拥有 ADS-B Out 功能，ADS-B In 功能是可选的，它能够向飞行人员实时提供气象和交通位置等信息。截至 2015 年 7 月，已有超过 13 000 架通用航空飞行器和 425 架商用飞行器配备了 ADS-B[160]。

截至 2015 年 2 月，FAA 已在全美安装了 634 个 ADS-B 地面站（如图 7-1 所示），完成了网络的基础部署工作 [160]。ADS-B 已经集成到了管制高空交通的 24 个 ATC 设施中的 22 个自动化平台上。ADS-B 交通和气象广播已在全美范围覆盖。

民用应答机可在 A、C 或 S 三种询问模式下使用。询问行为本身可能来自二次监视雷达或其他 ADS-B。FAA 有关 ADS-B Out 功能的要求，可以使用专用的 978MHz **通用访问收发器**（Universal Access Transceiver, UAT）或具有 GPS 导航功能的 1 090MHz S **模式超长电文**（Extended Squitter, ES）应答机来满足。1090ES 格式是国际通用的，而 UAT 格式由于只在美国内部获得认可而受到限制。

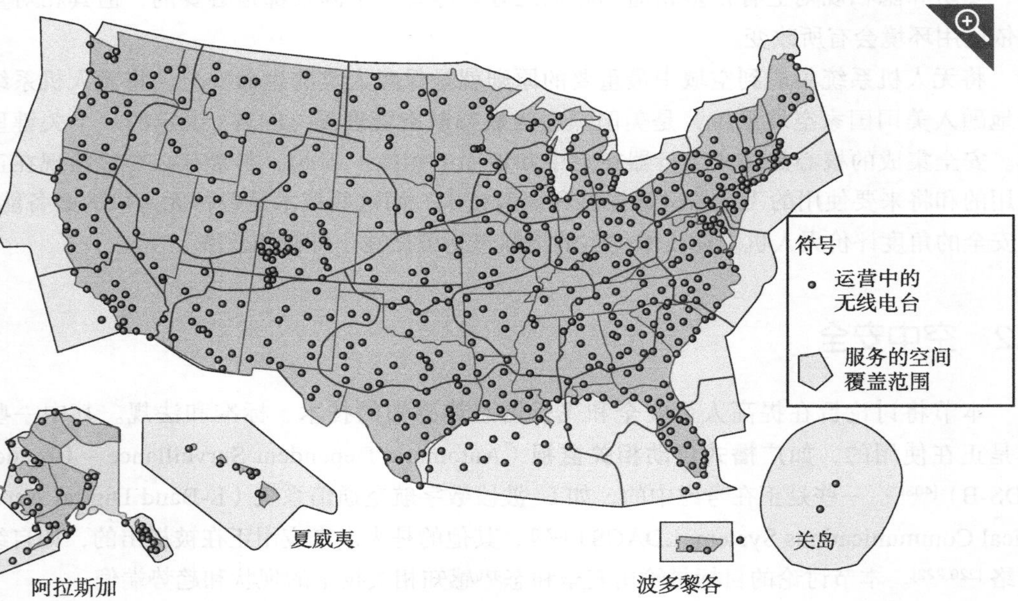

图 7-1　截至 2015 年 2 月，FAA 已在全美安装了 634 个 ADS-B 地面站，从而完成了网络的基础部署工作（图片由 FAA“NextGen”计划提供）

ADS-B 还通过 **X 模式机场地面探测系统**（Airport Surface Detection System-Model X, ASDE-X）在机场地面运营中发挥重要作用。ASDE-X 是一个使用雷达和卫星技术，让 ATC 系统跟踪飞行器和车辆在机场地面运动的地面监测系统。它通过使用来自 ADS-B 和其他传感器的数据，将任何潜在的跑道和滑行道碰撞危险向 ATC 系统报警。对小型无人机来说，配备 ADS-B 的成本可能过高。比如，当前可用的 ADS-B 收发器有思智泰克、L-3 航空和自由飞行等公司的产品，售价从 2 000 美元到 8 000 美元不等。诸如谷歌等其他公司正在研发适合无人机使用的轻量化、低成本的 ADS-B 收发器。

7.2.2 FLARM

FLARM 是一种较为便宜的飞行警告系统解决方案，用来警告驾驶员潜在的飞行器相撞事故。FLARM 使用带有外部天线的、内部 16 通道 GPS 接收器来接收位置和运动信息。安装 FLARM 系统能够提前估算飞行器的飞行路径，并将该信息以 1s 为间隔通过无线电设备发送给其他飞行器。在 FLARM 通信范围内的飞行器，若同样装有 FLARM 系统的，将收到该信息，并将之与自身估算的飞行路径进行比较。FLARM 还能够将自身的飞行轨迹与已知的输电线路、无线电天线和缆车等障碍物信息作对比。由于其经济可承受性较好，FLARM 正在被考虑用在小型无人机和滑翔机上。

7.2.3 滑翔机 ADS-B 与 FLARM 对比

2015 年，美国**联邦航空管理局**（FAA）发布了**“法规制订提案预告”**（Advanced Notice of Proposed Rule Making , ANPRM），就是否撤销滑翔机可以不使用应答机的规定，以及是否应当要求滑翔机遵守使用 ADS-B 设备的相关规定等议题向公众征求意见。这项通告旨在解决滑翔机空中碰撞事故的问题，例如 2006 年就发生了滑翔机和小型商用喷气飞机相撞的事故。FAA 在形成对联邦法规和空域规则的具体修改之前，通常都会发布类似的通告。诸如**美国滑翔协会**（Soaring Society of America, SSA）、**美国实验飞机协会**（Expermental Aircraft Association，EAA）和**航空器拥有者及驾驶员协会**（Aircraft Owners and Pilot Association, AOPA）等机构通常会让会员知晓此类议题。美国滑翔协会就针对该通知向 FAA 提交了正式的回复，并鼓励有在滑翔机上使用应答机经验的个人也提出建议 [258]。

在滑翔机上安装 ADS-B 系统的关键问题在于电力，由于电池使用时间有限，使用应答机将影响滑翔机上其他电子设备的使用。当前的技术尚且无法满足滑翔机在整个飞行过程中都能使用现有的应答机，这使得滑翔机无法满足 FAA 关于应答机的使用规定。King[258] 曾主张应答机或许并不是解决空中相撞问题的“灵丹妙药”。这一讨论引发了对小型无人机、滑翔机以及其他有人和无人驾驶飞行器的轻量化、低成本以及低功耗防撞技术的强烈需求。尽管形成一个“完美”的解决方案或许并不可能，但仍有必要研究防撞系统的最低操作要求以及互操作性。此外，还需要安全和可靠的通信与组网策略，以及在临近飞行器之间共享基本飞行信息的协议。

7.2.4 L 波段数字航空通信系统

L 波段数字航空通信系统（LDACS）预计将在未来几年内成为航空通信的潜在标准。作为一种高性能、高速率的数据链路，LDACS 可以支撑现代**空中交通管理**（ATM）的应用，目前正在研究的空中交通管理国际合作项目有 SESAR（Single European Sky ATM Research, **欧洲单一天空空中交通管理研究**）和美国的 NextGen。LDACS 有望拓展为面向下一代航空的综合通信、导航和监视解决方案，它同时包括空对地通信和空对空通信。LDACS 与卫星通信和陆基通信与组网技术的集成，将带来多链路的冗余航空网络。这样的异构和冗余航空网络，将增强飞行器之间以及飞行器与地面控制站之间的连通性，并最终提高飞行器的总体安全水平。由于 LDACS 允许进行直接的空对空通信，它将为未来的 ADS-B 技术提供支撑。LDACS 同样可以促进空中 ad hoc 网络的建立，网络中每个飞行器可以作为一个节点与邻居节点之间共享信息。

7.2.5 航空移动通信系统

航空移动通信系统（Aeronautical Mobile Aircraft Communication System, AeroMACS）基于 IEEE 802.16 WiMAX 移动通信标准，是空中交通行业选定用于支持机场地面通信的技术。在飞行器位于地面时，它同样可以支持其他航空应用。随着飞行器的着陆，它将与 AeroMACS 地面网络建立连接，从而与地面设施交换数据并使用相关的空中交通管理服务。AeroMACS 在航空 C 波段（5GHz）工作，该波段被**国际电信联盟**（ITU）分配给**空中移动路由服务**（Aeronautical Mobile Route Service, AMRS）。AeroMACS 支持固定和移动两种连接方式。它是由**欧洲航空安全组织**（EUROCONTROL）和 FAA 选择、并由国际民航组织（ICAO）批准的下一代空中交通管理标准的无线解决方案，面向全球机场地面飞行的安全性和正规性，提供专用的航空通信服务。

7.2.6 自组织机载网络

自组织机载网络（Self-organized Airborne Network, SOAN）为增强有人和无人驾驶飞行器系统的态势感知能力提供了一种可能的解决方案。机载网络为飞行器提供了与其他飞行器持续连接的能力，这将为**空中交通管制**（ATC）持续且全球性跟踪飞行器提供一种方式。为了理解 SOAN 的概念，我们不妨回顾一下国际民航组织定义的术语[220,222]。

- **遥控驾驶飞行器**（Remotely Piloted Aircraft, RPA）——通过遥控站操纵的无人驾驶飞行器，如无人机。
- **遥控驾驶飞行器系统**（Remotely Piloted Aircraft System, RPAS）——包括遥控驾驶飞行器、与其相关的地面遥控站、所需的指挥和控制链路，以及其他任何系统设计中指定的组件。
- **遥控站**（Remote Pilot Station, RPS）——RPAS 的组成部分，包含用于驾驶 RPA 的设备。
- **遥控驾驶员**（Remote Pilot, RP）——由操作员委派的人员，承担对操纵 RPA 至关重要的职责，需要在飞行时进行适当的飞行控制。

在典型的场景中，每架 RPA 都将由一个 RPS 控制。在大多数情况下，RPA 都应当在 RPS 的**无线电视线**（Radio Line of Sight, RLoS）范围内飞行。如图 7-2 所示，当 RPA 融入到民用空域中时，需要如下的数据链路来管理通信。

- ❑ RPS 和 RPA 之间的**指挥和控制**（Command and Control, C2）数据链路，用于将命令从 RPS 发送到 RPA，并在 RPS 上接收 RPA 状态信息。
- ❑ ATC 和 RPA 之间的以及 ATC 和 RPS 之间的 VHF 双向语音通信链路。

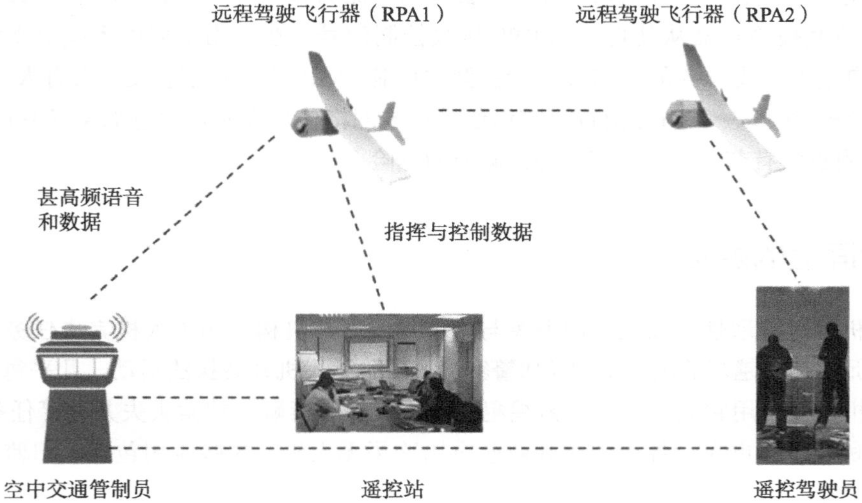

图 7-2　为两架飞行器之间提供直接通信的链路将生成自组织机载网络

在民用空域中集成 RPA（无人机）的一个关键方面，是在无人机与其地面控制站（RPS）之间建立可靠的通信链路。只要 RPA 和 RPS 之间的通信是可靠的，RPS 就能够知悉无人机的行踪并且可以控制无人机的移动。在危急情况下，RPA 可以在需要时被温和地或强制地降落。RPS 能够在无线电视线范围内与 RPA 和 ATC 进行交互。

7.2.7　无线电视线外

当 RPA 超出无线电视线时，就需要卫星或机载链路来维持 RPS 和 ATC 之间的通信。在某些特定地区，例如海洋空域和西伯利亚地区，飞行器需要在没有 ATC 监视和通信的情况下飞行很长时间。在飞行器距离 ATC 超过 400km 以外时就会发生失去 ATC 监视的现象。尽管卫星链路为**无线电视线外**（Beyond Radio Line of Sight, BRLoS）通信提供了一种解决方案，但它也带来了一些操作上的挑战，这其中就包括 RPS 和卫星之间通信链路不可预测特性导致的信号延迟、地面对卫星信号的跳变数量。对卫星通信服务的监管和监督也对依赖卫星的通信构成挑战。机载网络为卫星通信提供了更好的替代方案和备份，因为它满足 C2 数据链路的要求。在机载网络中可以比卫星通信更好地预测空对空跳数和信号延迟。

7.2.8　自组织机载网络的优势

只要在附近区域内飞行，自组织机载网络就有助于在每架飞行器上存储信息以及在飞行器之间交换信息。每个 RPA 作为网络中的节点，不仅可以将自己的信息带给其他节点，还能充当从其他 RPA 承载信息的中继。这样一来，即使 RPA 在无线电视线范围之外，RPS 也可以通过这种方式向其 RPA 发送命令。当 RPA 从其邻近的 RPA 接收信息后，它可以将这些信息用于其自身的态势感知，并执行自身的“探测和规避”功能。每个 RPA 通过其附近的 RPA 或其他飞行器从其自己的 RPS 接收控制信号。在民用空域中无线电视线外条件下，一个自组织机载网络允许 RPA 执行稳健的功能。RPA 之间的信息交换没有太多的延迟。如果一个 RPA 在另一个 RPA 附近，它们便可形成网络，从而实现信息的交换并用于防撞。如果 RPA 附近没有节点，则不存在任何碰撞的危险。

7.3　地面上的隐私

无人机的可获取性，以及美国海关与边境局等联邦机构使用无人机完成任务的成功案例，已经促使越来越多的政府部门（如警察局）采购无人机开展执法活动。几乎每个州都购买了无人机，并使用它们执行诸如监视犯罪现场、追踪毒贩、搜索丢失儿童等任务[81]。许多个人和私人组织也在为各种个人和商业应用购买无人机，这些应用包括农田监控、电影拍摄和航拍等。

基于这些机遇，预计在不久的将来，无人机将获得广泛的应用。无人机将在我们的社区执行诸如人员搜索、关键基础设施保护和医疗用品速递等救生任务。无人机同样可以在我们的社区执行诸如快递披萨、投递邮件和监控等非紧急任务。随着 FAA 批准的授权证书（COA）不断增多，以及民用空域无人机数量的不断增加，民众的隐私权需要得到认真对待。

7.4　信息安防

在许多应用中，无人机可能运行在敌对的环境中从而易受到攻击。例如在军事环境中，敌方可能想掌握无人机所有者已收集到的信息，或者他们可能还想篡改这些信息，他们或许还想俘获无人机来为自己所用。在民用环境中，对方或许只想知道为什么无人机会在附近飞行，出于有趣或获利的目的，他们或许还想获得无人机已收集到的信息。根据所访问信息的分类级别，一次攻击可能会导致严重的隐私问题。为了避免隐私泄漏，需要在无人机应用中嵌入适当的信息安防手段。

如图 7-3 所示，虽然敌对方的能力在民用和军用环境中有所不同，但无人机网络以及网络内的单个无人机还是容易遭受攻击。如果敌方捕获了一架无人机，那么遭受攻击的可能性就会变得更高。

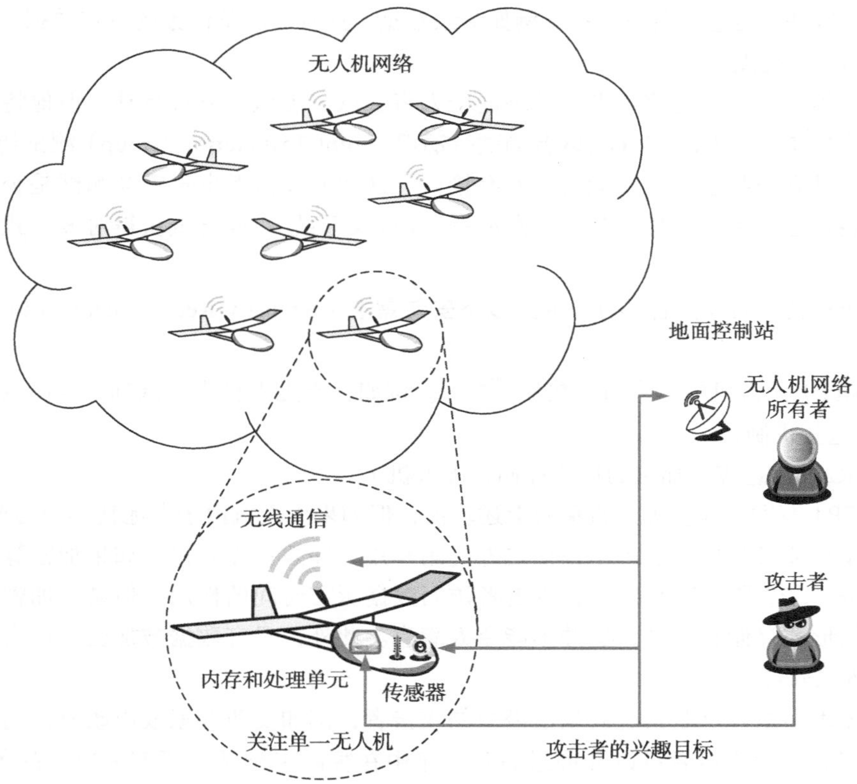

图 7-3　无人机网络与攻击者的兴趣目标

7.5　无人机级的安防需求

我们的威胁模型假设敌对方可以访问无人机来执行高级别的攻击。可以访问无人机是对它实施入侵攻击的前提。攻击者可通过以下方式之一访问无人机：

- 无人机电池耗尽或无人机损坏，对方在无人机位于在地面时得到了无人机；
- 对方有能力捕获飞行中的处于运行状态的无人机；
- 对方在地面上，无论是否使用自己的无人机，都可以在我方无人机飞行过程中获得控制权。

由于攻击者的能力取决于对抗模型，因此在了解无人机的安防需求之前，有必要描述对方的攻击潜力。

具有低攻击潜力的攻击者或外行，将尝试拆解无人机以获得对其内部存储器的访问，他们期望可以使用具有通用标准接口（例如 USB（**通用串行总线**，Universal Serial Bus）、SDIO（**安全数据输入输出**，Secure Digital Input and Output））的设备读取数据并且这些数据没有加密。这些数据包括传感数据（例如测绘数据、照片）以及任务的特定数据（例如任务的飞行计划、兴趣点的坐标）。

具有中等攻击潜力的攻击者或熟练的个人将尝试以类似的方式行动，但他将能够访问不太常见的标准接口（如 JTAG（**联合测试行动组**，Joint Test Action Group）测试访问端口），或者甚至是具有一些逆向工程能力的专有接口。这样的攻击者也肯定会测试是否可以在无人机上安装自己的系统（例如刷入或装入一个 Linux 系统），或尝试获得对嵌入式软件的访问权限。

以上两种类型的攻击者都可以通过以下**安防需求**（Security Requirement, SR）进行部分的反制：

- （SR1）无人机应具有自毁机制[264,461]。例如，当无人机飞行低到一定高度时，会触发这些机制；
- （SR2）信息应以加密的形式存储在无人机上。

虽然 SR1 有助于保护无人机免受上述攻击，但如果无人机由于电池耗尽而需要降落时，以高度触发自毁机制可能会产生预期之外的副作用，即毁掉无人机。如果加密算法能够抵抗暴力破解，SR2 还可以起到延迟攻击者访问数据所需时间的作用。但是，加密密钥必须以未加密的形式存储在某处，这并不能令人满意。此外，只有数据被加密，攻击者仍然可以访问嵌入式软件。

上述需求不适合反制具有高攻击潜力的攻击者，例如安防专家或由政府部门支持的一组专家黑客。专业攻击者可以开展过去几十年中在智能卡领域被研究和应用的各种攻击，如下面所展示，这些攻击适用于任何系统。智能卡（存在多种不同的形式）是在最为恶劣的敌对条件下成功运行的最安全的设备之一（即使其使用者本身都可能是恶意的），这些智能卡所受攻击的知识有助于制定与无人机相关的安防需求。要考虑的主要攻击类别包括：

- 边信道攻击[306,116,334,52,33]，边信道攻击是黑盒攻击，包括识别目标上运行的算法的一些信息泄漏。从这些漏洞中，可以寻回不同类型的信息（例如加密密钥[261]、执行操作码序列[432]）。攻击可以是基于时序的[260]、功耗分析的（简单功率分析[261]、差分功率分析[261]、高阶差分功率分析[297]、相关功率分析[68]）、电磁分析的（简单电磁分析[344,178]、差分电磁分析[178,19]、高阶差分电磁分析、相关电磁分析），或是不同方法的综合[436,20]。还存在一些基于边信道的强大攻击手段，如模板攻击[88,349]。
- 故障注入攻击[61,263,384,188,45,182]，包括通常在较短时间内，干扰流程的执行以制造有利于攻击者展开进攻的状态，例如通过使用激光或电压故障来达到这种状态。例如，在 RSA 签名流程中的正确时间使用故障注入，攻击者可以非常快速地恢复私钥[61]，从而通过签发消息的黑盒系统输送错误的签名。通过差分故障分析，DES（**数据加密标准**，Data Encryption Standard）[55]或 AES（**高级加密标准**，Advanced Encryption Standard）[147]等密钥密码系统也很容易受到攻击。
- 物理攻击[263,383]，包括微探测、使用聚焦离子束系统或激光切割器进行的电路改造等。

- 软件攻击，该攻击高度依赖于在攻击目标上加载应用程序的可能性。加载可能会也可能不会受到身份验证机制的保护，而这种机制本身也可以被另一种攻击所绕过。如果加载了恶意应用程序，则可以从目标内部针对其他托管应用程序或针对目标平台发起攻击[90,304]。
- 组合攻击[433,46]，通常在执行已加载或已存在于被攻击目标中的程序代码时，组合使用故障注入攻击技术，改变应用程序的正常执行，从而获得额外的访问权限。

这些攻击不仅适用于智能卡，而且适用于任何处理器，如几篇研究文章[334,52,33,389,188]中所讨论的那样，因此也适用于无人机。例如，一些研究人员对在无人机（包括“捕食者”[456]）中广泛使用的赛灵思公司 FPGA（**现场可编程门阵列**，Field Programmable Gate Array），如 Virtex-4 和 Virtex-5 系列开展了相关功率分析[300]。他们的研究表明加密机制可以通过适当的破解而被完全打破。因此，高攻击潜力的对抗模型是有意义的，特别是在军用无人机的背景下，因为敌方可能是政府控制的机构，能够对无人机进行取证分析，或者能够对无人机进行攻击。

出于所有这些原因，必须考虑以下安防需求：

- （SR3）无人机中至少要有一个处理器件是防篡改的；
- （SR4）无人机中至少要有一个组件应提供安全密钥管理和加密功能（例如，用于加密 / 解密存储在内存中的或在网络上交换的数据的密钥）；
- （SR5）如果存在嵌入式软件更新或新应用程序安装被授权的情况，那么无人机应提供远程认证机制；
- （SR6）无人机应当能够对其安防机制的有效性给予高度保证。简而言之，这意味着无人机必须经过安防评估和认证，以证明它能够抵御来自强大敌对方的攻击。

尽管这些安防需求中的大多数可以通过使用**可信平台模块**（Trusted Platform Module，TPM）或智能卡等设备来得到满足，参考文献 [23] 中还介绍了一种新的设备。

具有高攻击潜力的攻击者还能够尝试篡改无人机使用的位置信息系统，从而获悉所收集数据的位置和 / 或控制无人机的飞行路径。位置信息系统可以基于**全球定位系统**（GPS），也可以使用**射频**（RF）定位方法，例如通过测量“**到达时间差**”（time difference of arrival，TDOA）的多点定位方法。不幸的是，上述两种解决方案都不安全可靠。由于 GPS 可能被欺骗[410]，多点定位仍然存在一些尚未解决的问题[402]，因此需要额外的安防需求：

- （SR7）无人机应使用安全的定位系统。

SR7 将在下一节中讨论，因为定位系统在网络设置中非常有用（尤其是在使用地理路由协议的情况下），但 GPS 欺骗仍然可被用来捕获无人机[256]。

定位信息系统可以使用嵌入无人机中的多种传感器（如 GPS）。如参考文献 [205] 中所述，传感器容易受到可能危及其完整性和可用性的攻击。为了应对这些攻击，有必要满足以下安防需求：

- ❑（SR8）无人机应装载冗余的传感器，所有传感器在使用前都应进行检查，以确保它们能够在对抗环境中正确运行。

7.6 无人机网络级安防需求

如果无人机网络是一个独立的集群，那么它就是一个飞行的**移动 ad hoc 网络**（MANET）；如果无人机网络是由地面站来管理其任务的，那么它就是一个飞行的网状网络。由于两种网络都存在类似威胁，下面将讨论应对这些威胁的安防需求。攻击者可以发起在移动 ad hoc 网络、延迟 / 破坏容忍网络（DTN）和无线传感器网络间非常普遍的类似攻击。在无线链路上攻击者可以轻易发起攻击，例如**拒绝服务**（Denial-of-Service, DoS）[451]。这种攻击可以在 OSI（**开放系统互联**，Open System Interconnection）堆栈的多个层上发起。在物理层面，可以通过干扰无人机或控制站使用的无线电频率来发动干扰攻击。这种攻击可以从地面或无人机上发起，并且对绝大多数拓扑结构都非常有效。尽管存在一些反制策略，例如使用扩频通信（如**跳频扩频**（Frequency-Hopping Spread Spectrum, FHSS））或干扰探测，在这种攻击正在进行时将节点切换到低功耗模式，但是干扰总是令人厌烦的。在链路层面，通过使用媒体访问控制限制和重传程序，可以造成拒绝服务以实现碰撞攻击。碰撞攻击是非常有效的，因为即使只有几个比特的信息受到影响，发送器也必须再次发送所有消息，这可能导致无人机电池耗尽（这也是一种疲劳攻击）。然而，使用诸如纠错码和尽力交付协议之类的解决方案可以部分地挫败这些攻击。在网络层面，攻击者可以使用路由环路攻击 [271]，这会在消息传递路径中创建环路，使数据包无法到达目的地，并耗尽环路中所涉及节点的电池。在传输层面，攻击者可以执行泛洪攻击，该攻击会不断给指定节点请求新的连接，从而导致内存耗尽以及拒绝来自合法节点的连接请求。去同步攻击会导致资源耗费严重的重传 [128]。

如果通信未加密，那么攻击者可能会尝试进行窃听、注入数据包、破坏、中间人攻击或中继攻击。

攻击者还可以构建一个流氓无人机来尝试对路由协议开展一些攻击 [252,62,91]，如黑洞攻击、选择性转发攻击、污水池攻击、急速攻击、女巫攻击、虫洞攻击等。无人机同样也易受到针对特定应用的攻击。例如，“劫机”项目 [5] 描述了一种可以通过无线信道自主搜索、攻击和接管其他无人机的无人机。为了保护无人机免受上述攻击，需要以下通用的安防需求：

- ❑（SR9）通信堆栈的所有层都应包含针对拒绝服务攻击的保护机制；
- ❑（SR10）应保护通信信道的保密性和完整性；
- ❑（SR11）通信信道应仅存在于被授权的实体之间；
- ❑（SR12）如果使用了某种路由协议，那么该协议应当是安全的。

密钥管理相关的安防需求将在联网无人机的背景下讨论。

7.6.1 独立集群的安防需求

在制定安防需求之前首先必须定义无人机蜂群。独立的无人机集群是一组以自主的方式共同执行给定任务的无人机，它们并不依赖与地面站之间的通信，以便在对抗条件下保持隐蔽性。这种无人机集群是自组织的，而且具有群体智能。从用户的角度来看，集群在功能和安防方面的管理都比较容易和透明。用户向无人机集群指定任务目标和初始安防手段（如加密密钥），而集群必须自主地完成该任务。集群需要能够在对抗环境中以最佳方式运行，这需要情景分析以及实时决策。例如，如果被委派任务的无人机出现了故障（如失效、电量太低而无法完成任务），它能够自主决定将该任务委托给另一架搭载相应设备（如传感器和软件）从而能够完成该任务的无人机。独立的无人机集群如图 7-4 所示。

独立无人机集群的主要安防需求包括：

- （SR13）整个集群的安防措施应该分布于每个无人机上。简而言之。安全性不应该仅依赖于少数几个作为特定安防任务（例如密钥分发或更新、认证服务等）服务器的无人机；
- （SR14）每架无人机应提供一个安全的唯一 ID，整个集群可以依赖这些 ID 进行管理和组网操作；
- （SR15）集群的安防措施应依赖于在执行任务期间可以抵御攻击的适当加密手段，换言之，捕获和取证分析一架或多架无人机不应损害无人机集群的安全性，该需求还与无人机可以随时加入并随时离开蜂群的特性有关；
- （SR16）为了确保完美的前向和后向保密特性，密钥需要在整个任务过程中动态变化；
- （SR17）为避免丢失收集到的数据（由于无人机故障或坠毁），集群中应该存在冗余机制。

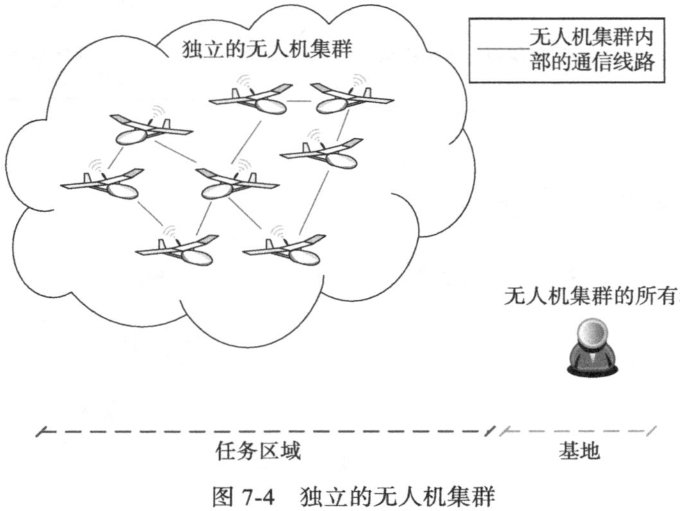

图 7-4 独立的无人机集群

基于群体智能的安防措施 [390] 可以用于无人机集群，但这个话题超出了本章的范畴。

7.6.2　受地面控制的无人机机队的安防需求

与独立的无人机集群相比，受地面控制的无人机机队像是一个网状网络。这种网络中的信息安防可能依赖于特定基础设施，例如公钥基础设施。地面站和个体无人机之间的**指挥与控制**（Command and Control, C2）链路是该机队与集群的主要差异。在单层级机队中，无人机可以依赖自身的设备直接相互通信，也可以直接与地面站通信。在多层级机队中，机队中的无人机可以相互通信或与被称为头领的特殊节点通信，头领无人机可以与地面站和其他友方机队的头领无人机通信。单层级无人机机队如图 7-5 所示，两个多层级无人机机队（仅有两个层级，更多层级的结构是存在的）如图 7-6 所示。为简单起见，仅绘制了与头领无人机 A1 相关的通信。

无人机机队的主要安防需求是：

- （SR18）地面控制站应该是安全的，以避免危及整个网络；
- （SR19）指挥与控制链路应当用于时不时更新或刷新无人机机队使用的加密方式（如密钥等）；
- （SR20）无人机之间的通信信道应该与无人机跟地面站之间的通信信道有所不同（例如不同的射频频率），该需求将使通信信道更能抵御干扰攻击；
- （SR21）一旦连接可用，无人机所收集到数据应立即发送到地面站，以避免潜在的数据丢失风险（特别是头领无人机）；
- （SR22）多层级无人机机队需要冗余的头领无人机以避免可能的数据丢失。

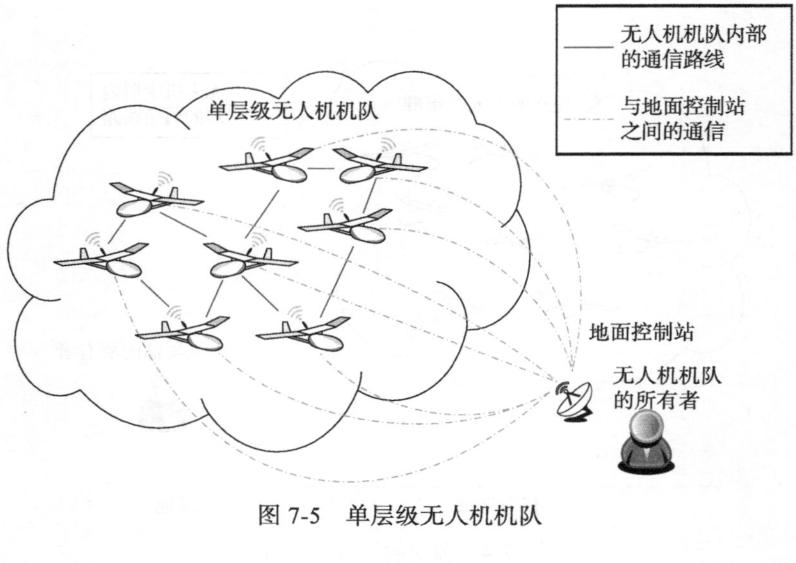

图 7-5　单层级无人机机队

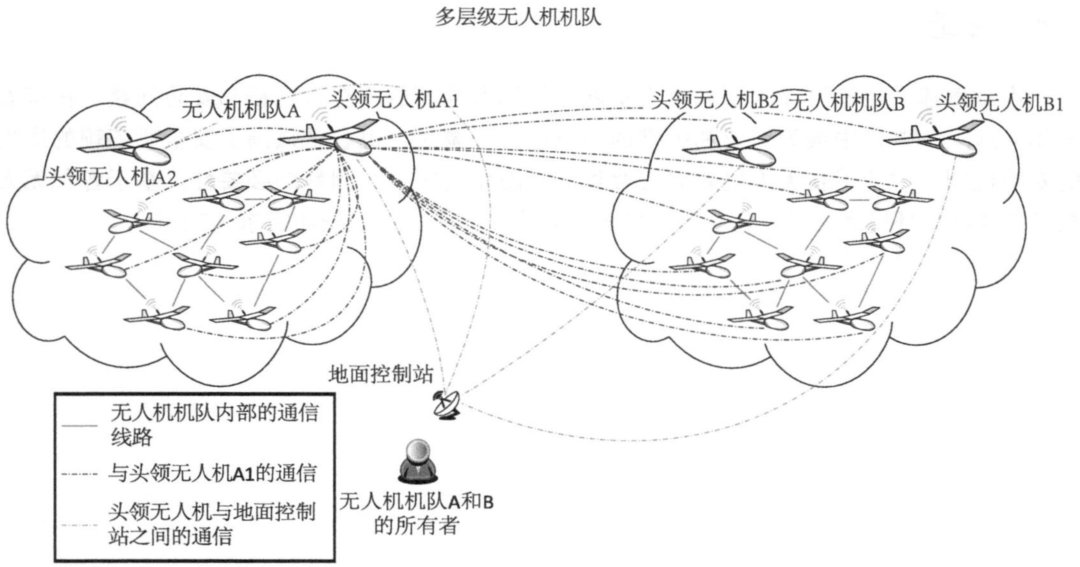

图 7-6　多层级无人机机队

7.7　正在进行的与无人机安防相关的研究和产品

本章概述的安防问题强调了对无人机安防措施进行深入研究的必要性。研究人员正在开发安防解决方案，技术公司也正致力于开发安全的产品。例如，伽罗瓦公司声称它开发了最安全的无人机软件[3]。赛灵思公司宣称其已开发出适用于航空电子设备的防篡改 FPGA[4]。

Akram 等人[23]正在研究通过将本章所讨论的安全元件嵌入到无人机中来保护无人机集群安全的解决方案。正在研发中的这款设备有望为图 7-7 所示的控制网络层提供高级别的安防。

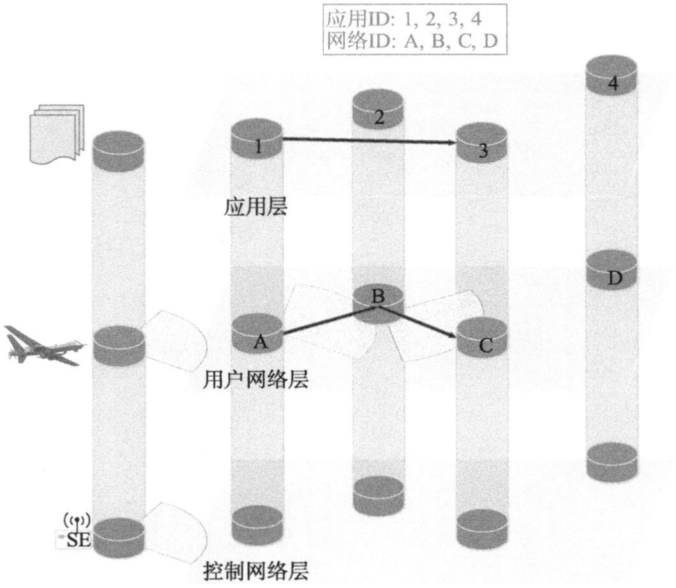

图 7-7　使用参考文献 [23] 中提出的安防元素的无人机集群

7.8　总结

本章概述并讨论了无人机和无人机网络使用所涉及的安全、隐私和安防问题。在将安全作为这三个要素中最为重要和关键的一点进行强调时，也着重强调了安全所依赖的适当的安防机制。讨论了在无人机新时代背景下对隐私问题进行阐释的必要性。基于各种无人机可能遇到的环境和场景，使用强对抗模型导出了一组无人机安防需求（22个）。

CHAPTER 8

第8章 自主无人机与蜂群之间的协作

Serge Chaumette

8.1 引言和背景

技术尤其是机器人和机电一体化技术的进步，使得制造空中、地面、水面或水下机器人等自主移动平台的实现成为可能。所有这些平台都被称为无人机或无人系统。本章重点关注飞行器，但所有这些系统都具有许多共同的特性，而这些特性与各自的发展环境无关。因此，无论你对何种类型的无人系统感兴趣，本章对于你都非常有用。除非另有说明，下列术语中的无人机指飞行器。我们将使用**无人机**（UAV）、**无人机系统**（UAS）和**遥控飞行器系统**（RPAS）等术语，其中 RPAS 是现在的官方命名。应该注意的是，RPAS 这一术语包含了遥控驾驶员的概念。尽管如此，本章的重点仍然是没有地面驾驶员的**自主系统**，因此，它们需要自己决定并去实现分配给它们的任务。在此引言的后面，我们将会解释为什么会考虑自主无人机。

技术进步使得无人机可以嵌入各种感知、作动和通信功能，现在无人机已经不仅能够与其环境交互（借助传感器和作动器），还可以进行彼此之间的交互（还可以与地面 / 水面 / 水下航行器、地面传感器和部队等交互）。因此，可以考虑将无人机编队一起飞行，**进行协作以完成共同的全球任务**㊀。这样的无人机编队称为**蜂群**㊁。蜂群通常意味着紧密协作和近距飞行（即使近距飞行仍然是一个难题），"蜂群"一词与读者通常在文献中发现的"机群"术语不同，机群通常意味着无人机间具有松散的关系和等级概念。本章，我们将根据参考的构型类型，同时用这两个词。此外，我们正在构想大型无人机编队，由于我们无法拥有与无人机（正在谈论的是数十或数百架无人机）一样多的地面驾驶员，因此，我们认为无人机

㊀ 我们使用"协作"一词指为实现共同目标而建立的紧密关系和交互，而"合作"一词仅表示工作共享[266]。

㊁ 一种无人机集群的称谓，类似的还有无人车狼群、无人艇鲸群。——译者注

必须是**自主的**：一旦发射，无人机就能在没有地面干预的条件下管理它们自己。

那些已经与无人机共事或仅仅使用无人机的人都知道，即使单独考虑，这些无人机也会带来例如航迹 / 高度 / 姿态控制、续航管理等技术问题。事实上，如果以编队或蜂群方式飞行的无人机能够带来很多新机遇的话，那么它们同样还会额外引发大量几乎从未研究过的复杂问题，既有实践方面的，也有基础性问题（通信、身份管理和强韧性等）。

这些问题必须得到解决，毫无疑问，如果这些问题得到解决，蜂群将在（不远的）未来获得发展：无人机蜂群比单一的无人系统强大许多（这一点将在下面详细描述）。毫无疑问，无人机蜂群可以为许多所谓的**沉闷**、**肮脏**、**危险**[137]（Dull, Dirty, Dangerous, DDD）的领域提供帮助，例如救援、救灾和军事行动，此时，单个无人系统是无法对任务的各个方面提供支持的。蜂群的概念已经提出来很多年，但正是当前的技术进步，才使蜂群的实现成为可能，不再是一个未来的梦想。**海军研究办公室**（Office of Naval Research, ONR）发布了一份关于**"低成本无人机蜂拥技术"**（Low Cost UAV Swarming Technology, LOCUST）计划的新闻稿[320]，该计划宣布开展"无人机蜂群演示验证"。此新闻还指出，"最近的演示验证，是 2016 年 30 架快速发射的自主式蜂群无人机开展舰载演示验证的重要一步"，这是由 ONR 的项目经理 Lee Mastroianni 宣布的。

本章的主题是"*自主无人机与蜂群之间的协作*"，基于我们的专业知识以及从所开展的项目中积累的经验进行阐释。本章的目标不是面面俱到，而是着重于一些应解决的主要问题，如果要部署蜂群执行越来越多的任务，那么这些问题必须得到解决。首先，我们解释为什么蜂群可以显著提高任务的可能性；然后，我们将重点放在一些需要进一步探索的问题和研究方向上。

8.2　使用蜂群无人机系统的必要性

蜂群具有许多优势，这些优势是由无人机之间的紧密协作支持的（如图 8-1 所示）。使用蜂群当然会遇到难以解决的问题，但我们现在聚焦的只是蜂群的优势。我们给出了那些在文献中已被公认以及在正在开发的用例中显现出来的主要优势。

a）多个四旋翼飞行器
（感谢宾夕法尼亚大学 Scott Spitzer）

b）联合行动的无人机
（感谢宾夕法尼亚大学 GRASP 实验室）

图 8-1　蜂群的力量来自于协作和联合行动

8.2.1 连续飞行 / 连续执行任务

连续执行任务或连续飞行可能是蜂群最重要的一个特征。连续飞行的目标，是全天候执行任务，或者至少能够执行任务直到结束，不会被加油需求或某些意外事件打断，如导致一个（几个）无人机着陆、坠毁或取消任务等的意外事件。

人们提出了许多建议方案，其目标是为单个无人机提供连续（或几乎连续）的飞行。为此而进行探索的领域之一就是太阳能充电。例如，2015 年 7 月，苏黎世**联邦理工学院**（Eidgenössische Technische Hochschule, ETH）自主系统实验室开发的“**大西洋太阳能**”2（AtlantikSolar 2, AS-2）无人机 [43] 飞行了 81.5h。早些时候，2014 年 12 月，极光飞行科学公司的“猎户座”系统 [324] 飞行了 80h 2min 52s。

在飞行过程中，还有其他方法用于提供额外的燃料 / 电池容量。例如，波音公司最近获得了一项名为“*拥有可分离系绳的自主飞行器*”的专利 [96]（如图 8-2 所示），可用于系留加油系统，理论上可以使无人机永远飞行。但应该注意的是，由于无人机需要返回到系绳和无人机可以耦合的地方，因此无人机的任务将局限于其可以到达的地区。

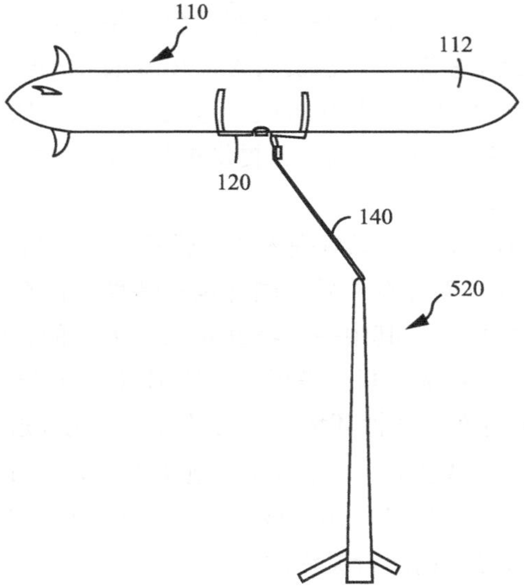

图 8-2 系留到充电塔的无人机（来源：美国专利 US 9 045 218 B2，2015 年 6 月 2 日 [96]）

围绕功率发射的建议方案也已经研究了很多年。2002 年，来自美国阿拉巴马州亨茨维尔的 NASA 马歇尔太空飞行中心、加利福尼亚州爱德华兹德的莱顿飞行研究中心和亨茨维尔的阿拉巴马大学的研究人员，演示了一种由地基红外激光器驱动的小型飞行器 [342]。

无人气球也是一种潜在的解决方案。例如，它们是“谷歌球”项目的关键组成部分 [282]，该项目的目标是在全球范围内提供互联网。气球的好处在于重量轻，并且可以通过额外配装太阳能电池板提高其续航能力。非常有趣的是，这就像是回归到了源头，1849 年奥地利就曾在威尼斯发射了无人驾驶气球[186]。

但是，对于军事或救灾的情形，所研究的这些方法似乎并不适合。基于太阳能的系统必须在重量方面进行优化才能获得显著的结果，而且基于太阳能的系统可携带的有效载荷非常有限。前面所提出的其他建议方案，需要部署某种形式的附加基础设施 / 保障设施，或者至少需要进行一些规划，而这在许多现实生活场景中几乎是不可能的。

上述方法仅仅解决加油问题，但加油问题远不是连续飞行可能中断的唯一原因。例如，在军事场景中，任务不能继续执行可能是因为无人机已经被摧毁，或者是由于无人机必须返回到特定位置的地点转存其所收集的数据等。

因此我们相信，最好的（如果不是唯一的）解决方案是使用蜂群，（在上述情况下）可能存留备用无人机，它们可以决定 / 实施设计好的任务再规划策略，这样任务就永远不会中止。

8.2.2　提高任务灵活性

采用蜂群将使适应不同类型的任务成为可能，无论是在区域覆盖能力还是可执行的测量方面，从而更好地满足态势管理的期望。

假设一个在海上进行监视的场景，海上监视的目标是当人们无法返回岸边时对其进行营救。可以用蜂群执行**搜索和救援**[462]（Search And Rescue, SAR）任务，并且在发现遇险游泳者时，蜂群中的一架无人机可以更为接近处于危险中的人，从而完成某些特定操作。当任务需要无人机与地面之间进行通信（例如，提供视频反馈）时，蜂群中一些具有通信容量的无人机可用于建立主干网络通信。

此外，蜂群的异构性不仅应当考虑可嵌入的传感器，还应当考虑无人系统本身。当然，无人机在续航能力、尺寸等方面存在差异，同样也在特性方面存在差异，这些特性会影响无人机可完成任务的深层次属性。其中一些特性是独一无二的，因此只有在需要这些特性时，才应使用且谨慎地使用这些无人机。考虑一下法国 Xamen 技术公司[454]（如图 8-3 所示）的 ATEX[⊖]无人机，该机具有在爆炸性环境中飞行的独特能力（这是第一个也最有可能仍然是唯一一个获得该能力认证的无人机）。应当谨慎地使用该无人机，只有当这种无人机包含在伴随的蜂群中时，才能完全发挥其作用。该无人机在执行任务时与其他无人机密切合作，会显著提高其在可执行任务区域的运行灵活性。

此外，蜂群可以支持不同域的运行：地面、空中、水面、水下等，这些超出了本书的范围。例如，一个自主蜂群执行包括探测和摧毁地雷的任务，该蜂群能够使其本身适应于处理地面的地雷、水面或水下的水雷。这清楚地表明，一个蜂群内组成元素的互补性，会提高可执行任务的灵活性。

⊖　ATEX 一词，是指 2014 年 2 月 26 日，在有关潜在爆炸性环境所用设备和保护系统的法律方面，为协调成员国法律，欧洲议会和理事会的 2014/34 / EU 指令[144]。

图 8-3 法国 Xamen 公司的 ATEX 无人机在马士基 Edgar 油轮附近运行（版权：Xamen 技术公司）

8.2.3 提高能力

通过使用蜂群，可以联合行动，实现不同能力的保障和补充。

首先，**单纯从力量**方面。通过使用几个相互协作的无人机，可以将其力量组合，就像已经在通用机器人、自动化、感知和洞察（General Robotics、Automation、Sensing & Perception, GRASP）[189]（如图 8-1 所示）等方面所做的那样。

第二，在**感知能力**方面。在许多场景中，在不同的无人机中嵌入不同的能力，要比在同一系统中嵌入所有能力要好得多。例如，假设对一个城市进行监视，以检测有毒气体的散发（如图 8-4 所示）。为了检测有毒气体，需要在无人机中嵌入化学鼻。这里的问题是这种系统的感知能力在覆盖面积方面是有限的。因此，用一架无人机去覆盖大面积的区域（例如整个城市），并不是一个合适的解决方案。因为与必须处理的有毒气体的散发速度相比，一架无人机可能需要花费太多时间才能飞越整个区域。解决这个问题的一种可能方法是，将摄像头嵌入另一架无人机，该无人机将在更高的高度飞行（如图 8-4 所示）。后一种无人机将基于视频捕获实现（候选威胁）探测。当然，考虑到这种探测仅仅是基于视频捕获而不是基于化学鼻的事实，因此会产生一些（可能很多）误报。然后，这些潜在的威胁将被传输到嵌入化学鼻的飞行高度低的无人机，这些无人机就可以对风险进行确认或否认。

图 8-4　通过使用蜂群提高感知能力

8.2.4　其他因素

有许多其他因素（通常被认为不那么重要）说明了使用蜂群无人机的必要性。这些因素包括：

- 安防：获取分布在多个协作系统上的信息，敌人很难通过分析识别出关键点，例如很难通过分析通信流量识别出关键点。
- 安全：通过使用一起工作的无人机，很多情况下可以使用较小型的无人机。这样的话，如果其中一架无人机坠落，它不会像大型无人机坠落那样，带来严重的人员伤害和损坏。
- 强韧性：分发和可能复制多个系统的信息，有助于增强整个系统的强韧性。如果其中一架无人机坠毁或降落（例如进行加油），其他无人机可以接管其工作负荷，这样任务就可以继续。这与降级运行模式的概念密切相关，我们将其视为蜂群的关键特征之一，本章后面将会对其进行详细说明（参见 8.3.3 节）。
- 机构间的合作 / 协作：在多个系统之间进行合作 / 协作的能力，使得不同机构拥有的无人机之间的合作成为可能。例如，不同国家的军队可以共享信息并协作，以执行有共同利益的任务。然而，这仍然是一项难以实现的功能，原因在于大多数时候，协作水平（无论是在任务方面还是在信息共享方面）随着时间的推移而变化。因此，合作系统必须是动态的。
- 载荷共享：无人机可以嵌入不同类型的传感器，收集大量信息。过滤和处理此类信息可能会产生大量的工作负荷。如果可以在大量系统上以分布式方式过滤和合成有意义的信息（例如用于态势管理），那么就可以显著降低个体的负载和通信需求。鉴于我们讨论的是资源有限系统，因此这是一个重要因素。

8.2.5 小结

无人机是针对**沉闷、肮脏和危险**（Dull, Dirty and Dangerous, D3）态势和情境的一个解决方案。可以将感知能力发送到某些指定区域，这些指定区域都被认为是人类无法抵达的区域。

无人机蜂群增加了一个新的维度。无人机蜂群支持连续执行任务、重新配置，对环境和任务需求有更强的适应能力。但是，除了那些在处理单个无人机时需要考虑的问题之外，无人机蜂群也带来了许多崭新的难题。

8.3 主要问题和研究方向

如果一个单独的无人系统本身就能引发问题，那么当考虑一个协作的蜂群时，问题当然要复杂得多。如前面所述，蜂群的功能强大，因为蜂群提供了许多额外的特征（与单个无人机相比）。这些特征由飞行编队、任务重新规划、动态飞行计划管理等高级机制维持，这些机制对处理复杂任务有帮助。这些高级特征依赖于蜂群内所发生的协作，并且需要我们后面研究的许多机制。这些机制包括：定位、临近探测和位置控制；人与蜂群的交互；降级运行模式；安全和法律问题；安防。

8.3.1 定位、临近探测和位置控制

定位是确保完成协作任务所必需的重要功能。蜂群的优点之一，就是其本身具有重新配置和任务再分配的能力，因而能够适应外部事件和新任务或是更新当前任务。 在某些情况下，这要求每架无人机都具有精确定位系统（就像单个无人机飞行那样）和精确定位其蜂群中邻近无人机的能力。单个无人机中的定位通常利用 GNSS [213]（GPS、“伽利略”等）来实现，如果这种方式能够满足要求的话，当然也可用于蜂群。

蜂群进一步提出了**临近探测**的问题，临近探测是确保包括紧凑型飞行在内的许多功能的必要条件。现在有很多感知技术 [415]，其中许多已经试验过，并且仍有许多试验正在进行，以应对临近探测这一难题。这不仅是一个物理探测的问题，必须尽可能快地处理收集到的信息，从而能够采取相应的措施。另外，解决临近探测问题还需要蜂群成员之间的协作，蜂群中一架无人机的移动可能会对整个系统产生影响。例如，在图 8-5 的示例中，1 号无人机为了规避某些障碍而重新定位，这会影响其他几个无人机的定位策略，至少会影响那些距离其最近的无人机（但重定位信息会在整个蜂群中传播）。

在图 8-6 所示的场景中，四架无人机形成了一个圆，并且相互之间保持着有规则的间隔。这些无人机必须保持这种构型以完成所分配的任务。如果无人机 1 由于某种原因（构型 1）加速，那么它会影响到无人机 2，无人机 2 必须远离，并且无人机 4 必须靠近（构型 2）。这同样也会影响到无人机 3（构型 3）等，如此这样，系统作为一个整体将会振荡，直

到达到一种平衡。需要注意的是，整个重新定位过程应当以一种完全分布式的方式处理（这是确保系统强韧性的必要条件 – 参见 8.3.3 节）。

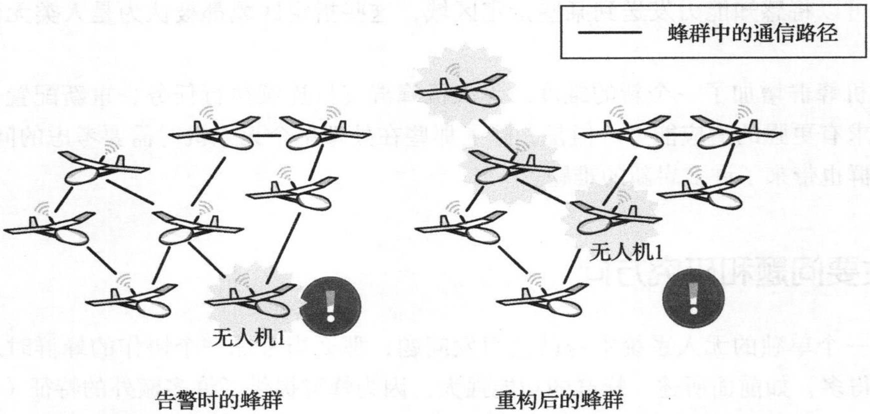

图 8-5　蜂群中单个无人机重新定位的全局影响

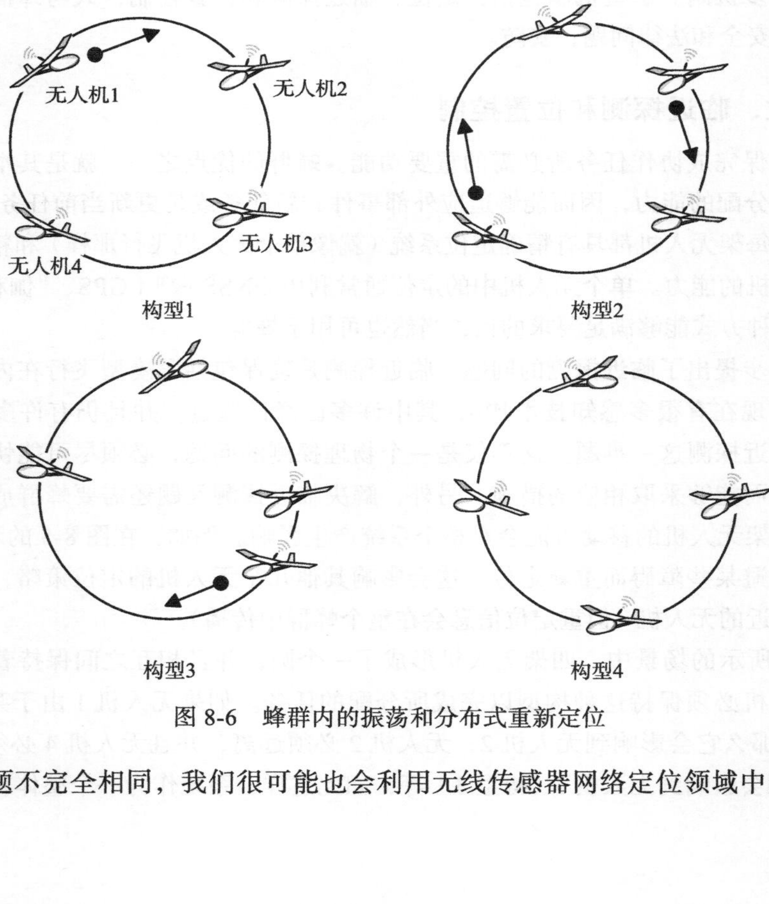

图 8-6　蜂群内的振荡和分布式重新定位

即使问题不完全相同，我们很可能也会利用无线传感器网络定位领域中的所有研究成果[93,199]。

还应当指出的是，**无人机在空域系统中的集成**（即与商业飞行集成）主要是法规和研究方面的问题。当然，集成与定位和临近探测密切相关。即使考虑的是单个无人机或许多不相关的无人机，集成问题也很难，但毫无疑问的是，特别需要将下一代航空运输系统[316]（Next Generation Air Transportation System, NextGen）与集成问题一并考虑。NASA 目前正在开发基于云的无人机系统交通管理[315]（Unmanned Aircraft System TrafficManagement, UTM）系统，当前许多涉及安全自主系统运行[314]（Safe Autonomous System Operation, SASO）的项目（在 NASA 也一样）都在研究决策自主性问题（指的是决策，而非续航能力），自主性是构成问题复杂性的关键因素之一。

蜂群问题虽然仍处于起步阶段，但人们很早就已经认识到这个问题。在 2012 年题为《将无人机系统集成到国家空域系统 – 运行概念》[166]的文件中，**美国联邦航空管理局**（FAA）就提出了跨越**国家空域系统**（NAS）的蜂群问题。在 NAS 的 UAS 集成要求中就提到："每架 UAS 都配有一个适合履行运营商职责的飞行机组，并且包含一名**驾驶指挥员**（Pilot In Command, PIC）。每名 PIC 只控制一架无人机"。并且，读者可以参考一个脚注："这一限制并不排除无人机编队（有多个驾驶员）或'蜂群'（一名驾驶员控制一组无人机）从 NAS 到限制空域或反过来的可能性，条件是编队或蜂群依据豁免或授权证书（COA）运营。这种约束通常只针对那些将被集成到 NAS 中的 UAS 的运营。"

这是第一步也是重要的一步，但还需要更长的时间和更多的试验，才能将自主式蜂群集成到常规的交通中，而且还需要特别考虑附加规则的定义。

8.3.2 人与蜂群的交互

人与蜂群的交互有几个目的，包括安全、任务管理和态势管理。我们已经知道，**地面控制站**（Ground Control Station, GCS）和单个无人机之间的交互并不容易实现，因此当论及蜂群时，问题当然要困难得多，尤其当该蜂群为一个协作式蜂群时，整个系统受到每架无人机的局部变化和决策的影响。

健康管理[428]并不是真正的问题，因为已经有了简单的解决方案。CARUS 项目[89]是一项开展无人机自主式蜂群飞行的项目，该项目的一个合作伙伴（飞行 n 感知公司[171]，现在是三角洲无人机[135]的一部分）开发了一个可以管理五架无人机的地面控制站。该控制站是公司经典式地面控制站的扩展，增加了同时向蜂群内所有成员发送简单命令的功能。

但是，与**任务管理**相比，健康管理要相对简单些，因为任务管理需要**高级别的交互**。这时就出现一些问题：如果出于安全原因需要，如何能够做到，既能对整个蜂群进行操纵，又能分别对每架无人机进行控制？有哪些合适的设备 / **人机界面**（Man-Machine Interface, MMI）组件能够用于实现上述要求？ 我们需要什么级别的响应能力，我们又能够达到什么水平？同步问题如何，即当向一组无人机发送命令时，是否应当同时发送到所有无人机，或者，当从不同的无人机收集到多条信息时，是否需要将这些信息呈现给地面控制？

许多研究项目正在着手解决这些问题，并且多数都提出了多模态方法（例如，参见**陆军研究实验室**[197]（Army Research Laboratoriy, ARL）进行的试验）。其中的一个问题是：将蜂群作为一个整体进行操纵，同时仍然提供单个的无人机控制。例如，在 DAISIE[123] 项目（**自主飞行器蜂群的创新性应用设计**，Design of Innovative Applications for Swarms of Autonomous Vehicle）框架内就开展了此研究，DAISIE 项目的目的是研究蜂群的直觉控制（如图 8-7 所示）。

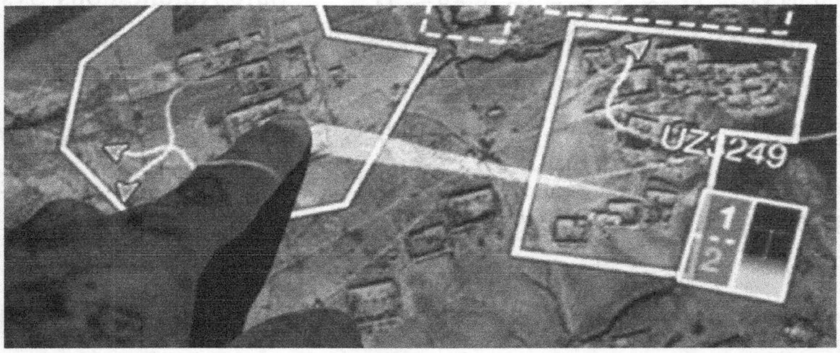

图 8-7　SUSIE / DAISIE 项目中的蜂群交互（来源：布列塔尼开发互动与通信公司，DGA / MRIS，REI，2009.34.0003）

监管也是一个问题，因为大多数国家的法律要求每架无人机配备一个远程驾驶员 – 如何为 100 架无人机配备 100 名驾驶员呢？除了地面驾驶员的数量问题外，如何协调这些驾驶员也是一个问题。比如，如果一名驾驶员必须降落其无人机时，如何避免该无人机与其他无人机发生碰撞？

因此，无人机蜂群的管理仍然是一项挑战，其基础研究和实验都应当继续进行下去。这并不只对任务管理问题很重要。我们认为，开展蜂群控制工作，就有机会影响监管并减少来自监管机构的限制，比如对于一架无人机配备一名驾驶员这一限制，就肯定不适用于大型蜂群。

8.3.3　降级运行模式

尽管没有经常开展研究，但保障降级运行模式确实是蜂群开发的关键。当我们考虑数百架无人机一起工作时，在它们执行所分配到的任务结束之前，所有这些无人机几乎不可能都是可用的⊖。毫无疑问，通信可能会在某些时候阻塞，可能会随时断开连接、重新连接。因此，就会出现下面这个问题：在存在这些不可避免的降级时，能否保证任务成功？

实际上，为了实现这一目标，无人机或通信链路的丢失都不应当视为错误，而应成为蜂群运行模式的一部分。当然，在这样的条件和约束下，任务的目标和结果的预期质量必

⊖　相应地，新的无人机可以尝试加入蜂群，这会引发其他问题，例如不安全的边界 – 参见 8.3.5 节。

须向下修正——人们应该期望有更多的资源可用。一种方法是在设计任务时尽可能少地依赖信息，这样蜂群就能够在任何类型的限制下运行。实际上，我们认为拥有的信息越少就越好解决。我们可以使用的最弱的假设是：一架无人机只能广播一条消息，但却不知道消息是否到达某个目标目的地。当然，这个非常有限的假设必须根据所考虑任务（的环境）进行调整，因为没有理由强行增加无用的约束。例如，在许多实际的场景中，可以与地面进行通信，或者双向通信是可用的，或者通信是可靠的。下面是一个理论化的场景，在这一场景中，我们对无人机的数量做出一些假设，这些无人机会在给定的时间区间丢失。假设许多具有短距通信能力的无人机，必须在所谓的跟随领导构型中飞行。如果可以建立如图 8-8 所描述的通信样式，即除了链的末端之外，对于每架无人机，一跳有两个相邻无人机、两跳也有两个相邻无人机。同时，如果假设在一个时刻只有一架无人机可以离开蜂群，此时，我们有足够的时间在另一架丢失之前重建丢失的链路（包括一跳和两跳），那么，我们就可以保证蜂群在整个任务期间能够保持连接，从而对无人机丢失具有强韧性（在上述所定义的条件下）。

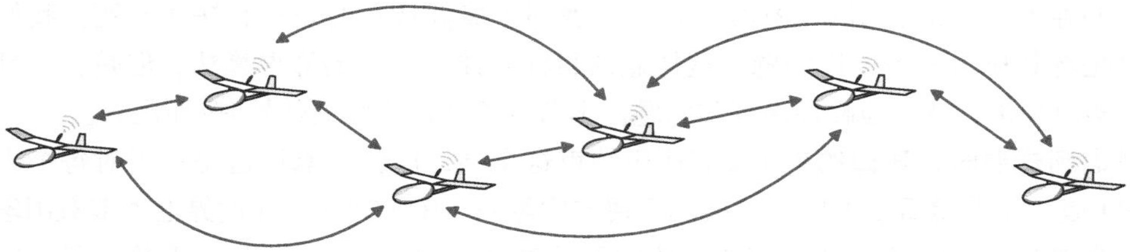

图 8-8　一个时刻对无人机丢失具有强韧性的构型

这是另一个可能必须做出让步的例子。随后的情景已经在 CARUS[89] 项目中进行了开发，我们确实是在一个军事营地执行任务。项目的目标是使用蜂群对多个**兴趣点**（Points Of Interest, POI）进行调查，并支持降级运行模式（无人机丢失和通信丢失）。我们设法保证能够对每个被监视的 POI 进行定期监视。然而，为了实现这一目标（尽管会有无人机丢失和通信丢失），我们不得不接受，确实有几架无人机会不时地对相同的 POI 进行调查，这些调查虽然无用，但可以保证任务的成功。

在绝大多数情况下，所采用的方法如下。每架无人机都建立自己对整个态势估计的全局视图（如图 8-9 所示）。为此，每架无人机会定期广播其估算出的全局视图。当一架无人机接收到来自另一架无人机的估算全局视图时，它会将其与自己估算的全局视图相结合，从而形成它此时将要广播的视图。

还应该指出（这将在后面的 8.3.5 节中讨论），支撑强韧性也会**对安防产生不利影响**。由于可能会随时丢失任何无人机和 / 或通信链路，因此不能假设有一个节点可用于共享信息或作为基准，比如一个认证机构所做的那样 [16]。所以，必须降低对任务在安防方面的期望。

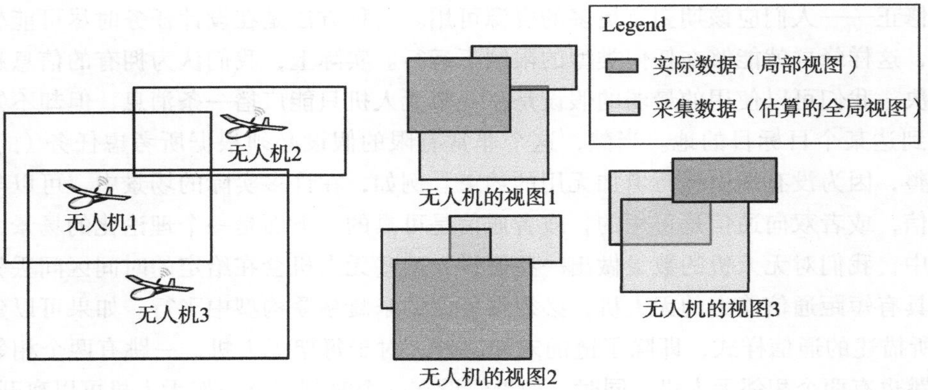

图 8-9　蜂群中全局视图的构建

8.3.4　安全和法律问题

我们在本章之前介绍 CARUS 项目时，遇到了蜂群特有的安全和法律问题。我们开始研究时是将其作为一个理论问题，这样做的目标是建立自主的蜂群算法，但是，一旦决定驾驶一架原型机，就会面临许多现实问题。本节基于我们收集的数据 [89] 而展开。

考虑到蜂群时，**法律约束**（我们使用约束这个词，但我们承认这是出于对每个人利益的考虑）是一个非常重要的问题。**国际民用航空组织**（ICAO）[218] 和世界上大多数国家，例如美国**联邦航空管理局**（FAA）[159] 和法国**民航总局**（DGAC）[140]，正在开展大量法律方面的工作。但是，他们有一个强大的约束因素是：候选的新规则必须考虑到飞行器监管方面已经存在的规则。原因是现行规则的最微小的变化都需要获得所有相关国家的一连串协议和签署。这也使得增加新规则成为了一项微妙的操作，当然可以定义专门用于一些国家的规则，从而避免签署全球协议。

我们相信，通过开展任务验证和相关正规模型方面的研究，将能够使监管当局信服，这样他们就可以降低目前允许无人机飞行所需的约束。一种有前景的方法，在于将蜂群视为单个无人机。这可能是一种既能遵守法规又能够使蜂群飞行的方式。

在考虑到**安全**时，法律问题肯定是明确的。如果在考虑使用单个无人机时问题很难——例如在地理围栏方面还有很多工作要做——那么在处理蜂群时要困难得多。我们在其中一个项目（CARUS，参见 8.3.3 节）的背景环境下开始研究故障树，但很快就出现了下面的问题：只要涉及几个无人机，故障树的尺寸就会爆掉。原因不仅是所涉及的无人机数量，而且还必须考虑无人机之间的关系。于是，我们推迟了这项研究，但显然它仍然是一个根本性的问题。在这个精确的例子下，我们确实设置了特定的飞行区域，以避免无人机之间发生任何碰撞。该系统的工作原理如下：无人机在不同的层移动，额外有一层用于干预 POI，如图 8-10 所示。我们还在 POI 周围定义了干预圈和电梯圈（如图 8-11 所示）。

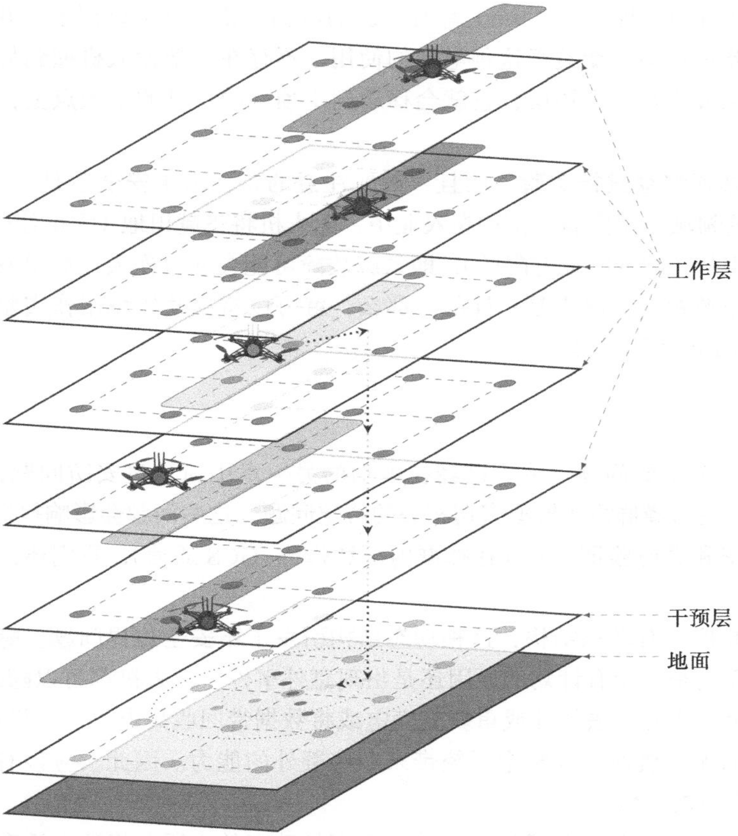

图 8-10　CARUS 的三维蜂群构型（版权：Rémi Laplace [270]）

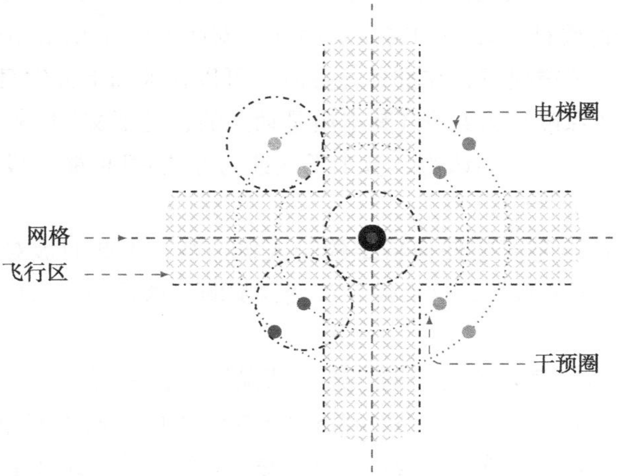

图 8-11　CARUS 的圈和电梯（版权：Rémi Laplace [270]）

每架无人机在电梯圈（●, ●, ●, ●, ●）上都有自己的电梯，该电梯可以用于离开其工作层、抵达干预层。在此过程中，受益于这种电梯的使用，不存在一架无人机撞到另一架无人机的风险。一旦该无人机抵达干预层，它就会移动到干预圈中自己的干预点上，处理在 POI 上探测到的事件。

很明显，**必须继续进行实验**，而且，需要注意的是，由于安全不是一个根本性问题，因此适合在一些领域开展实验。例如在农业中，无人机将飞越田地（无论什么类型的田地），并且风险是有限的（或可以是有限的），即系统故障可能会导致伤人。如果我们考虑对海岸进行潜在的污染监视，情况也是一样的。那么，就可以将这些领域用作实验场合，等待适当的系统和程序达到可用状态。

8.3.5　安防

安防也是一个主要问题。尽管已经在本书的另一章中讨论过安防问题，但重要的是，要在本节解决一些与蜂群协作模型密切相关的特定问题，这些问题会影响执行任务的算法。除了通常的加密和身份验证问题（在蜂群内部和蜂群 -GCS 通信），我们还面临另外两个重要问题。

本质上，蜂群具有动态结构，这种动态结构引发了**不安全边界**问题。蜂群是一个不断演进的系统：无论是出于有计划的原因还是出现意外事件，无人机都可以随时加入和离开。例如，无人机可以离开，去加油或重新充满电或将数据带回收集点。无人机可以加入蜂群，替代正在离开的无人机或者为整个系统带来一些额外的能力。因此，应该有一种机制来用于防止恶意无人机的入侵。

不幸的是，由于蜂群应保障强韧性并且它们是动态的，所以蜂群中**没有稳态的无人机**可用。因此，除非建立在无人机之间或无人机与地面之间的网络是稳定和安全的——因为在任务开始之前进行了一些预先规划——否则不可能依赖一个可用作认证机构 [16] 的假想节点，将其用于处理身份验证、证书和密钥。因此，安防系统必须采用分布式方式，从而使系统具有强韧性。在某些情况下，在准备任务时，可以在地面上分发身份码 / 密钥，但情况并不总是这样，比如要保障权力共享（其本质是动态的，见下文）时就不是这样。尽管我们尚未对其进行深入研究，但我们认为，基于无认证的方法 [25] 可能会成为处理此问题的候选方法之一。

此外，人们应该注意**不要使任何特定的无人机过载**，因此而被对手探测到（通过某些侧通道攻击）并成为攻击的目标，这会使系统变得脆弱。这是为什么要在整个蜂群上分配处理负载的另一个原因。

可能还存在与**权力共享**相关的问题。通常情况下，会有属于不同权力机构（**北大西洋公约组织**（North Atlantic Treaty Organization, NATO）中的不同国家加上地方机构）的蜂群需要协作和共享信息。因此，就需要身份认证 / 安防系统，该系统还能够随着时间的推移而演进。例如，在军事联盟中，不同权力机构之间（以及他们各自蜂群之间）的协作，很可能会随着所处地理区域的不同而发生变化，并且随着时间的推移发生演变（如图 8-12 所示）。安防系统应支持这些功能。

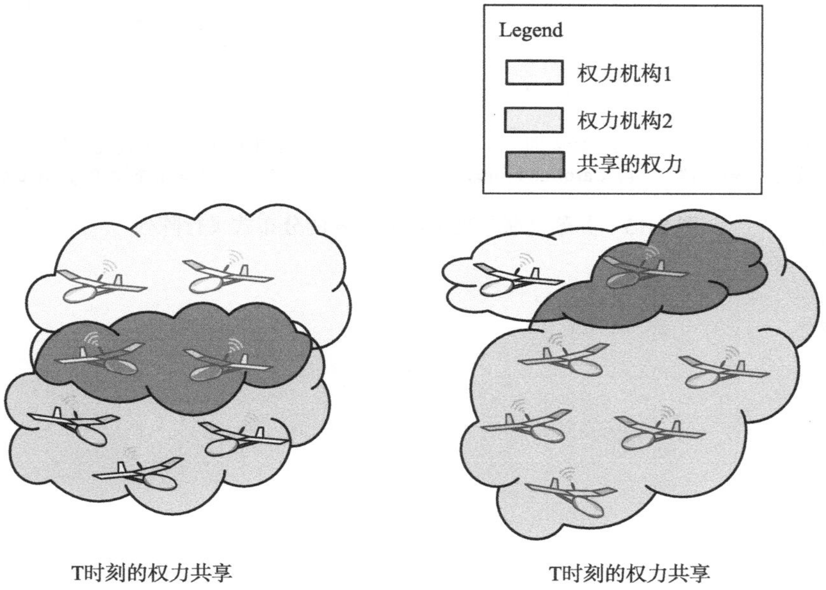

图 8-12　在一个联盟内不断发展的协作和权力共享

8.4　总结

由于蜂群能够支持和提供服务，因此，显而易见的是，无论是民用还是军用，协作式蜂群有可能成为在难以到达地区的监视、救援、建设以及许多其他领域的关键参与者，当然还有许多领域有待发现。不过，该领域仍然很新（至少还不成熟），而且蜂群还引发了许多尚未解决的问题。本章提出了我们认为必须进一步对其开展研究的主要问题，从而使得这种潜力成为现实的能力，并使协作式蜂群成为我们未来的一部分。

总结本章，我想给读者留下一个我认为一定是充满希望的研究方向：将单个无人机的优点（简单性、适应当前监管的能力等）与蜂群的优点结合起来。实际的想法是：拥有一些可以在空中组合的小型无人机，来打造更大型的无人机，然后将其视为一个单一的系统。通过这种方式，蜂群可以不时地成为一个真正的协作式蜂群，或者成为一组自主无人机或单个无人系统。该概念的实例就是在苏黎世联邦理工学院开发的“分布式飞行阵列”（如图 8-13 所示）。

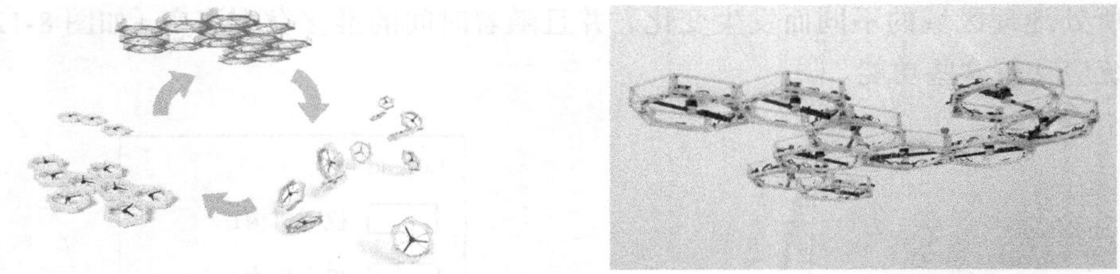

a）分布式飞行阵列的生命周期
（版权：苏黎世联邦理工学院 Carolina Flores）

b）飞行中的分布式飞行阵列
（版权：苏黎世联邦理工学院 Raymond Oung）

图 8-13　苏黎世联邦理工学院开发的分布式飞行阵列

CHAPTER 9

第9章

实际应用案例

Leanne Hanson，Kamesh Namuduri

9.1 简介

无人机研究和技术的创新开辟了许多前所未有的新机遇，从披萨饼送餐到为乡村和贫困地区提供宽带服务，无人机正在被设想用于众多实际应用。实现此类应用不仅需要技术进步，还需要面向安全性、隐私和安防原因的法规、政策和最佳实践。本章回顾了研究人员目前正在研究的无人机和无人机网络的众多应用中的两个：（1）野生动物探测；（2）应急通信。这些案例展示了无人机可以为实际应用带来的独特价值与创新。

9.2 野生动物探测

传统上，野生动物种群计数来自地面或固定翼飞行器观测。但是，这两种方法都有局限性（准确性、成本、安全性和及时性）。小型无人机系统及其摄像头和传感器已经过测试，能够准确估算加拿大鹤（学名：Grus canadensis）的种群数量，并可探测美国科罗拉多州的艾草松鸡（学名：Centrocercus urophasianus）。2011 年 3 月，美国**联邦航空管理局**（Federal Aviation Administration, FAA）首次批准**内政部**（Department of the Interior, DOI）在国家空域使用小型无人机系统飞行，**美国地质调查局**（United States Geological Survey, USGS）的科学家在蒙特维斯塔国家野生动物保护区使用 RQ-11A“渡鸦”小型无人机系统。这些飞行器通过比较地面计数与从小型无人机图像估算的加拿大鹤数量，来确定小型无人机系统是否适合统计它们的数量。2012 年，首次获得 FAA 批准的小型无人机系统夜间飞行在蒙特维斯塔进行，获取保护区五个栖息地的加拿大鹤数量的种群估算。2013 年 4 月，小型无人机系统在科罗拉多州中部公园的艾草松鸡求偶场地（繁殖地点）附近飞行，以确定该系统是否能够探测到更多的艾草松鸡，以及它们对小型无人机系统的反应（如果有的话）。这些研究表明，针对栖息地上加拿大鹤的种群多度估算，以及在求偶场地发现艾草松鸡，“渡鸦”小型无人机系统提供了一种非侵入性、安全和准确的方式。自然资源管理人员可以更广泛地利用小型无人机系统技术，跟踪野生动物种群数量、健康状况和趋势，未来则将依赖该技术提供的重要数据源。

9.2.1 野生动物的空中计数

传统上，野生动物空中计数和调查是从有人驾驶的固定翼飞行器 [82] 或直升机上进行的，并已应用于诸多物种的研究 [472]，其中包括艾草松鸡 [112]。这些技术往往价格昂贵，而且存在安全性、野生生物干扰和后勤问题 [249]，但是却允许自然资源管理人员进入难以到达的区域以及无法进入的大片栖息地 [343]。早在 2001 年，Efroymson 和其他人 [473] 就要求“为低空飞行器飞越的生态风险评估提供指导。”尽管小型无人机系统在许多学科中的应用越来越多，但它们在野生动物管理中的应用直到最近才开始探索，并没有得到深入研究 [370]。Watts 和其他人 [441] 确认了可使用小型无人机系统来调查大型陆地动物和海洋物种，并且认为通过小型无人机系统进行调查，而不是传统的有人驾驶飞行器，可以减少对野生动物种群的干扰 [442]。

已经有研究评估了传统有人驾驶空中飞越对鸟类物种的影响 [134]。对于因声波轰击导致的军事飞行扰动已经有所研究 [183,34,192,391,187]，但是这些报告没有探讨噪声非常小的飞越对鸟类物种的潜在影响。已经有研究记录了对猛禽物种 [34,192,391]、海鸟 [69,203] 和水禽 [113,440,187] 的干扰，物种和飞越样式不同则报告的干扰效应不同。根据早前 USGS 对“渡鸦”小型无人机系统进行的噪声记录测试，在螺旋桨检查期间噪声分贝达到峰值 103.1dB，然后在距地面（Above Ground Level, AGL）60 英尺～ 200 英尺（18m ～ 61m）之间的飞行期间降至 60dB ～ 70dB。然而，这些读数并未将风与飞行器噪声区分开来。

关于小型无人机系统在监测和调查鸟类种群方面的用途和有效性的研究很少。文献中发现的所有研究都参考了对水鸟和涉水鸟进行的研究，包括加拿大鹅（学名：Branta canadensis）和雪雁（学名：Chen caerulescens）[86]、黑头鸥（学名：Chroicocephalus ridibundus）[370]、白鹮（学名：Eudocimus albus）和其他涉水鸟 [249]。目前还没有发现关于无人飞行器调查对加拿大鹤或艾草松鸡的影响的报告或论文。Booth 和其他人 [474] 使用有人驾驶轻型运动飞机进行艾草松鸡的求偶地计数。在 14 次接近中，有 12 次，当飞机在距离求偶地 200m ～ 300m 范围内飞行时，松鸡会从求偶地逃窜。使用有人驾驶空中飞行器（飞机或直升机）进行大草原鸡（学名：Tympanuchus cupido）[274,291] 和小草原鸡（学名：Tympanuchus pallidicinctus）[378] 的其他松鸡求偶地调查，能够成功识别出一个求偶场地，但是与地面调查相比，并不总是能够获得准确的松鸡计数。

9.2.2 RQ-11A“渡鸦”小型无人机系统

RQ-11A“渡鸦”小型无人机系统（如图 9-1 所示）是航空环境公司为美国国防部开发的手持发射（如图 9-2 所示）侦察和数据收集工具。“渡鸦”翼展为 4.5 英尺（1.38m），重 4.2 磅（1.9kg），最初用于提供不分昼夜的空中观测，直线距离可达 6.2 英里（10km）。一个续航 60min 的锂离子可充电电池为系统供电，该系统还可将实时视频（彩色或红外图像）、罗盘航向和位置信息传输到地面控制站。“渡鸦”小型无人机系统通常由三人组成的飞行机组操作，其中包括驾驶员、任务操作员和专门受训的观察员（如图 9-3 所示）。

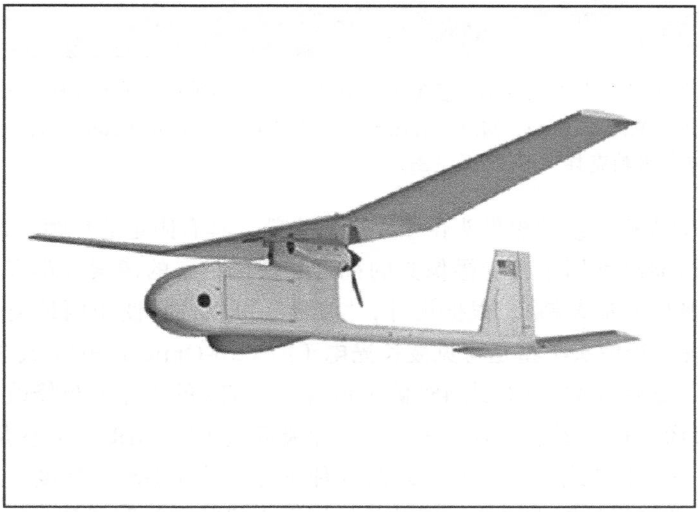

图 9-1　RQ-11A“渡鸦”小型无人机系统（图片版权为航空环境公司所有）

图 9-2　“渡鸦”小型无人机系统由驾驶员 / 观察员 J. Sloan 手持发射，地点位于美国科罗拉多州帕克县（USGS 提供图片）

图 9-3 “渡鸦”小型无人机系统地面控制站，从左到右是驾驶员 / 任务操作员 L. Hanson、项目合伙人 M. McGuire、M. Cowardin、驾驶员 C. Holmquist-Johnson，地点位于美国科罗拉多州帕克县（USGS 提供图片）

“渡鸦”小型无人机系统的摄像头位于无人机头部，具有固定的焦距、光圈和景深设置。在飞行期间，飞行器高度用于改变摄像头的视野并获得足够的像素分辨率，以识别感兴趣的物体（艾草松鸡与加拿大鹤）。根据设计，“渡鸦”可以选择使用两种类型的机载摄像头和两种摄像头位置，摄像头类型是可见波长**光电**（Electro-Optical, EO）或热**红外**（Infrared, IR）视频摄像头，安装为 45° 前视或 45° 侧视位置。USGS 的工作人员修改了头部，以便为“渡鸦”的红外摄像头提供近乎垂直（译者注：即**最低点**（NADIR））的视角。“渡鸦”有两种飞行控制方法——手动或自主导航，以及五种飞行模式（手动、高度、返回、徘徊和导航航路点）。在手动飞行控制方法中，驾驶员控制无人机的飞行路径和高度，而在自主飞行控制方法中，无人机通过预先建立的地图坐标飞行，在数据收集飞行期间使用了两种飞行控制方法和所有五种飞行模式。来自热红外摄像头的图像可以以白 – 热或黑 – 热模式显示，如图 9-4 所示，它描述了热特征如何在图像中显示为白色或黑色。以前的热红外飞行表明，白 – 热模式为野生动物数据收集飞行提供了最佳的热探测能力。

批准在美国国家空域飞行“渡鸦”小型无人机系统，需要获得**联邦航空管理局**（FAA）的**授权证书**（Certificate of Authorization, COA）。FAA 的 COA 审查可能需要长达两个月的时间，并需要得到以下方面的批准：计划飞行地区的土地所有者和（或）管理者，以及内政部、USGS、美国陆军、批准了飞行器无线电通信频率的美国**国家电信和信息管理局**（National Telecommunications and Information Administration, NTIA）。这个批准过程至少需要 45 天，因为“渡鸦”是退役的军用飞行器。此外，FAA 的 COA 申报文件必须包含关于项目、拟定飞行操作、空域类别、特定机体描述和能力、飞行器适航性认证、应急程序、飞行机组资格以及与项目有关的任何特殊用途许可的信息。在 USGS 内，COA 文件由 USGS 的国家无人机系统项目办公室、局属航空管理人员和内政部的航空服务办公室审查，然后再提交给 FAA。FAA 批准的 COA 包含特定航班、机组人员、安全、当地和区域空中交通管制中心通知、**航行通告**（Notice To Airmen, NOTAM）以及飞行报告要求的操作规定。

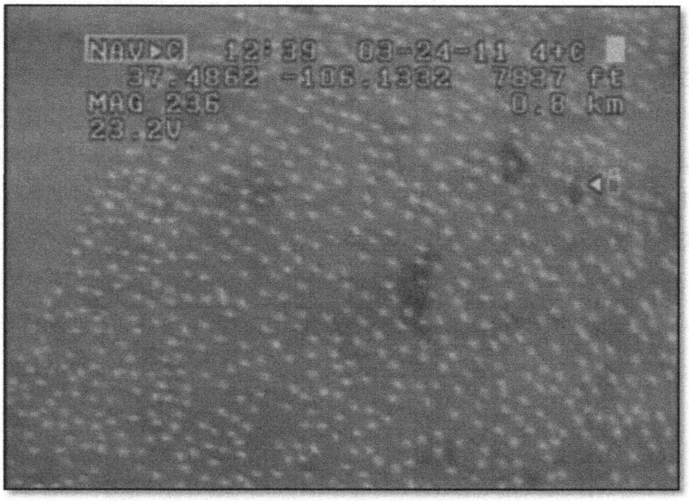

图 9-4　来自“渡鸦”上 NADIR 红外视频摄像头在地面之上 200 英尺（60.96m）拍摄的图像（USGS 提供图片）

1. 使用 RQ-11A“渡鸦”小型无人机系统估算在美国科罗拉多州蒙特维斯塔国家野生动物保护区的加拿大鹤的多度

位于科罗拉多州莱克伍德的**美国鱼类和野生动物管理局**（US Fish and Wildlife Service, USFWS），其候鸟计划的大陆中部路线经理对“渡鸦”小型无人机系统感兴趣，想在加拿大鹤于蒙特维斯塔国家野生动物保护区的迁徙中途停留期间，测试“渡鸦”是否适合给它们计数。2011 年 3 月 21 日至 24 日期间，FAA 首次批准了内政部在美国国家空域进行小型无人机系统的飞行，以测试“渡鸦”为加拿大鹤计数的能力。在白天，“渡鸦”飞行在进食、游荡和栖息的加拿大鹤上方，这些飞行集中在保护区的一小队鹤上，以监测它们的反应，并尽量减少“渡鸦”飞越造成的潜在负面影响。在这些飞行过程中，加拿大鹤在栖息时没有受到干扰；在游荡时，它们稍有不安，有些鹤在进食时逃窜了。当“渡鸦”**距离地面**（AGL）小于等于 200 英尺（60.96m）时，加拿大鹤在游荡时受到干扰。具体而言，行为包括：对头顶噪声和运动保持警觉，远离即将到来的“渡鸦”，并在降落之前在 20 英尺～ 30 英尺高的空中进行短途飞行；当“渡鸦”距离地面的高度接近 75 英尺～ 400 英尺时，一些进食中的加拿大鹤开始飞走。测试飞行的结论是，估算加拿大鹤种群的最佳机会是它们在夜间栖息时。

为了验证一块栖息地上的加拿大鹤数量，六名野生动物学家被安置在一个选定的栖息地附近，以计算在“渡鸦”小型无人机系统飞行的前一天晚上所飞入的加拿大鹤数量。进行计数的生物学家是由 USFWS 的候鸟管理处选出的，他们都完成过基于地面的多度估算。生物学家在日落前约一小时到达他们的位置，并计算进入栖息地的加拿大鹤数量，直到天黑无法继续计数。除非受到干扰，否则加拿大鹤具有很强的栖息地忠诚度，并且在夜幕降临之后不会在栖息地之间移动。每位生物学家都报告了进入栖息地的加拿大鹤总数。为了验证栖息地忠诚度，生物学家在第二天早晨再次对离开栖息地的加拿大鹤进行计数，从黎明开始直到所有的加拿大鹤离开栖息地。在从“渡鸦”的图像得出估算值之前，生物学家对加拿大鹤的计数没有与“渡鸦”机组人员或数据分析员共享。在飞行前的规划期间，“渡鸦”驾驶员使用通用 FalconView 规划软件（译者注：一款由佐治亚理工大学开发的制图系统，集成在**便携飞行规划软件**（PFPS）之中）建立了横断面指南，用于高度在 200 ～ 400 英尺之间的东西向飞行。“渡鸦”机组人员在飞行期间使用这些横断面指南让“渡鸦”自主飞行，同时确保在每个高度收集的图像有足够的重叠部分，以实现栖息地的完全覆盖（如图 9-5 所示）。

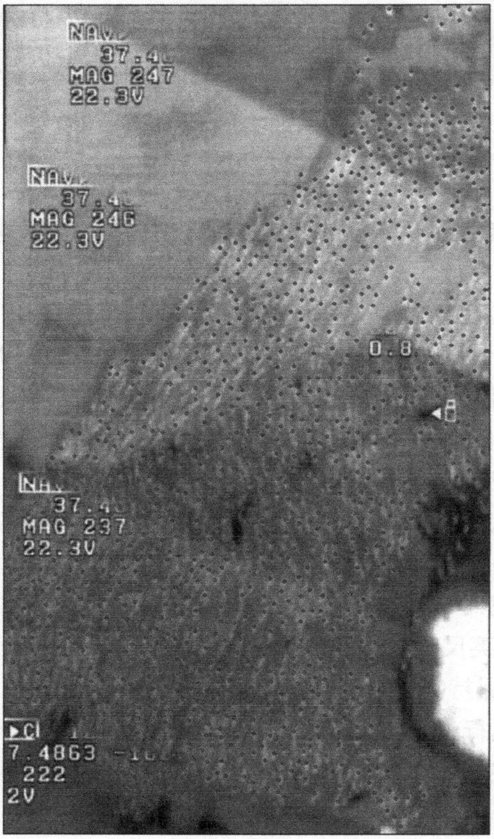

图 9-5　在美国科罗拉多州蒙特维斯塔国家野生动物保护区栖息的加拿大鹤的热成像拼接图（USGS 提供图片）

2011年3月24日，“渡鸦”的驾驶员、观察员和保障人员在民用曙光开始（译者注：标准定义是太阳的中心点在地平线下6°时）前一小时在保护区会面，进行操作简报（包括安全、天气和飞行计划审查），然后执行飞行以收集栖息中的加拿大鹤数据。“渡鸦”的驾驶员、观察员以及保障人员就位后，“渡鸦”在民用曙光（早上6点34分）开始时发射。“渡鸦”发射后的13min内，在200英尺离地高度飞行了8个横断面，并且没有观察到对加拿大鹤的干扰；在300英尺和400英尺的离地高度上进行了5次额外的飞行以进行图像验证。所有横断面的总飞行时间为24min。

之后通过将原始图像数据流从模拟格式转换为数字格式，来处理3月24日在200英尺离地高度的飞行期间收集的“渡鸦”视频图像。从视频数据中收集静止图像（500×380像素），并使用Photoshop软件进行点匹配，将匹配好的照片重新采样为800×600像素并进行对比度扩展。这些照片被拼接成栖息地区域的一副拼接图片，将特征分析软件中的特征识别算法应用于拼接图片，以确定栖息区域中加拿大鹤的数量。

据地面观察员统计，3月23日至24日占据栖息地的加拿大鹤的数量为2 692只，从“渡鸦”小型无人机系统的图像中获知在栖息地上的加拿大鹤的数量为2 567只，相差4.6%（125只）。这些飞行表明，“渡鸦”可以成功地用于栖息地加拿大鹤的多度估算。2012年为了在蒙特维斯塔完成一个晚上的加拿大鹤计数，来自USGS和USFWS的项目人员专注于获得FAA的夜间飞行批准，并扩大COA边界到包括蒙特维斯塔国家野生动物保护区的所有栖息地。

FAA首次批准小型无人机系统在美国国家空域的夜间飞行，于2012年3月21日使用“渡鸦”进行，这些飞行的重点是对保护区占据五个栖息地的加拿大鹤进行全面调查。在6h飞行期间，飞行了47个横断面以捕获热红外图像。飞行中收集热成像，从中提取静止图像，并匹配以得到飞行线拼接图片，然后遵循与上述2011年相同的图像处理步骤。2012年3月21日，蒙特维斯塔国家野生动物保护区五个栖息地的加拿大鹤最终计数为14 658只。进行一个晚上的种群调查非常重要，因为连续几晚之间都发生了显著的栖息地间移动，这会导致估算偏差。

2. 评估“渡鸦”小型无人机系统探测美国科罗拉多州中部公园求偶场地上的艾草松鸡

来自USGS和**科罗拉多公园和野生动物局**（Colorado Parks and Wildlife, CPW）硫磺温泉镇办公室的工作人员进行了一项研究，测试“渡鸦”小型无人机系统是否适合在繁殖地点（求偶场地）探测艾草松鸡。2013年4月，“渡鸦”飞越了两个已知的求偶场地，以确定艾草松鸡对飞行器的反应，并确定该技术是否有潜力在未来用来定位新的求偶场地，并且获得已知的活跃求偶场地的种群数量。

USGS和CPW的工作人员监测了艾草松鸡对“渡鸦”飞行的反应，并测试了“渡鸦”传感器在2013年4月11日至13日探测松鸡并计数的能力。求偶场地1在私人土地上，“渡鸦”于2013年4月11日和4月13日在早晨飞过；求偶场地2在**土地管理局**（Bureau of Land Management, BLM）的土地上，“渡鸦”仅在2013年4月12日早晨飞过。求偶地点的官方名称并未透露，以保护繁殖地点和尊重允许“渡鸦”飞行的私人土地所有者的隐私。测试飞行是在民用曙光开始（日出前约30min）的求偶场地上进行的，并一直持续到鸟类从求偶场地散开（大约上午8点）。在求偶场地1附近进行了第一次飞行，以确定在不打扰鸟类的情况下探测艾草松鸡所需的高度。求偶场地2曾经记录了金雕（学名：Aquila chrysaetos）的掠夺行为。因此，我们假设求偶场地2上的艾草松鸡对“渡鸦”的响应可能与在求偶场地1上求偶的鸟类有所不同，所以求偶场地2附近的初始飞行将再次确定艾草松鸡对“渡鸦”飞越的响应。

选择的发射和观察位置可提供对求偶场地的无障碍视线，同时远离求偶场地，在飞行器的设置和操作期间不会打扰到鸟类。在飞行之前，USGS的“渡鸦”小型无人机系统、驾驶员、观察员和保障人员，于民用曙光开始前一小时在预定的“渡鸦”操作和发射场会面，进行操作简报（包括安全、天气和飞行计划审查）并为飞行做准备。此外，将训练有素的艾草松鸡观察员部署到求偶场地，位于求偶松鸡的近距离视野内，记录并向操作中心传递关于它们对“渡鸦”飞行的响应和反应，以及收集它们的计数信息。艾草松鸡观察员记录了在求偶场地上雄性和雌性松鸡的数量，并对它们进行了监测，以记录飞行期间它们行为的变化。在“渡鸦”飞行期间，艾草松鸡观察员与操作中心进行无线电通信，直到观察员有足够的光线，能获得求偶场地上松鸡的可靠计数，“渡鸦”才会开始飞行。“渡鸦”使用两种摄像头类型（EO和IR）和两个摄像头位置（侧视和NADIR）在不同的飞行高度上收集艾草松鸡的图像。以往的热红外飞行表明，白–热模式为野生动物提供了最佳的热探测能力。因此，使用白–热模式来收集热成像。在不同的飞行高度（340英尺（104m）到100英尺（30m））和与求偶场地中心的距离（0.4英里（0.64km）到正上方）[202]，飞行了各种路径（如图9-6所示）。

在所有三个早晨，两个求偶场地上的艾草松鸡对“渡鸦”飞行的响应相似。无论飞行高度或模式如何，都没有对飞行产生长期的响应或反应，也没有鸟类从求偶场地中逃窜。艾草松鸡观察员注意到，当“渡鸦”飞过这片区域时，发出响亮的嗡嗡声，但这并不突兀。在之前的“渡鸦”飞行中记录的分贝水平为60dB～70dB，相当于正常对话的分贝读数。然而，求偶场地上求偶的雄性反应有所不同，一些雄性对“渡鸦”的飞行没有任何反应，而其他雄性在飞行器飞越或靠近求偶场地时会暂时停下或蹲伏。如果雄性出现任何被“渡鸦”的干扰迹象，它们只会暂时停止或减慢它们的求偶动作，但从不收回它们的求偶羽毛。一般来说，雌性对“渡鸦”飞行的反应也很少甚至没有，当飞行器飞越时，雌性会蹲伏但是不会从求偶场地逃窜，仍有几只雌性继续觅食。

在4.5h的数据收集飞行期间捕获的视频，按日期、求偶场地和飞行编号来编码。80GB的数据被组织成文件夹，15个飞行中的每一个都被编辑成飞行视频，仅包括飞越求偶场地收集的镜头，也就是删掉飞行前测试和往返发射场地与求偶场地的飞行镜头。这些视频随后由项目人员查看，他们记下了在图像中可看到鸟类的飞行时间，之后查看用热红外传感器收集的图像，记下了观察时记录的艾草松鸡、牛和羚羊的踪迹。红外视频中的艾草松鸡呈现为白色、未定义的点（如图 9-7 所示）。因此，我们无法使用热红外摄像头区分雄性和雌性。

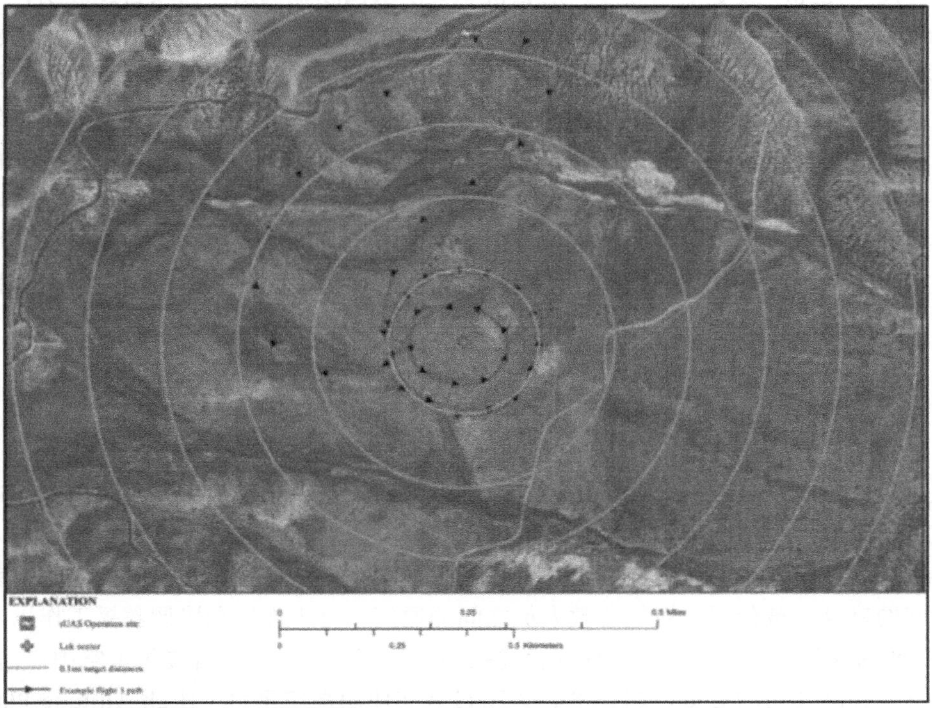

图 9-6　求偶场地 1，第三次飞行：使用徘徊模式在圆形飞行路径内的侧视热红外传感器（USGS 提供图片）

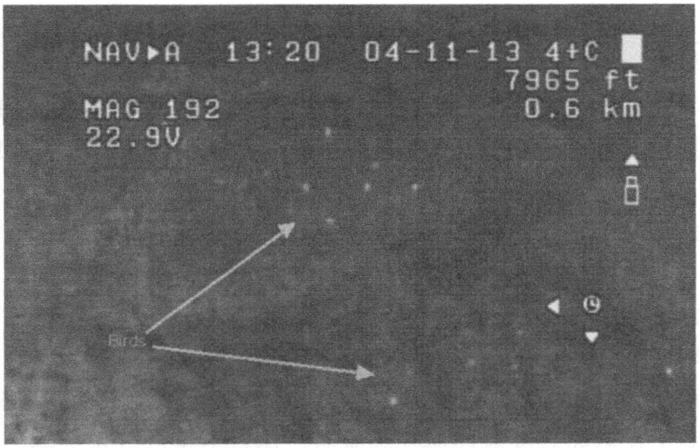

图 9-7　求偶场地的热红外成像显示艾草松鸡的热特征和识别案例（USGS 提供图片）

该项目表明，小型无人机系统技术可以成功地用于监测已知求偶场地位置的艾草松鸡。在小型无人机系统飞行之前曾咨询过艾草松鸡专家，他们认为，如果“渡鸦”直接飞越离地400英尺（122m）或更低的高度，那么松鸡会从求偶场地逃窜。该项目还表明，当使用电池为该小型无人机系统供电时，艾草松鸡会比最初认为的更能容忍空中干扰。“渡鸦”在求偶场地上方120英尺（37m）～300英尺（91m）空中直接飞越，求偶场地的艾草松鸡观察员注意到，“渡鸦”电机的噪声在地面来听是很小的。这些飞行还确定了可以用红外和光电摄像头识别在求偶场地上求偶的艾草松鸡，而且不会驱散它们。“渡鸦”小型无人机系统提供了一种非侵入性、安全且潜在有效的方法来定位新的求偶场地，并获得正在繁殖的艾草松鸡的计数估算。通过附带的地理参考信息来改进机载摄像系统，将提高未来使用“渡鸦”进行野生动物种群估算的效率。使用“渡鸦”进行野生动物监测活动是野生动物管理人员可以利用的另一种工具。

9.3　实现应急通信

从过去的灾难中汲取的那些关键经验教训，强调了在灾难发生后几小时内恢复通信的重要性，即确保生命不会损失以及社区能够迅速恢复。然而，通常受灾区域难以进入，给公用事业公司（译者注：如国内的电力/电信部门）和抢修人员造成了挑战，即关键通信基础设施的修复会被延迟。恢复急救人员之间的通信，对于规划和协调救援工作以及拯救受灾/受伤的人员至关重要。在地面通信连接丢失的情况下，有业者提供了空中通信策略，包括：（1）谷歌公司的Loon项目[185]，该项目旨在使用**高空平台**（High Altitude Platform, HAP）将通信设备提升到平流层，为人们提供互联网接入；（2）Oceus公司[319]可部署在高海拔气球平台上的4G LTE解决方案。这些解决方案目前主要是针对商业目的和军事应用而非灾难响应。

9.3.1　空中基站

空中基站是可以通过气球或**无人机**（UAV）空运的基站，在自然灾害和人为灾难之后的灾难响应期间，提供促进无线和/或蜂窝通信所需的基础设施（如图9-8所示）。与高空平台相反，通过无人机设立的空中基站可以在距离地面几千英尺的高度飞行或盘旋，为受灾地区提供Wi-Fi/蜂窝覆盖。例如最近，俄克拉荷马州的一场龙卷风在通过12英里×1英里（19.31km×1.61km）的一段路途中撞倒了几座蜂窝基站，使得该地区的市民失去了蜂窝覆盖。一些可部署的解决方案——例如**车载移动蜂窝**（Cell on Wheel, CoW），需要花费大量时间在灾区进行部署，在某些情况下——例如发生洪水道路无法通行时，它们可能无法到达目的地。另一方面，空中基站可以更快部署且成本效益高，因此为CoW提供了有效的替代方案。它们还有助于在诸如总统就职典礼和旅游、体育赛事或音乐会等公共活动期间，提高现有蜂窝网络的容量。然而，在空中基站成为现实之前，我们需要克服一些障碍。

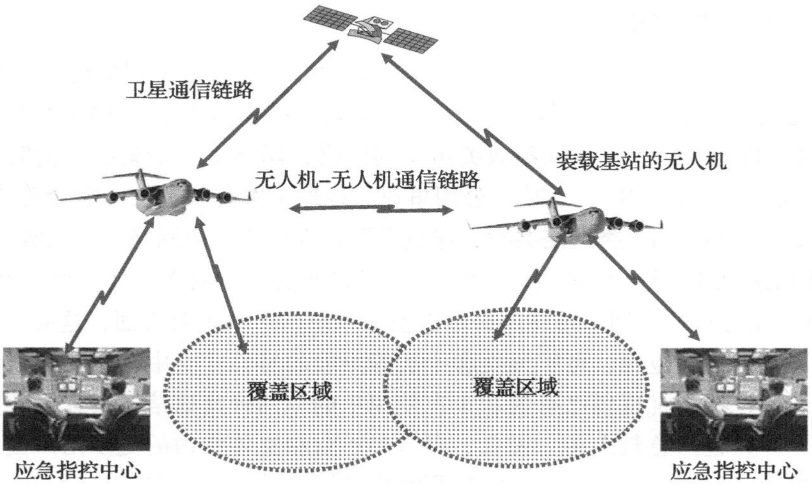

图 9-8 空中基站示意图

9.3.2 赛博物理系统视角

在应急响应期间部署的空中基站是一个典型的**赛博物理系统**（CPS），如图 9-9 所示。由无人机、蜂窝基础设施、感知和规避策略、与地面控制塔的通信以及相关的信息传播组成的机载网络，形成了赛博部分；涉及急救人员、志愿者、参与应急指控和管理的决策者组成的人类网络，形成了物理部分。在实际抢险救灾期间的各种紧急需求，决定了赛博部分和物理部分的系统之间发生的强烈交互会不断演进。为了识别这些赛博物理交互以及维持此类交互的挑战，需要通过救灾演习来模拟实际的灾害情景。这对于理解灾害响应过程中各个利益攸关方之间的社会交互尤其重要，即统筹信息流的核心人员以及各分组的文化，通常在一个典型**应急指控中心**（Emergency Operations Center, EOC）使用的分级**事故指挥系统**（Incident Command System, ICS）中，这种文化不会直接显露出来。在应急演习期间同时分析机载网络和社交网络，将可以推导出 CPS 的设计原则，这些原则构成了在实际场景中设计和部署空中基站的基础。

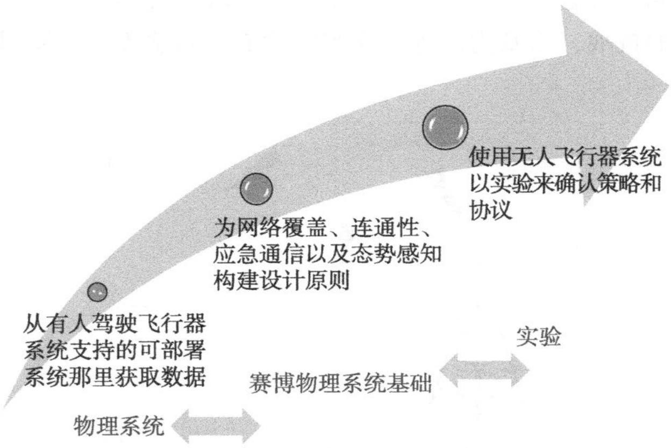

图 9-9 可部署空中系统的赛博物理系统视角

9.3.3 科学和工程挑战

为了在灾后恢复情形下部署空中基站，需要解决一些科学和工程的挑战。图 9-10 显示了一个通过无人机建立的应急通信平台。图中展示了一个空中网络，内有两个配备了基站（Wi-Fi / 蜂窝）的无人机和一个利益攸关组织的网络，网络中包括警察、消防、民航巡逻（译者注：美国空军下属机构）、学校、公用事业、运输、医院以及红十字会等非营利组织。空中网络需要与地面上的人类网络共存，这就需要仔细研究两个网络——机载网络和人类 / 社交网络之间的相互作用。下面，我们简要描述这两种类型的网络及其之间的相互作用。

1）机载网络分析：让网络可用是可部署空中系统的一个重要方面，这要求我们研究空中网络的连通性、覆盖范围、可扩展性和干扰等方面的特性。空中基站与民众和急救人员之间的蜂窝通信，将干扰现场已有的和正在使用中的地面蜂窝通信。扩大机载网络以覆盖更大的区域，并为包括急救人员、民众、媒体和非营利实体在内的更多用户提供服务，是另一个需要探索的重要维度。此外还需要研究机载网络的稳定性和可靠性，以及让网络稳定所依赖的要素。

2）人类和社交网络分析：部署用于应急通信的空中基站，需要与已有的公共安全以及地面商业通信基础设施无缝集成。对这种集成的需求本身也带来了挑战，包括各种设备之间的互操作性以及不同公共安全和商业实体之间的频谱共享。这需要研究人员因素、组织的挑战，以及为促进民众和应急响应利益攸关方使用空中基站服务而存在的培训需求。

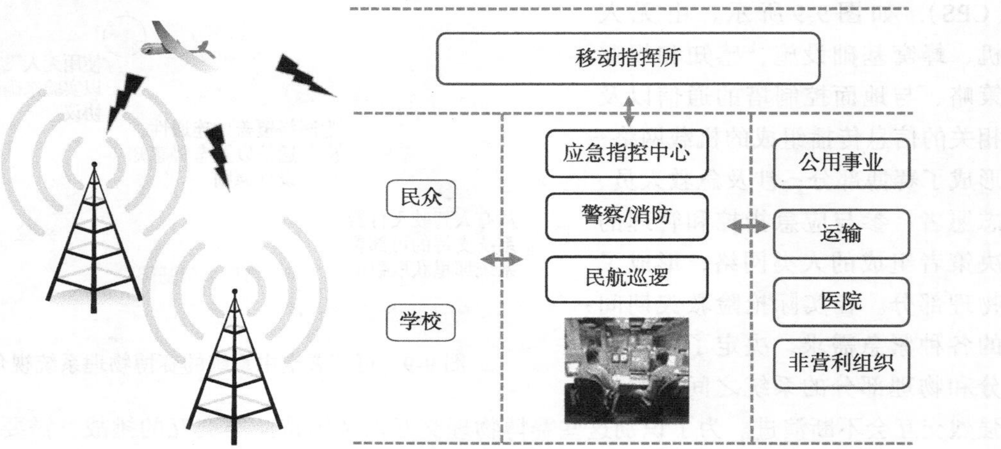

图 9-10 集成可部署的空中平台与现有应急通信系统

9.3.4 灾难响应和应急通信

过去的灾害已经清楚地表明了不间断的通信网络对一个城市响应、灾后恢复和复原能力的重要性。例如，在 2013 年波士顿马拉松爆炸事件发生后，蜂窝网络不堪重负，使民众和紧急救援人员难以交换信息。而2012年飓风桑迪在其路径上击倒了25%的蜂窝信号塔，使得被淹没的社区极难寻求帮助。卡特里娜飓风在2005年导致了重大的电力和通信故障，干扰了灾后恢复的指控，这表明需要设计“低功耗、低重量和低成本的可靠的通信解决方案，以便在受干扰、被中断和低带宽的环境中使用”[445]。因此，为防备自然和人为威胁而建设的生存力强且可持续发展的智慧城市，必须致力于开发、实现和维护具有通用警报协议的稳固的告警系统[64]。

1. 通过无人机建立的通信平台

虽然近年来对Wi-Fi和蜂窝技术进行了广泛的研究[453]，但设计和测试通过无人机网络建立的应急通信系统以加强应急响应，仍然有广泛的主题可研究。最近，麻省理工学院林肯实验室和宾夕法尼亚州立大学开发了一种**机载远程通信**（Airborne Remote Communication, ARC）平台，用于在灾害/贫困环境中实现通信[445]。然而，在应急管理和智慧城市愿景的大环境下，ARC平台有其局限性，虽然用户可以利用其具备Wi-Fi功能的设备与ARC建立联系，但其覆盖范围有限。ARC原型系统由可穿戴用户节点组成，该节点通过**超高频**（Ultra-High Frequency, UHF）中继设备与其他用户节点、互联网或公共安全服务进行通信，但原型系统需要与急救人员已经使用的系统兼容。人力和机构维度也是智慧城市的关键组成部分，在应急响应大环境下，无论系统整合得多么完备，“我们都无法消除所有灾害风险，无论怎么严格、执行得再好、花费再多，建筑规范都无法消除灾害风险”[405]。因此，重要的是与负责应急管理和规划的地方与区域政府机构合作，以确定技术在应急响应期间的适用性。

2. 联邦通信委员会的举措

2011年，**联邦通信委员会**（Federal Communications Commission, FCC）考虑了可部署的航空通信架构，并开始寻求电信公司的反馈[164]。谷歌的Loon项目建议使用高空平台，将通信设备提升到平流层，为人们提供互联网[185]，并利用该层大气中存在的气流方向确定和控制（操纵）这些平台的运动。2013年10月，Oceus网络公司在一个高空气球平台上，成功演示了可部署的4G LTE解决方案的功效，该平台可用于在紧急灾难或自然灾害后的最初72h内，为急救人员快速提供宽带覆盖和通信服务[319]。演示使用了一个机载4G LTE蜂窝网络，允许工程人员收集数据并表征高空4G LTE公共安全系统的性能。平台上的有效载荷行进了近200英里（321.87km），达到了75 000英尺（22 890m）的高度。先前的工作主要集中在可部署的高空4G LTE解决方案，而本章讨论的空中基站，通过将无人机空中基站与已有的应急通信系统集成，将这项研究和技术提升到新高度。美国**联邦航空管理局**（FAA）正在努力将无人机纳入国家空域管理，现在正是设计和部署空中基站的合适时机。空中基站将有助于在灾害发生后立即恢复通信，从而加快灾后恢复过程。

3. 国土安全举措

灾害模拟（演习）在全世界广泛使用，被认为是评估当地灾害响应能力以及提供改进建议的基本工具[190]。目前，“**国土安全演练和评估计划**”（Homeland Security Exercise and Evaluation Program, HSEEP）原则为演练的设计、开发、实施、评估和改进计划提供了标准化的政策、方法和术语。通过开发 HSEEP 工具包，HSEEP 帮助“国家防范目标”[169] 和“国家防范系统”实现目标，该工具包是一个基于网络的演练调度、设计、开发、评估和改进计划工具集。与 HSEEP 一致，拟提出的综合空中通信系统将允许地方应急部门测试应急响应通信能力（“总统政策指令 8：国家防范目标”之一）。此外，**国土安全部**（Department of Homeland Security, DHS）的**科学技术局**（Science and Technology Directorate, S&T）已与**联邦紧急事务管理局**（Federal Emergency Management Agency, FEMA）合作，为更新后的 HSEEP **复杂组织体平台**（Enterprise Platform, EP）研究和评估新技术和新流程，以供应急行动使用[243]。目前的 HSEEP 工具包不能促进信息共享或提供无缝集成的演练支持系统。DHS（S&T）和 FEMA 共同与桑迪亚国家实验室合作，开发了“**标准的统一建模、映射和集成工具包**”（Standard Unified Modeling, Mapping, and Integration Toolkit, SUMMIT）作为敏捷地理平台，使用户能够发现并重用模型，快速而经济地将它们集成并应用于分析中，以改进大型和小型演练的规划与执行、规划工作以及最终的应急响应行动[290]。

9.3.5 研究挑战

拟提出的研究包括对机载网络分析和 ad hoc 社交网络的研究，后者是在涉及灾后恢复行动的利益攸关方之间形成的。机载网络分析包括开发网络覆盖、连通性和可扩展性的理论模型。社交网络分析涉及对急救人员之间的关键通信链路进行抽象（译者注：软件 / 赛博领域设计中的重要手段和方法，合理地使用抽象可以提升设计的简单性），以及涉及灾后恢复行动的决策。这种综合方法的目的是研究赛博和物理组成部门之间的协同作用，并抽象出空中基站设计和部署背后的**赛博物理系统**（CPS）设计原则。下面列出了研究任务的详细描述。

1. 移动性驱动的空中网络分析

通过对机载节点的移动性做适当的建模和分析，可以预测飞行器的机体阻挡、区域覆盖、链路持续时间、路径持续时间、吞吐量和延迟等，这可以对机载网络的联网算法设计和选择做出显著的贡献。我们将基于两点探索用于机载网络的移动性感知自适应路由策略：（1）对相邻代理的移动性的预测；（2）对网络的移动性的统计。例如，如果预测中继节点正在移出传输范围，则即使会减少跳数，也不会选择该节点。此外，路由表的更新还有助于了解网络的性能统计信息，例如路径持续时间和链路寿命周期。例如，可以设计一个路由协议，它基于“最长剩余寿命”的原则在可用路由中选择一个路由，这将增强网络的连通性。

2. 一个空中基站的原型

北德克萨斯大学（University of North Texas, UNT）一直致力于设计一个由无人机网络建立的应急通信系统，以研究空中基站在基础科学和工程方面的问题。2015 年 6 月 1 日在华盛顿，于国家标准与技术研究院主办的环球城市团队挑战赛期间，该校演示了由氦气球空运的空中基站原型，如图 9-11 所示。

图 9-11　环球城市团队挑战赛中演示的由一个气球支持的空中基站原型

该原型用于研究无人机平台的覆盖范围、连通性、可扩展性、可靠性、态势感知以及安全性和安保问题，以及空对空和空对地通信链路的通信范围、带宽、数据速率和服务方面的质量。初步研究结果表明，与车载移动蜂窝相比，由无人机建立的通信平台优势更大，气球实验还提供了用于做比较的基准数据。使用无人机的实验将可以针对实际场景进行更多调整，并提供结果。基于空中通信平台的实验室设计和测试，我们将使用商用无人机并为其配备 Wi-Fi 热点 / 蜂窝基站。我们将从一个空中节点开始，并扩展网络以包含多个节点，覆盖区域可以根据节点数量进行缩放。由于空中的多个节点形成不同的构型，我们将能够测量网络的特性，包括覆盖范围、可扩展性、网络连通性，信号强度，数据 / 语音质量，并将这些测量结果与理论估值进行比较。原型平台包括以下组成部分：（1）Wi-Fi 热点 / 蜂窝基站，允许急救人员和民众之间进行通信；（2）蜂窝基站与急救人员通信网络以及民众手机之间的接口；（3）软件工具和服务，如位置服务和对讲机服务。

9.3.6　推导理论模型

针对测量连通性、覆盖范围、可扩展性和对地面通信的干扰进行实验，对于空中基站的设计和开发十分重要。这些实验的目的是开发构建理论模型所需的基础知识，这些理论模型解释了空中基站在网络和通信方面的原理。在北德克萨斯大学，我们正在进行以下几组实验。

1. 信号强度测量

在第一组实验中，纯正弦信号从空中节点发送到置于地面的接收器。目的是测量在地面上不同距离（例如信号传输位置的高度）所接收信号的强度。为了进行实验，将接收器放置在不同的水平距离，并使用气球或无人机将发射器空运至各种高度，如图 9-12 所示。

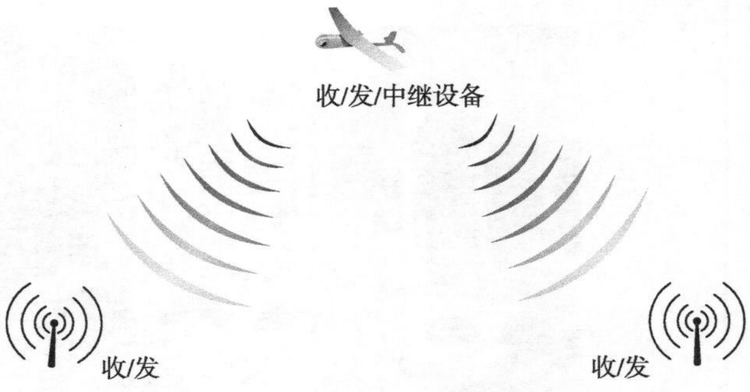

图 9-12　可部署的空中系统：中继设备

这个实验的新颖之处在于它允许我们以模拟形式传输信号并测量接收器处的信号强度。学生们已经设计了带振荡器的可以产生不同频率的正弦信号的发射器，还设计了一个带有测量平均信号强度的电路接收器。初步实验表明，由于是直接视线，自由空间传播可用于模拟射频信号传播，这似乎是使用空中节点的一个很好的理由。但是，当有多个空中节点时，来自其他空中节点的强信号会产生强干扰，因此，当有几个空中节点与地面节点通信时，对信号质量的建模需要进一步研究。

2. 连通性、覆盖范围和可扩展性

第二组实验旨在对使用一组空中节点创建的 ad hoc 网络的性能进行建模。这更具挑战性，不仅是因为部署了多个空中节点，还因为需要空中节点之间的协同。为了生成用于标杆分析的实验数据集以及创建连通性、覆盖范围和可扩展性的理论模型，我们打算使用气球进行实验。这将简化空中节点的部署过程，并有助于进行持续时间更长的实验。节点将使用充满氦气的气球进行空运，气球将被适当地系留，以使它们保持在给定的高度。每个气球都将配备**“树莓派”**（Raspberry PI，译者注：一种小型单片机）和 Wi-Fi 收发器，为每个气球添加 GPS 和高度传感器还可以精确测量其位置和高度。该平台还可用于测试路由协议，例如中断 / 延迟容忍网络。目前我们正在 NASA 工程师的支持和指导下，致力于为太空应用开发此类协议。实验背后的概念如图 9-13 所示。

3. 干扰

当有多个空中节点时，来自其他空中节点的强信号会产生强烈的干扰，因此，当几个空中节点与地面节点通信时，对信号质量建模需要进一步研究。第三组实验空运了一个通信节点，用作终端用户与最近的可运转蜂窝信号塔之间的桥接器，实验装置如图 9-14 所示。如此图所示，通过在蜂窝服务不可用的位置向用户提供覆盖，空中节点桥接了蜂窝覆盖范围中的空隙，空中节点将用户连接到最近的蜂窝信号塔，从而提供蜂窝服务。这组实验的目的是在覆盖区域、带宽和可以与空中基站进行的同时呼叫数量方面，测量基站的性能。在有蜂窝覆盖的地理区域，这个空中基站提供覆盖的能力，同时，来自空中节点的强信号可能干扰正在进行的地面通信。因此，需要进行实验来收集数据，以对信号质量与空中和地面通信之间的干扰进行建模。在灾后恢复过程中，这将让各种利益攸关者（包括民众和急救者）以及商业和公共安全实体之间制定出共享频谱的有效策略。

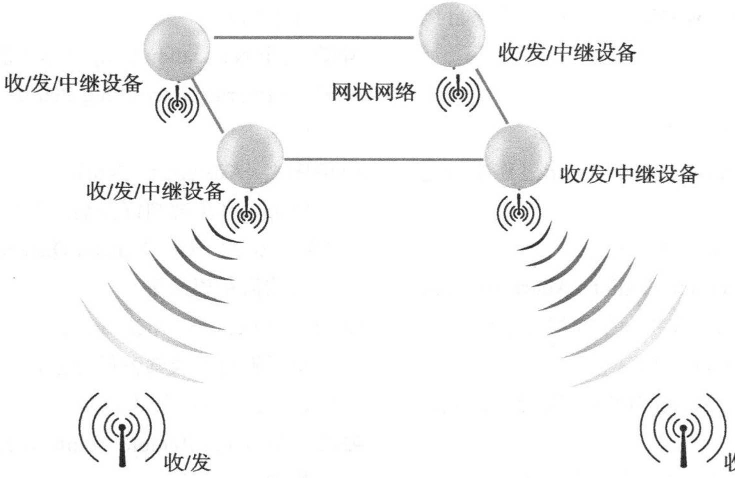

图 9-13　一个空中基站网络：连通性、覆盖范围和可扩展性

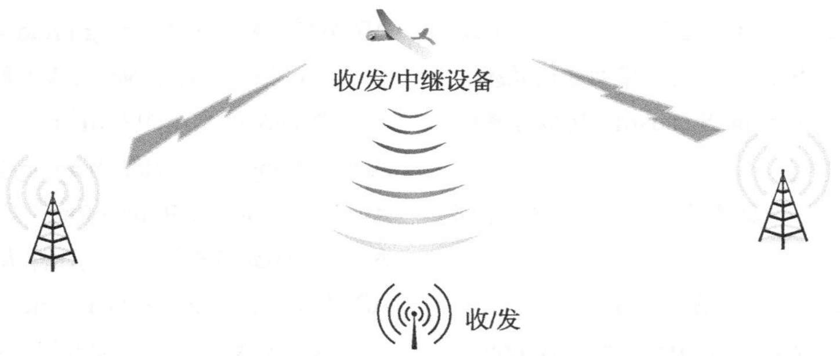

图 9-14　一个空中基站的示意图，它用作终端用户与最近的可运转蜂窝信号塔之间的桥接器

9.4 总结

本章介绍了使用无人机带来巨大好处的两个实际应用：在第一个应用中，利用带有摄像头和传感器的小型无人机系统，提供了对野生动物种群数量的准确估算；在第二个应用中，解释了可以在灾后应急响应和恢复期间提供无线和 / 或蜂窝通信的空中基站。

缩 略 语

A-MANET　Adaptive MANET（自适应移动自组织网络）

A2A　Air-to-Air（空对空）

A2G　Air-to-Ground（空对地）

AANET　Aeronautical Ad hoc Network（航空自组织网络）

AC　Advisory Circulars（咨询通告）

ACARS　Aircraft Communications Addressing and Reporting System（飞机通信与报告系统）

ACK　Acknowledgement（确认字符）

ACO　Aircraft Certification Office（飞行器认证办公室）

AD　Airworthiness directive（适航指令）

ADS-B　Automatic Dependent Surveillance-Broadcast（广播式自动相关监视）

AeroMACS　Aeronautical Mobile Aircraft Communication System（航空移动通信系统）

AES　Advanced Encryption Standard（高级加密标准）

AFRL　Air Force Research Laboratory（空军研究实验室）

AGL　Above Ground Level（距地面）

AIMD　Additive Increase Multiplicative Decrease（加性增乘性减）

AM　Amplitude Modulation（幅度调制）

AMC　Acceptable Means of Compliance（可接受的合规方式）

AMRS　Aeronautical Mobile Route Service（空中移动路由服务）

AN　Airborne Node（机载节点）

ANAC　Agencia Nacional de Aviacao Civil（国家民航局）

ANO　Air Navigation Order（空中航行规程）

ANP　Airborne Networking Platform（机载网络平台）

ANPRM　Advanced Notice of Proposed Rule Making（法规制订提案预告）

AODV　Ad hoc On-Demand Distance Vector（自组织按需距离矢量）

AOPA　Aircraft Owners and Pilots Association（航空器拥有者及驾驶员协会）

AP　access point（接入点）

ARC　Airborne Remote Communication（机载远程通信）

AROCoP　Aircraft Radio Operators Certificate of Proficiency（飞行器无线电操作员水平证书）

ARPAM　Ad-hoc Routing Protocol for Aeronautical Mobile Ad-Hoc Network（面向航空移动自组织网络的自组织路由协议）

ARL　Army Research Laboratory（陆军研究实验室）

ARQ　Automatic Repeat Request（自动重传请求）

AS-2　AtlantikSolar 2（大西洋太阳能 2）

ASDE-X　Airport Surface Detection System-Model X　X 模式机场地面探测系统）

ATC　Air Traffic Control（空中交通管制）

ATM　Air Traffic Management（空中交通管理）

BER　Bit-Error Rate（误码率）

BGP　Border Gateway Protocol（边界网关协议）

BIC　Binary Increase Congestion(二进制增加控制）

BLM　Bureau of Land Management（土地管理局）

BLR　Beaconless Routing（无信标路由）

BMR　Boeing Mobile Router（波音移动路由器）

BP Bundle Protocol（捆绑协议）

BR & T Boeing Research & Technology（波音研究与技术部）

BRLoS Beyond Radio Line of Sight（无线电视线外）

C2 Command and Control（指挥与控制）

C3 Communication, Command and Control（通信、指挥和控制）

CAA Civil Aviation Authority（民航局）

CAB Civil Aviation Bureau（民航局）

CAN Controller Area Network（控制局域网络）

CAR Canadian Aviation Regulation（加拿大航空条例）

CASA Civil Aviation Safety Authority（民航安全局）

CASR Civil Aviation Safety Regulatory（民航安全条例）

CBR Constant Bit Rate（恒定比特率）

CDS Connected Dominating Set（连通支配集）

CFR Code of Federal Regulation（联邦法规）

CG Center of Gravity（重心）

CNRM Centre National de Recherches Météorologiques（国家计量研究中心）

CNRS Centre National de la Recherche Scientifique（国家科学研究中心）

COA Certificate of Authorization（授权证书）

CONOPS Concept of Operations（运行概念）

CORE Common Open Research Emulator（通用开放式研究模拟器）

COTS Commercial Off-The-Shelf（商用现货）

CoW Cell on Wheel（车载移动蜂窝）

CPA conventionally piloted aircraft（常规驾驶飞行器）

CPS Cyber Physical System（赛博物理系统）

CPW Colorado Parks and Wildlife（科罗拉多公园和野生动物局）

CRC Cyclic Redundancy Check（循环冗余校验）

CS Certification Specification（认证规范）

CTR Critical Transmission Range（关键传输距离）

CUBIC Cubic Function BIC（三次函数 BIC）

D3 Dull, Dirty and Dangerous（沉闷、肮脏和危险）

DAA Detect And Avoid（侦测与回避）

DAEP Department of Aerodynamics, Energetics and Propulsion（空气动力学、能量学和推进系）

DAISIE Design of Innovative Applications for Swarms of Autonomous Vehicle（自主飞行器蜂群的创新性应用设计）

DDD Dull, Dirty, Dangerous（沉闷、肮脏、危险）

DECEA Departamento de Controle do Espaço Aéreo（空中交通管理部）

DES Data Encryption Standard（数据加密标准）

DFRC Dryden Flight Research Center（德莱顿飞行研究中心）

DHS Department of Homeland Security（国土安全部）

DIL Disconnected, Intermittent, and Low bandwidth（连接断开、间断和低带宽）

DGAC Direction Generale de l'Aviation Civile（交通运输部民航总局）

DME Distance Measuring Equipment（距离测量设备）

DME Decision-Making Entity（决策设备）

DOI Department of the Interior（内政部）

DoS Denial-of-Service（拒绝服务）

DPD Duplicate Packet Detection(重复数据包检测)

DREAM Distance Routing Effect Algorithm for Mobility（移动性距离路由影响算法）

DSCP Diffserv Code Point（差分服务代码点）

DSDV Destination Sequenced Distance Vector（目的序列距离矢量）

DSR Dynamic Source Routing（动态源路由）

DT Delay Tolerant（延迟容忍）

DTN Delay Tolerant Network（容迟网络）

DTN Disruption-Tolerant Network（容断网络）
DVB Digital Video Broadcasting（数字视频广播）
E/TSO European technical standard order（欧洲技术标准规定）
EASA European Aviation Safety Agency（欧洲航空安全局）
ECN Explicit Congestion Notification（显式拥塞通知）
ELN Explicit Loss Notification（显式丢包通知）
ENAC Ecole Nationale de l'Aviation Civile（国家民航学院）
EOC Emergency Operations Center（应急指控中心）
EO Electro-Optical（光电）
EOR Extremely OR（极端机会路由）
EPP Expanded Polypropylene（发泡聚丙烯）
ES Extended Squitter（超长电文）
ETH Eidgenössische Technische Hochschule（联邦理工学院）
EUROCAE European Organization for Civil Aviation Equipment（欧洲民用航空设备组织）
FAA Federal Aviation Administration（联邦航空管理局）
FCC Federal Communications Commission（联邦通信委员会）
FDD Frequency Division Duplex（频分双工）
FEC Forward Error Correction（前向纠错）
FEMA Federal Emergency Management Agency(联邦紧急事务管理局）
FHSS Frequency-Hopping Spread Spectrum（跳频扩频）
FIS-B Flight Information Service Broadcast（飞行信息服务广播）
FM Frequency Modulation（调频）
FMRA FAA Modernization and Reform Act（FAA现代化和改革法案）
FPGA Field Programmable Gate Array（现场可编程门阵列）
FPS Frames Per Second（帧数）
FPV First-person view（第一人称视角）
FSS Flight Safety System（飞行安全系统）
FTS Flight-Termination System（飞行终止系统）
G-M Gauss–Markov（高斯－马尔科夫）
G2G Ground-to-Ground（地对地）
GCS Ground Control Station（地面控制站）
GIG Global Information Grid（全球信息栅格）
GMA Global Military Aircraft(全球军用飞行器部）
GMSK Gaussian Filtered Minimum Shift Keying（高斯最小频移键控）
GPRS General Packet Radio Service（通用分组无线业务）
GPS Global Positioning System（全球定位系统）
GPSR Greedy Perimeter Stateless Routing（贪婪路由协议）
GRASP General Robotics, Automation, Sensing & Perception（通用机器人、自动化、感知和洞察）
GS Ground Station（地面站）
GSM Global System for Mobile communication(全球移动通信系统）
GUI Graphical User Interface（图形用户界面）
GW Gateway（网关）
HALE High Altitude Long Endurance(高空长航时）
HAP High Altitude Platform（高空平台）
HARQ Hybrid ARQ（混合自动重传请求）
HEC Header Error Check（报头错误校验）
HITL Hardware in the Loop（硬件在环）
HSEEP Homeland Security Exercise and Evaluation）Program（国土安全演练和评估计划）
HyTAQ Hybrid Terrestrial and Aerial Quadrotor(混合地面和空中四旋翼）
ICA Instructions for Continuing Airworthiness（持续适航文件）
ICAO International Civil Aviation Organization（国

际民航组织）

ICMP Internet Control Message Protocol（互联网控制报文）

ICS Incident Command System（事故指挥系统）

IETF Internet Engineering Task Force（互联网工程任务组）

IFR Instrument Flight Rule（仪表飞行规则）

ILS Instrument Landing System（仪表着陆系统）

IGF Implicit Geographic Forwarding IGF）

IMU Inertial Measurement Unit（惯性测量单元）

IP Internet Protocol（互联网协议）

IR Infrared（红外）

ISM Industrial Scientific Medical（面向工业、科学、医学领域）

ISAE Institut Supérieur de l'Aéronautique et de l'Espace（法国航空航天大学）

ITU International Telecommunication Union（国际电信联盟）

IVHM Integrated Vehicle Health Management（集成飞行器健康管理）

IVoX Interactive Voice Exchange(交互式语音交换）

JAA Joint Aviation Authoritiy（联合航空局）

JARUS Joint Authorities for Rulemaking on Unmanned System(无人驾驶系统规则制定联合体）

JTAG Joint Test Action Group（联合测试行动组）

JUAV Japan UAV Association（日本无人机协会）

LAAS Laboratory for Analysis and Architecture of System（系统分析和架构实验室）

LaBRI Bordeaux Computer Science Research Laboratory（波尔多计算机科学研究实验室）

LAR location-aided routing（位置辅助路由）

LBA Luftfahrt-Bundesamt（联邦航空局）

LDACS L-band Digital Aeronautical Communication System L 波段数字航空通信系统）

LTE Long Term Evolution（长期演进技术）

LTP Licklider transmission protocol（利克莱德传输协议）

LOCUST Low Cost UAV Swarming Technology（低成本无人机蜂拥技术）

LOS Line-Of-Sight（视线）

LSA Link State Advertisement（链路状态通告）

LuftVG Luftverkehrs-Ordnung（德国航空法令）

MAC Media Access Control（介质访问控制）

MALE Medium Altitude Long Endurance（中空长航时）

MANET Mobile Ad hoc Network（移动自组网络）

MAV Micro Air Vehicle（微型飞行器）

MEMS Micro-Electromechanical System（微机电系统）

MGEN Multi-Generator（多生成器）

MIDO Manufacturing Inspection District Office(制造检验地区办公室）

MIMO Multiple-Input Multiple-Output（多入多出）

MMI Man-Machine Interface（人机界面）

MOPS Minimum Operating Performance Standard（最低运行性能标准）

MSL Mean Sea Level（平均海平面）

MTU Maximum Transmission Unit(最大传输单元）

MUAV Micro UAV（微型无人机）

NACK/NAK Negative Acknowledgement（否定确认字符）

NAS National Airspace System（国家空域系统）

NASA National Aeronautics and Space Administration（国家航空航天局）

NATO North Atlantic Treaty Organization（北大西洋公约组织）

NextGen Next Generation Air Transportation System（下一代航空运输系统）

NOTAM Notice To Airmen（航行通告）

NRL Naval Research Laboratory(海军研究实验室）

NSF National Science Foundation(国家科学基金）

NTIA National Telecommunications and Information Administration（国家电信和信息管理局）

OFDM Orthogonal Frequency Division Multip-

lexing（正交频分复用）
OI Operator Interface（操作员界面）
ONERA Office National d'Etudes et de Recherches Aérospatiales（法国航空航天研究中心）
ONR Office of Naval Research（海军研究办公室）
OLSR Optimized Link State Routing Protocol（优化链路状态路由）
OR Opportunistic Routing（机会路由）
OSI Open System Interconnection（开放系统互联）
OSPF Open Shortest Path First（开放最短路径优先）
OSPF-MDR MANET Designated Router（移动自组织网络指定路由）
OTR Open Tactical Router（开放式战术路由器）
P2P Peer-to-Peer（点对点）
PC Production Certificate（生产许可证）
PDR Packet Delivery Ratio（数据包传输率）
PIC Pilot In Command（驾驶指挥员）
PIM-DM Protocol Independent Multicast – Dense Mode（密集模式独立组播协议）
PMA Parts Manufacture Approval（零部件人制造批准书）
POA Production Organization Approval（生产组织批准书）
POI Point Of Interest（兴趣点）
PSR Primary Surveillance Radar（一次监视雷达）
QoS Quality-of-Service（服务质量）
RANGE Robust Airborne Networking Extension（耐久机载网络扩展）
RBAC Regulamentos Brasileiros de Aviacao Civil（巴西民航条例）
RBHA Brazilian Regulation of Aeronautics Ratification（巴西航空运输规则）
RC Remote Controlled（遥控）
RCP Required Communications Performance（所需通信性能）
RD Random Direction（随机方向）
RF Radio Frequency（射频）
RLoS Radio Line of Sight（无线电视线）
RMT Reliable Multicast Transport（可靠组播传输）
RN Relay Node（中继节点）
ROAS Remotely Operated Aircraft System（远程操纵飞行器系统）
RP Remote Pilot（遥控驾驶员）
RPA Remotely Piloted Aircraft（遥控驾驶飞行器）
RPAS Remotely piloted aerial system（遥控空中系统）
RPS Remote Pilot Station（遥控站）
RPV Remotely Piloted Vehicle（遥控飞行器）
RSE Reliability and Security Engine（可靠性与安全性引擎）
RSSI Received Signal Strength Indication（接收信号强度指示）
RTCA Radio Technical Commission for Aeronautics（航空无线电技术委员会）
RTP Real-time Transport Protocol（实时传输协议）
RTT Round-Trip Time（往返时延）
RWP Random Waypoint（随机路点）
S & A See and Avoid（看见和回避）
S&T Science and Technology Directorate（科学技术局）
SACAA South African Civil Aviation Authority（南非民航局）
SAR Synthetic Aperture Radar（合成孔径雷达）
SAR Search And Rescue（搜索和救援）
SARP Standards And Recommended Practice（标准和推荐实践）
SCMP ICMP for SCPS（互联网控制报文的SCMP特定版本）
SCPS-TP Space Communications Protocol Standard – Transport Protocol（空间通信协议标准－传输协议）
SDIO Secure Digital Input and Output（安全数据输入输出）

SDM Spatial Division Multiplexing（空分复用）

SDT Scripted Display Tool（脚本显示工具）

SESAR Single European Sky ATM Research（欧洲单一天空空中交通管理研究）

SFOC Special Flight Operations Certificate（特殊飞行运营证书）

SiFT Simple Fowarding over Trajectory（轨迹上简单转发）

SINR Signal to Interference plus Noise Ratio（信号与干扰加噪声比）

SMF Simplified Multicast Forwarding（简化组播转发）

SNACK Selective Negative Acknowledgment（选择性否定确认字符）

SOAN Self-organized Airborne Network（自组织机载网络）

SPR Safety and Performance Requirement（安全和性能要求）

SR Security Requirement（安防需求）

SSA Soaring Society of America（美国滑翔协会）

SSR Secondary Surveillance Radar（二次监视雷达）

STC Supplementary Type Certificate（补充型号合格证）

SUMMIT Standard Unified Modeling, Mapping, and Integration Toolkit（标准的统一建模、映射和集成工具包）

SWAP Size, weight and power（尺寸、重量和功率）

SYN Synchronize Sequence Number（同步序列编号）

T/TCP TCP for transaction（事务 TCP）

TBR Trajectory-Based Routing（基于轨迹的路由）

TC Type Certificate（型号合格证）

TCDS Type Certificate Data Sheet（型号合格证数据表）

TCP Transmission Control Protocol（传输控制协议）

TCPCL TCP convergence layer（TCP 汇聚层）

TDD Time Division Duplex（时分双工）

TDMA Time Division Multiple Access（时分多址）

TDOA Time Difference Of Arrival（到达时间差）

TGL Temporary Guidance Leaflet（临时指南宣传页）

TIS-B Traffic Information Service Broadcast（交通信息服务广播）

TORA Temporally-Ordered Routing Algorithm（时序路由算法）

TPDU Transport Protocol Data Unit（传输协议数据单元）

TPM Trusted Platform Module（可信平台模块）

TSO Technical Standard Order（技术标准规定）

TTI Time To Intercept（拦截时间）

TTP Target tracking problem（目标跟踪问题）

USGS United States Geological Survey（美国地质调查局）

UAS Unmanned Aerial System（无人机系统）

UAT Universal Access Transceiver（通用访问收发器）

UAV Unmanned Aerial Vehicle（无人机）

UDP User Datagram Protocol（用户数据报协议）

UHF Ultra-High Frequency（超高频）

UIUC University of Illinois, Urbana-Champaign（伊利诺伊大学厄巴纳 - 香槟分校）

UMTS Universal Mobile Telecommunications System（通用移动通信系统）

UNT University of North Texas（北德克萨斯大学）

UOC UAS Operator Certificate（无人机系统运营商证书）

USB Universal Serial Bus（通用串行总线）

USFWS US Fish and Wildlife Service（美国鱼类和野生动物管理局）

VANET Vehicular Ad hoc Network（车载自组织网络）

VDTN　Vehicular Disruption-Tolerant Network（车载容断网络）

VFR　Visual Flight Rule（目视飞行规则）

VHF　Very High Frequency（甚高频）

VLC　Video LAN Client（视频 LAN 客户端）

VLOS　Visual Line-Of-Sight（视距）

VM　Virtual Machine（虚拟机）

VoIP　Voice over IP（网络电话）

VOR　Very High Frequency Omnidirectional Range（甚高频全向范围站）

VRS　Vehicle Recovery System（飞行器恢复系统）

VTOL　Vertical Take-Off and Landing（垂直起降）

WLAN　Wireless Local Area Network(无线局域网)

WSN　Wireless Sensor Network（无线传感器网络）

WMN　Wireless Mesh Network（无线网状网）

XORP　eXtensible Open Router Platform（可扩展开放路由平台）

参考文献

[1] Albatross. www.kickstarter.com/projects/164361630/the-albatross-uav. [Accessed 28 August 2015].

[2] DTN research group. sites.google.com/site/dtnresgroup/.

[3] Made in Oregon: The Most Secure UAV Software in the World -> 60 Minutes. www.softwarediligence.com/made-in-oregon-the-most-secure-uav-software-in-the-world-60-minutes-video/. [Accessed 28 August 2015].

[4] Secure Solutions. www.xilinx.com/applications/aerospace-and-defense/secure-solutions.html. [Accessed 28 August 2015].

[5] SkyJack Project. samy.pl/skyjack/. [Accessed 28 August 2015].

[6] SkyScanner. www.laas.fr/projects/skyscanner/. [Accessed 30 December 2015].

[7] Solar-Storm. wiki.paparazziuav.org/wiki/Solar-Storm. [Accessed 28 August 2015].

[8] Global information grid (GIG) overarching policy. Department of Defense Directive, November 2003.

[9] iNET Needs Discernment Report, version 1.0. Central Test and Evaluation Investment Program (CTEIP), May 2004.

[10] The ns-3 Network Simulator. www.nsnam.org, July 2009.

[11] 112th Congress, 2nd Session, U.S. House of Representatives. FAA Modernization and Reform Act of 2012, February 2012. www.gpo.gov/fdsys/pkg/CRPT-112hrpt381/pdf/CRPT-112hrpt381.pdf.

[12] M. Abolhasan, T. Wysocki, and E. Dutkiewicz. A review of routing protocols for mobile ad hoc networks. *Ad Hoc Networks*, 2(1):1–22, January 2004.

[13] M.C. Achtelik, J. Stumpf, D. Gurdan, and K.-M. Doth. Design of a flexible high performance quadcopter platform breaking the mav endurance record with laser power beaming. In *Proc. IEEE/RSJ Intl. Conf. Intelligent Robots and Systems (IROS)*, pages 5166–5172, September 2011.

[14] E. Adamey and U. Ozguner. A decentralized approach for multi-UAV multitarget tracking and surveillance. In *Society of Photo-Optical Instrumentation Engineers (SPIE) Conference Series*, volume 8389, May 2012.

[15] A. Adams, J. Nicholas, and W. Siadak. Protocol independent multicast, dense mode protocol specification (PIM-DM). *Internet RFC 3973*, February 2005.

[16] Carlisle Adams and Steve Lloyd. *Understanding PKI: Concepts, Standards, and Deployment Considerations*. Addison-Wesley Longman Publishing Co., Boston, MA, USA, 2nd edition, 2002.

[17] B. Adamson, C. Bormann, M. Handley, and J. Macker. NACK-oriented reliable multicast (NORM) transport protocol. *RFC 5740*, November 2009.

[18] Agencia Nacional de Aviacao Civil. *Regulamentos Brasileiros de Aviacao Civil (RBAC)*, 2012. www2.anac.gov.br/biblioteca/rbha.asp.

[19] Dakshi Agrawal, Bruce Archambeault, Josyula R. Rao, and Pankaj Rohatgi. The EM Side—Channel(s). In Burton S. Kaliski, Çetin K. Koç, and Christof Paar, editors, *Cryptographic Hardware and Embedded Systems – CHES 2002*, volume 2523 of *Lecture Notes in Computer Science*, pages 29–45. Springer, Berlin, Heidelberg, August 2003.

[20] Dakshi Agrawal, Josyula R. Rao, and Pankaj Rohatgi. Multi-channel attacks. In Colin D. Walter, Çetin K. Koç, and Christof Paar, editors, *Cryptographic Hardware and Embedded Systems – CHES 2003*, volume 2779 of *Lecture Notes in Computer Science*, pages 2–16. Springer, Berlin, Heidelberg, September 2003.

[21] R. Ahlswede, Ning Cai, S.-Y.R. Li, and R.W. Yeung. Network information flow. *IEEE Transactions on Information Theory*, 46(4):1204–1216, July 2000.

[22] Jeff Ahrenholz, Claudiu Danilov, Thomas R. Henderson, and Jae H. Kim, CORE: A real-time network emulator. *IEEE MILCOM 2008*, San Diego, CA, November 2008.

[23] Raja Naeem Akram, Pierre-François Bonnefoi, Serge Chaumette, Konstantinos Markantonakis, and Damien Sauveron. Improving security of autonomous UAVs fleets by using new specific embedded secure elements – a position paper. In *2nd AETOS International Conference on "Research Challenges for Future RPAS/UAV Systems,"* Bordeaux, France, September 2014.

[24] Ian F. Akyildiz, Xudong Wang, and Weilin Wang. Wireless mesh networks: a survey. *Computer Networks*, 47(4):445–487, 2005.

[25] Sattam S. Al-Riyami and Kenneth G. Paterson. *Advances in Cryptology – ASIACRYPT 2003: Proceedings of the 9th International Conference on the Theory and Application of Cryptology and Information Security*, Taipei, Taiwan, November 30–December 4, 2003, Certificateless Public Key Cryptography, pages 452–473. Springer, Berlin, Heidelberg, 2003.

[26] Roberto Albertani, Bret Stanford, James Hubner, and Peter Ifju. Characterization of flexible wing mavs: Aeroelastic and propulsion effects on flying qualities. In *Proceedings of AIAA Atmospheric Flight Mechanics Conference and Exhibit*, pages 15–18, August 2005.

[27] Mohammed J. F. Alenazi, Santosh Ajith Gogi, Dongsheng Zhang, Egemen K. Çetinkaya, Justin P. Rohrer, and James P. G. Sterbenz. Implementation of aeronautical network protocols. In *Proceedings of the AIAA Infotech@Aerospace Conference*, Boston, MA, August 2013.

[28] M. Allman, S. Dawkins, D. Glover, J. Griner, D. Tran, T. Henderson, J. Heidemann, J. Touch, H. Kruse, S. Ostermann, K. Scott, and J. Semke. Ongoing TCP research related to satellites. RFC 2760 (Informational), February 2000.

[29] M. Allman, D. Glover, and L. Sanchez. Enhancing TCP over satellite channels using standard mechanisms. RFC 2488 (Best Current Practice), January 1999.

[30] M. Allman, V. Paxson, and W. Stevens. *TCP Congestion Control*. RFC 2581 (Proposed Standard), April 1999. Obsoleted by RFC 5681, updated by RFC 3390.

[31] J. Allred, A. Hasan, S. Panichsakul, W. Pisano, P. Gray, J. Huang, R. Han, D. Lawrence, and K. Mohseni. SensorFlock: An airborne wireless sensor network of micro-air vehicles. In *Proceedings ACM International Conference Embedded Networked Sensor Systems*, pages 117–129, 2007.

[32] A.I. Alshbatat and D. Liang. Adaptive MAC protocol for UAV communication networks using directional antennas. In *Proc. Intl. Conf. Networking, Sensing and Control (ICNSC)*, pages 598–603, April 2010.

[33] Hassan Aly and Mohammed ElGayyar. Attacking AES using Bernsteins attack on modern processors. In Amr Youssef, Abderrahmane Nitaj, and AboulElla Hassanien, editors, *Progress in Cryptology – AFRICACRYPT 2013*, volume 7918 of *Lecture Notes in Computer Science*, pages 127–139. Springer, Berlin, Heidelberg, June 2013.

[34] David E. Andersen, Orrin J. Rongstad, and William R. Mytton. Response of nesting red-tailed hawks to helicopter overflights. *Condor*, pages 296–299, 1989.

[35] T. Andre, K. Hummel, A. Schoellig, E. Yanmaz, M. Asadpour, C. Bettstetter, P. Grippa, H. Hellwagner, S. Sand, and S. Zhang. Application-driven design of aerial communication networks. *IEEE Communications Magazine*, 52(5):129–137, May 2014.

[36] J.G. Andrews, S. Buzzi, W. Choi, S.V. Hanly, A. Lozano, A.C.K. Soong, and J.C. Zhang. What will 5G be? *IEEE Journal on Selected Areas in Communications*, 32(6):1065–1082, June 2014.

[37] ARINC. 618-6: Air. *Ground Character-Oriented Protocol Specification*.

[38] M. Asadpour, D. Giustiniano, and K. Hummel. From ground to aerial communication: dissecting WLAN 802.11n for the drones. In *Proc. ACM MobiCom – WinTech Wksp*, pages 25–32, 2013.

[39] M. Asadpour, D. Giustiniano, K. Hummel, and S. Heimlicher. Characterizing 802.11n aerial communication. In *Proc. ACM MobiHoc Wksp on Airborne Networks and Commun.*, pages 7–12, July 2013.

[40] M. Asadpour, D. Giustiniano, K. Hummel, S. Heimlicher, and S. Egli. Now or later? Delaying data transfer in time-critical aerial communication. In *Proc. ACM CoNEXT*, pages 127–132, December 2013.

[41] M. Asadpour, B. Van den Bergh, D. Giustiniano, K. Hummel, S. Pollin, and B. Plattner. Micro aerial vehicle networks: an experimental analysis of challenges and opportunities. *Communications Magazine, IEEE*, 52(7):141–149, July 2014.

[42] G.R. Asha, V. Vaidhehi, Toa Bi Irie Guy Cedric, and S. Balaji. *A Review of Routing Protocols for Airborne Networks. IJIRAE*, 3(2), March 2015.

[43] Atlantik Solar. http://www.atlantiksolar.ethz.ch/.

[44] Hari Balakrishnan, Randy H. Katz, and Venkata N. Padmanbhan. The effects of asymmetry on TCP performance. *Mob. Netw. Appl.*, 4(3):219–241, 1999.

[45] Hagai Bar-El, Hamid Choukri, David Naccache, Michael Tunstall, and Claire Whelan. The sorcerer's apprentice guide to fault attacks. *Proceedings of the IEEE*, 94(2):370–382, February 2006.

[46] Guillaume Barbu and Christophe Giraud. New countermeasures against fault and software type confusion attacks on java cards. In David Naccache and Damien Sauveron, editors, *Information Security Theory and Practice. Securing the Internet of Things*, volume 8501 of *Lecture Notes in Computer Science*, pages 57–75, July 2014.

[47] Stefano Basagni, Imrich Chlamtac, Violet R. Syrotiuk, and Barry A. Woodward. A distance routing effect algorithm for mobility (DREAM). In *4th Annual ACM Mobile Computing and Networking*, MobiCom 1998, pages 76–84, New York, NY, USA, 1998. ACM.

[48] R.-W. Beard. Multiple UAV cooperative search under collision avoidance and limited range communication constraints. In *Proc. IEEE CDC*, pages 25–30, 2003.

[49] İlker Bekmezci, Ozgur Koray Sahingoz, and Şamil Temel. Flying ad-hoc networks (FANET): A survey. *Ad Hoc Networks*, 11(3):1254–1270, May 2013.

[50] Wells C. Bennet. Civilian drones, privacy, and the federal–state balance. Technical report, Brookings Institute, 09 2014. www.brookings.edu/~/media/Research/Files/Reports/2014/09/civilian-drones-privacy/civilian_drones_privacy_bennett_NEW.pdf?la=en.

[51] J. Berger and J. Happe. Co-evolutionary search path planning under constrained information-sharing for a cooperative unmanned aerial vehicle team. In *IEEE Congress on Evolutionary Computation (CEC)*, pages 1–8, July 2010.

[52] Daniel J. Bernstein. Cache-timing attacks on AES. Technical report, University of Illinois at Chicago, 2005.

[53] K. Bhamidipati, D. Uhlig, and N. Neogi. Engineering safety and reliability into UAV Systems: Mitigating the ground impact hazard. *AIAA Guidance, Navigation and Control Conference and Exhibit*, Hilton Head, SC, August 2007.

[54] K. Bhamidipati, Mitigating the UAV ground impact hazard using fault-tree analysis and a fuel consumption model. M.S. Thesis, Department of Aerospace Engineering, University of Illinois at Urbana-Champaign, 2007.

[55] Eli Biham and Adi Shamir. Differential fault analysis of secret key cryptosystems. In Burton S. Kaliski, editor, *Advances in Cryptology CRYPTO 1997*, volume 1294 of *Lecture Notes in Computer Science*, pages 513–525. Springer, Berlin, Heidelberg, August 1997.

[56] P. Bilaye, V.N. Gawande, U.B. Desai, A.A. Raina, and R.S. Pant. Low cost wireless internet access for rural areas using tethered aerostats. In *2008 IEEE Region 10 and the Third International Conference on Industrial and Information Systems*, pages 1–5, December 2008.

[57] Sanjit Biswas and Robert Morris. Opportunistic routing in multi-hop wireless networks. *SIGCOMM Computer Communication Review*, 34(1):69–74, 2004.

[58] B. Blum, T. He, S. Son, and J. Stankovic. IGF: A state-free robust communication protocol for wireless sensor networks. Technical Report CS-2003-11, Department of Computer Science, University of Virginia, USA, 2003.

[59] Y. Bo, Q. Yongyuan, and C. Yan, A method for fault detection and isolation in the integrated navigation system for UAV. *Measurement Science and Technology*, 17:1522–1528, 2006.

[60] F. Boehm and A. Schulte. Air to ground sensor data distribution using IEEE 802.11n Wi-Fi network. In *Proc. IEEE/AIAA Digital Avionics Sys. Conf. (DASC)*, pages 4B2–1–4B2–10, October 2013.

[61] Dan Boneh, Richard A. DeMillo, and Richard J. Lipton. On the importance of checking cryptographic protocols for faults. In Walter Fumy, editor, *Advances in Cryptology EUROCRYPT 97*, volume 1233 of *Lecture Notes in Computer Science*, pages 37–51. Springer, Berlin, Heidelberg, May 1997.

[62] Pierre François Bonnefoi, Damien Sauveron, and Jong Hyuk Park. MANETS: an exclusive choice between use and security? *Computing and Informatics. Special Issue on Interactive Multimedia and Intelligent Services in Mobile and Ubiquitous Computing (MUC)*, 27(5):799–821, 2008.

[63] J. Border, M. Kojo, J. Griner, G. Montenegro, and Z. Shelby. Performance enhancing proxies intended to mitigate link-related degradations. RFC 3135 (Informational), June 2001.

[64] Botterell. The common alerting protocol: an open standard for alerting, warning and notification. In *Proceedings of the 3rd International ISCRAM Conference*, pages 497–503, 2006.

[65] Ouns Bouachir, Alinoe Abrassart, Francisco Garcia, and Nicolas Larrieu. A mobility model for UAV ad hoc network. In *International Conference on Unmanned Aircraft Systems (ICUAS)*, 2014, pages 383–388. IEEE, 2014.

[66] R. Braden. Requirements for internet hosts – communication layers. RFC 1122 (Standard), October 1989. Updated by RFCs 1349, 4379.

[67] R. Braden. T/TCP – TCP extensions for transactions functional specification. *RFC 1644* (Experimental), July 1994.

[68] Eric Brier, Christophe Clavier, and Francis Olivier. Correlation power analysis with a leakage model. In Marc Joye and Jean-Jacques Quisquater, editors, *Cryptographic Hardware and Embedded Systems – CHES 2004*, volume 3156 of *Lecture Notes in Computer Science*, pages 16–29. Springer, Berlin, Heidelberg, August 2004.

[69] A.L. Brown. Measuring the effect of aircraft noise on sea birds. *Environment International*, 16(4):587–592, 1990.

[70] T. Brown, B. Argrow, C. Dixon, S. Doshi, R. Thekkekunnel, and D. Henkel. Ad hoc UAV ground network (Augnet). In *Proc. AIAA Unmanned Unlimited Tech. Conf.*, September 2004.

[71] Timothy X. Brown, Brian Argrow, Cory Dixon, Sheetalkumar Doshi, Roshan-George Thekkekunnel, and Daniel Henkel. Ad hoc UAV ground network (augnet). In *AIAA 3rd Unmanned Unlimited Technical Conference*, pages 1–11, 2004.

[72] Dan Broyles, Abdul Jabbar, and James P.G. Sterbenz. Design and analysis of a 3–D Gauss-Markov mobility model for highly dynamic airborne networks. In *Proceedings of the International Telemetering Conference (ITC)*, San Diego, CA, October 2010.

[73] I. Bucaille, S. Hethuin, T. Rasheed, A. Munari, R. Hermenier, and S. Allsopp. Rapidly deployable network for tactical applications: Aerial base station with opportunistic links for unattended and temporary events absolute example. In *Proc. IEEE Military Commun. Conf. (MILCOM 2013)*, pages 1116–1120, November 2013.

[74] Jack L. Burbank, Philip F. Chimento, Brian K. Haberman, and William T. Kasch. Key challenges of military tactical networking and the elusive promise of manet technology. *Communications Magazine, IEEE*, 44(11):39–45, 2006.

[75] O. Burdakov, P. Doherty, K. Holmberg, J. Kvarnstrom, and P.-M. Olsson. Positioning unmanned aerial vehicles as communication relays for surveillance tasks. In J. Trinkle, Y. Matsuoka, and J.A. Castellanos, editors, *Robotics: Science and Systems V*, pages 257–264. MIT Press, 2010.

[76] John Burgess, Brian Gallagher, David Jensen, and Brian Neil Levine. Maxprop: Routing for vehicle-based disruption-tolerant networks. In *Proceedings of the 25th IEEE International Conference on Computer Communications (INFOCOM)*, April 2006.

[77] A. Burkle, F. Segor, and M. Kollmann. Towards autonomous micro UAV swarms. *Journal of Intelligent and Robotic Systems*, 61(1-4):339–353, 2011.

[78] S. Burleigh, A. Hooke, L. Torgerson, K. Fall, V. Cerf, B. Durst, K. Scott, and H. Weiss. Delay-tolerant networking: An approach to interplanetary internet. *IEEE Communications Magazine*, 41(6):128–136, June 2003.

[79] S. Burleigh, M. Ramadas, and S. Farrell. Licklider transmission protocol – motivation. RFC 5325 (Informational), September 2008.

[80] A. Capone, L. Pizziniaco, I. Filippini, and M.A.G. de la Fuente. A SiFT: An efficient method for trajectory based forwarding. In *2nd International Symposium on Wireless Communication Systems*, 2005, pages 135–139, 2005.

[81] Eric Baldwin Carr. Unmanned aerial vehicles: Examining the safety, security, privacy and regulatory issues of integration into US airspace. *National Center for Policy Analysis (NCPA)*. Retrieved September 2013.

[82] Graeme Caughley. Sampling in aerial survey. *The Journal of Wildlife Management*, pages 605–615, 1977.

[83] Ann Cavoukian. Privacy and drones: Unmanned aerial vehicles. Technical report, Information and Privacy Commissioner, Ontario, Canada, August 2012.

[84] V. Cerf, S. Burleigh, A. Hooke, L. Torgerson, R. Durst, K. Scott, K. Fall, and H. Weiss. Delay-tolerant networking architecture. RFC 4838 (Informational), April 2007.

[85] Egemen K. Çetinkaya and James P.G. Sterbenz. Aeronautical gateways: supporting TCP/IP-based devices and applications over modern telemetry networks. In *Proceedings of the International Telemetering Conference (ITC)*, Las Vegas, NV, October 2009.

[86] Dominique Chabot and David M. Bird. Evaluation of an off-the-shelf unmanned aircraft system for surveying flocks of geese. *Waterbirds*, 35(1):170–174, 2012.

[87] H.Y. Chao, Y.C. Cao, and Y.Q. Chen. Autopilots for small unmanned aerial vehicles: A survey. *Intl. Journal of Control, Automation and Systems*, 8(1):36–44, 2010.

[88] Suresh Chari, Josyula R. Rao, and Pankaj Rohatgi. Template attacks. In Burton S. Kaliski, Çetin K. Koç, and Christof Paar, editors, *Cryptographic Hardware and Embedded Systems – CHES 2002*, volume 2523 of *Lecture Notes in Computer Science*, pages 13–28. Springer, Berlin, Heidelberg, August 2003.

[89] S. Chaumette, R. Laplace, C. Mazel, R. Mirault, A. Dunand, Y. Lecoutre, and J. N. Perbet. CARUS, an operational retasking application for a swarm of autonomous UAVs: First return on experience. In *2011 – MILCOM 2011 Military Communications Conference*, pages 2003–2010, November 2011.

[90] Serge Chaumette and Damien Sauveron. Some security problems raised by open multiapplication smart cards. In *Proceedings of the 10th Nordic Workshop on Secure IT-systems (NordSec 2005)*, pages 1–12, Tartu, Estonia, October 2005.

[91] Serge Chaumette and Damien Sauveron. Wireless sensor nodes. In Konstantinos Markantonakis and Keith Mayes, editors, *Secure Smart Embedded Devices, Platforms and Applications*, pages 335–350. Springer, New York, 2014.

[92] B. N. Cheng and S. Moore. A comparison of MANET routing protocols on airborne tactical networks. In *MILCOM 2012 – 2012 IEEE Military Communications Conference*, pages 1–6, October 2012.

[93] Long Cheng, Chengdong Wu, Yunzhou Zhang, Hao Wu, Mengxin Li, and Carsten Maple. A survey of localization in wireless sensor network. *International Journal of Distributed Sensor Networks*, 2012.

[94] Yufei Cheng, M. Todd Gardner, Junyan Li, Rebecca May, Deep Medhi, and James P.G. Sterbenz. Optimised heuristics for a geodiverse routing protocol. In *Proceedings of the IEEE 10th International Workshop on the Design of Reliable Communication Networks (DRCN)*, pages 1–9, Ghent, Belgium, April 2014.

[95] Mung Chiang, S.H. Low, A.R. Calderbank, and J.C. Doyle. Layering as optimization decomposition: A mathematical theory of network architectures. *Proceedings of the IEEE*, 95(1):255–312, January 2007.

[96] J.J. Childress and J.J. Viniotis. Autonomous aircraft with disconnectable tether, June 2, 2015. US Patent 9,045,218.

[97] Grzegorz Chmaj and Henry Selvaraj. Distributed processing applications for UAV/drones: A survey. In H. Selvaraj, D. Zydek, and G. Chmaj, editors, *Progress in Systems Engineering*, volume 1089 of *Advances in Intelligent Systems and Computing*, pages 449–454. Springer International Publishing, 2015.

[98] K. Choi and I. Lee. A UAV-based close-range rapid aerial monitoring system for emergency responses. In *Proc. Intl. Conf. Unmanned Aerial Vehicle in Geomatics UAV-g*, pages 247–252, 2011.

[99] Cisco 3845 Integrated Services Router. Specifications and technical documentation. http://www.cisco.com/en/US/products/ps5856/.

[100] Civil Aviation Authority, United Kingdom. Advisory circular: Unmanned aircraft and aircraft systems, 2013. www.caa.co.uk/default.aspx?CATID=1995.

[101] Civil Aviation Flight Safety Authority, Australia. Advisory circular: Unmanned aerial vehicle operations, design specification, maintenance and training of human resources, 2002. www.casa.gov.au/sites/g/files/net351/f/_assets/main/rules/1998casr/101/101c01.pdf?v=1378480833.

[102] Civil Aviation Flight Safety Authority, Australia. Civil aviation safety regulation part 101, 2002. www.comlaw.gov.au/Details/F2015C00567.

[103] Civil Aviation Flight Safety Authority, Australia. Notice of proposed rulemaking: Remotely piloted aircraft systems, May 2014. aussiewebsite.pdf.

[104] Civil Aviation Safety Authority, Australia. Casr part 23 - airworthiness standards for aeroplanes in the normal, utility, acrobatic or commuter category, 2013. www.casa.gov.au/standard-page/casr-part-23-airworthiness-standards-aeroplanes-normal-utility-acrobatic-or-commuter?WCMS%3APWA%3A%3Apc=PARTS023f.

[105] Judy Clapp, Anita King, and Audrey Taub. COTS Commercial off-the-shelf benefits and burdens. The MITRE Corporation Report, March 2001.

[106] David D. Clark. *Protocol Design and Performance*, April 1995.

[107] David D. Clark, Mark L. Lambert, and Lixia Zhang. NETBLT: A high throughput transport protocol. *ACM SIGCOMM Computer Communication Review*, 17(5):353–359, October/November 1987.

[108] T. Clausen and P. Jacquet. Optimized link state routing protocol (OLSR). RFC 3626 (Experimental), October 2003.

[109] T. De Cola and M. Marchese. Performance analysis of data transfer protocols over space communications. *IEEE Transactions on Aerospace and Electronic Systems*, 41(4):1200–1223, October 2005.

[110] D.T. Cole, A.H. Goktogan, P. Thompson, and S. Sukkarieh. Mapping and tracking. *IEEE Robotics Automation Magazine*, 16(2):22–34, June 2009.

[111] R. Coltun, D. Ferguson, and J. Moy, OSPF for IPv6. *Internet RFC 2740*, December 1999.

[112] John W. Connelly, W. John Arthur, and O. Doyle Markham. Sage grouse leks on recently disturbed sites. *Journal of Range Management Archives*, 34(2):153–154, 1981.

[113] John T. Conomy, James A. Dubovsky, Jaime A. Collazo, and W. James Fleming. Do black ducks and wood ducks habituate to aircraft disturbance? *The Journal of Wildlife Management*, pages 1135–1142, 1998.

[114] Marco Conti and Silvia Giordano. Multihop ad hoc networking: The reality. *Communications Magazine, IEEE*, 45(4):88–95, 2007.

[115] Thomas H. Cormen, Charles E. Leiserson, Ronald L. Rivest and Clifford Stein, Introduction to Algorithms. MIT Press, 5(3):55, 2001.

[116] Jean-Sébastien Coron, Paul Kocher, and David Naccache. Statistics and secret leakage. In Yair Frankel, editor, *Financial Cryptography*, volume 1962 of *Lecture Notes in Computer Science*, pages 157–173. Springer, Berlin, Heidelberg, February 2001.

[117] Council of the European Union. Protection of individuals with regard to processing of personal data and on the free movement of such data, 1995. http://eur-lex.europa.eu/legal-content/EN/TXT/PDF/?uri=CELEX:31995L0046&from=en.

[118] Council of the European Union. Regulation (EU) no 216/2008, 2008. eur-lex.europa.eu/LexUriServ/LexUriServ.do?uri=OJ%3AL%3A2008%3A079%3A0001%3A0049%3AEN%3APDF.

[119] Council of the European Union. Commission regulation (EU) no 1178/2011: Aircrew regulation – annexes i to iv – flight crew licensing (FCL) and medical (med) requirements, 2011. eur-lex.europa.eu/LexUriServ/LexUriServ.do?uri=OJ:L:2011:311:0001:0193:EL:PDF.

[120] Council of the European Union. *Airworthiness and Environmental Certification*, 2012. Commission regulation (EU) no. 748/2012 ISBN Number: 978-92-9210-148-0.

[121] Council of the European Union. Air Operations, 2012. Commission regulation (EU) no. 965/2012. eur-lex.europa.eu/legal-content/EN/TXT/PDF/?uri=CELEX:32012R0965&from=EN.

[122] Council of the European Union. Part 21 Acceptable Means of Compliance and Guidance Material, 2014. Commission regulation (EU) no. 748/2012. easa.europa.eu/system/files/dfu/Change%20Information%20to%20AMC-GM%20Part%2021%20-%20Issue%202.pdf.

[123] The DAISIE project. www.agence-nationale-recherche.fr/?Project=ANR-13-ASMA-0004.

[124] Claudiu Danilov, Thomas R. Henderson, Thomas Goff, Jae H. Kim, Joseph Macker, Jeff Weston, Natasha Neogi, Andres Ortiz, and Daniel Uhlig. Experiment and field demonstration of a 802.11-based ground-UAV mobile ad-hoc network. In *MILCOM 2009–2009 IEEE Military Communications Conference*, pages 1–7. IEEE, 2009.

[125] Claudiu B. Danilov, Thomas R. Henderson, Phillip A. Spagnolo, Thomas Goff, and Jae H. Kim, MANET Multicast with Multiple Gateways. *IEEE MILCOM Conference*, November 2008.

[126] Claudiu Danilov, Thomas R. Henderson, Thomas Goff, Orlie Brewer, Jae H. Kim, Joseph Macker and Brian Adamson, Adaptive Routing for Tactical Communications, *IEEE MILCOM 2012*, Orlando, FL, November 2012.

[127] P. Danzig, Z. Liu, and L. Yan. *An Evaluation of TCP Vegas by Live Emulation*, 1995.

[128] W. Dargie and C. Poellabauer. *Fundamentals of Wireless Sensor Networks: Theory and Practice*. Wireless Communications and Mobile Computing. Wiley, 2010.

[129] N. Darwin, A. Ahmad, and O. Zainon. The potential of unmanned aerial vehicle for large scale mapping of coastal area. *IOP Conference Series: Earth and Environmental Science*, 18(1):012031, 2014.

[130] M.G. de la Fuente and H. Ladiod. A performance comparison of position-based routing approaches for mobile ad hoc networks. *Vehicular Technology Conference (VTC)*, pages 1–5, October 2007.

[131] S. Deering and R. Hinden. Internet Protocol, Version 6 (IPv6) Specification. RFC 2460 (Draft Standard), December 1998. Updated by RFCs 5095, 5722.

[132] M.T. DeGarmo. Issues concerning integration of unmanned aerial vehicles in civil airspace. Technical report, MITRE, Center for Advanced Aviation System Development, McLean, Virginia, 2004.

[133] Delair-tech. Dt-18. www.avyon.com/dt-18/. [Accessed 28 August 2015].

[134] David K. Delaney, Teryl G. Grubb, Paul Beier, Larry L. Pater, and M. Hildegard Reiser. Effects of helicopter noise on Mexican spotted owls. *The Journal of Wildlife Management*, pages 60–76, 1999.

[135] deltadrone. deltadrone.com/.

[136] M. Demmer, J. Ott, and S. Perreault. Delay-tolerant networking TCP convergence-layer protocol. RFC 7242 (Experimental), 2014.

[137] Department of Defense. *Unmanned Aerial Vehicle Roadmap 2000-2025*. Washington: Office of the Secretary of Defense, 2001.

[138] A. Detti, P. Loreti, N. Blefari-Melazzi, and F. Fedi. Streaming H.264 scalable video over data distribution service in a wireless environment. In *Proc. IEEE Intl. Symp. World of Wireless Mobile and Multimedia Networks (WoWMoM)*, pages 1–3, June 2010.

[139] Deutsches Zentrum für Luft- und Raumfahrt. LDACS1 website. www.ldacs.com, 2015.

[140] DGAC. www.dgac.org/.

[141] Reinhard Diestel. Graph theory. 2005. *Grad. Texts in Math*, 2005.

[142] Direction Generale de l'Aviation Civile. Arrêté du 11 avril 2012 relatif a la conception des aéronefs civils qui circulent sans aucune personne à bord, aux conditions de leur emploi et sur les capacités requises des personnes qui les utilisent, May 2012. www.legifrance.gouv.fr/eli/arrete/2012/4/11/DEVA1206042A/jo/texte.

[143] Direction Generale de l'Aviation Civile. Arrêté du 11 avril 2012 relatif à l'utilisation de l'espace aérien par les aéronefs qui circulent sans personne à bord, May 2012. www.legifrance.gouv.fr/eli/arrete/2012/4/11/DEVA1207595A/jo/texte.

[144] Directive 2014/34/EU of the European Parliament and of the Council of 26 February 2014 on the harmonisation of the laws of the member states relating to equipment and protective systems intended for use in potentially explosive atmospheres. *Official Journal of the European Union*, 2013. pages 309–356.

[145] F. Ducatelle, G.A. Di Caro, C. Pinciroli, F. Mondada, and L. Gambardella. Communication assisted navigation in robotic swarms: Self-organization and cooperation. In *Proc. IEEE/RSJ Intl. Conf. Intelligent Robots and Systems (IROS)*, pages 4981–4988, September 2011.

[146] Robert C. Durst, Gregory J. Miller, and Eric J. Travis. TCP extensions for space communications. In *MobiCom '96: Proceedings of the 2nd Annual International Conference on Mobile Computing and Networking*, pages 15–26, New York, NY, USA, November 1996. ACM Press.

[147] Pierre Dusart, Gilles Letourneux, and Olivier Vivolo. Differential fault analysis on A.E.S. In Jianying Zhou, Moti Yung, and Yongfei Han, editors, *Applied Cryptography and Network Security*, volume 2846 of *Lecture Notes in Computer Science*, pages 293–306. Springer, Berlin, Heidelberg, October 2003.

[148] H. Eisenbeiss. The potential of unmanned aerial vehicles for mapping. In Dieter Fritsch, editor, *Photogrammetrische Woche 2011*, pages 135–145. Wichmann Verlag, Heidelberg, 2004.

[149] M. E. Elaasar, M. Barbeau, E. Kranakis, and Zheyin Li. Satellite transport protocol handling bit corruption, handoff and limited connectivity. *IEEE Transactions on Aerospace and Electronic Systems*, 41(2):489–502, April 2005.

[150] Bracha Epstein and Vineet Mehta. Free space optical communications routing performance in highly dynamic airspace environments. In *Proceedings of the 2004 IEEE Aerospace Conference*. volume 2, pages 1398–1406. IEEE, 2004.

[151] Ozgur Ercetin, Michael O. Ball, and Leandros Tassiulas. Next generation satellite systems for aeronautical communications. *International Journal of Satellite Communications and Networking*, 22(2):157–179, 2004.

[152] C. Eschmann, C.-M. Kuo, C.-H. Kuo, and C. Boller. Unmanned aircraft systems for remote building inspection and monitoring. In *Proc. Intl. Wksp. Structural Health Monitoring*, pages 1179–1186, 2012.

[153] H. Eugster and S. Nebiker. UAV-based augmented monitoring: Real-time georeferencing and integration of video imagery with virtual globes. In *Intl. Archives of the Photogrammetry, Remote Sensing and Spatial Information Sciences*, pages 1229–1235, 2008.

[154] Eurocontrol. Challenges of growth 2013. www.eurocontrol.int/sites/default/files/article/content / documents / official -documents/reports/201306-challenges-of-growth-2013-task-4.pdf, 2013.

[155] European Aviation Safety Agency. Airworthiness certification of unmanned aircraft systems (UAS), 2009. easa.europa.eu/system/files/dfu/E.Y013-01_%20UAS_%20Policy.pdf.

[156] European Aviation Safety Agency. Annex to ed decision 2012/012/r part cs-23 normal, utility, aerobatic and commuter aeroplanes, 2012. easa.europa.eu/system/files/dfu/CS-23 %20Amdt%203.pdf.

[157] European Aviation Safety Agency. Concept of operations for drones: A risk based approach to regulation of unmanned aircraft, 2015. www.easa.europa.eu/system/files/dfu/204696_EASA_concept_drone_brochure_web.pdf.

[158] Shimon Even. *Graph Algorithms*. W. H. Freeman & Co., New York, NY, USA, 1979.

[159] FAA (website). www.faa.gov/.

[160] FAA. Nextgen. www.faa.gov/nextgen, 2013.

[161] Kevin Fall. A delay-tolerant network architecture for challenged internets. In *Proceedings of the 2003 Conference on Applications, Technologies, Architectures, and Protocols for Computer Communications*, SIGCOMM '03, pages 27–34, New York, NY, USA, 2003. ACM.

[162] J. Fang, T. Goff, and G. Pei. Comparison studies of OSPF-MDR, OLSR and composite routing. In *Military Communications Conference, 2010 - MILCOM 2010*, pages 989–994, October 2010.

[163] FCC. Role of deployable aerial communications architecture in emergency communications and recommended next steps. Technical report, Federal Communications Commission (FCC), September 2011.

[164] FCC. Deployable aerial communications architectures (daca). www.fcc.gov/, 2013.

[165] Federal Aviation Administration. Systems and equipment guide for certification of part 23 airplanes and airships, 2011. www.faa.gov/documentLibrary/media/Advisory_Circular/AC%2023-17C.pdf.

[166] Federal Aviation Administration. Integration of unmanned aircraft systems into the national airspace system – concept of operations, September 2012. www.suasnews.com/wp-content/uploads/2012/10/FAA-UAS-Conops-Version-2-0-1.pdf. (retrieved May 2016)

[167] Federal Aviation Administration. Operation and certification of small unmanned aircraft systems, February 2015. www.faa.gov/regulations_policies/rulemaking/recently_published/media/2120-AJ60_NPRM_2-15-2015_joint_signature.pdf.

[168] David Feldmeier. An overview of the TP++ transport protocol project. In Ahmed N. Tantawy, editor, *High Performance Networks: Frontiers and Experience*, volume 238 of *Kluwer International Series in Engineering and Computer Science*, Chapter 8. Kluwer Academic Publishers, Boston, MA, 1993.

[169] FEMA. Department of homeland security: National preparedness system. www.fema.gov/pdf/prepared/nps-description.pdf, 2011.

[170] Sally Floyd. TCP and explicit congestion notification. *SIGCOMM Comput. Commun. Rev.*, 24(5):8–23, 1994.

[171] Fly-n-Sense fly-n-sense.com/.

[172] Robert J. Fowler, Michael S. Paterson, and Steven L. Tanimoto. Optimal packing and covering in the plane are NP-complete. *Information Processing Letters*, 12(3):133–137, 1981.

[173] R. Fox. TCP big window and NAK options. RFC 1106, June 1989.

[174] Miguel Frontera. Personal communications, 2006/07. Pilot comments during personal communications, March/April 2007. Emails between March 20 and April 20 of 2007.

[175] Michael Fudge, Thomas Stagliano, and Sunny Tsiao. Non-traditional flight safety systems and integrated vehicle health management systems. Final report, ITT Industries, Advanced Engineering and Sciences Division, 2560 Huntington Avenue, Alexandria, VA 22303, August 2003.

[176] Blake Fuller, Jonathan Kok, Neil A. Kelson, and Luis F. Gonzalez. Hardware design and implementation of a mavlink interface for an FPGA-based autonomous UAV flight control system. In *Proceedings of the 2014 Australasian Conference on Robotics and Automation*, pages 1–6. Australian Robotics & Automation Association ARAA, 2014.

[177] L. Galluccio, A. Leonardi, G. Morabito, and S. Palazzo. A MAC/routing cross-layer approach to geographic forwarding in wireless sensor networks. *Ad Hoc Netw.*, 5(6): 872–884, 2007.

[178] Karine Gandolfi, Christophe Mourtel, and Francis Olivier. Electromagnetic analysis: Concrete results. In Çetin K. Koç, David Naccache, and Christof Paar, editors, *Cryptographic Hardware and Embedded Systems — CHES 2001*, volume 2162 of *Lecture Notes in Computer Science*, pages 251–261. Springer, Berlin, Heidelberg, May 2001.

[179] A. Gaszczak, T. Breckon, and J. Han. Real-time people and vehicle detection from UAV imagery. *Proc. SPIE*, 7878:78780B–78780B–13, 2011.

[180] A. Gil, K. Passino, and J.B. Cruz. Stable cooperative surveillance with information flow constraints. *IEEE Trans. Contr. Sys. Techn.*, 16(5):856–868.

[181] John Gillom. *Overseers of the Poor: Surveillance, Resistance, and the Limits of Privacy*. The University of Chicago Press, Chicago, IL, 12 2001.

[182] Christophe Giraud and Hugues Thiebeauld. A survey on fault attacks. In Jean-Jacques Quisquater, Pierre Paradinas, Yves Deswarte, and Anas Abou Kalam, editors, *Smart Card Research and Advanced Applications VI*, volume 153 of *IFIP International Federation for Information Processing*, pages 159–176. Springer, US, 2004.

[183] Douglas N. Gladwin, Duane A. Asherin, and Karen M. Manci. Effects of aircraft noise and sonic booms on fish and wildlife: Results of a survey of US fish and wildlife service endangered species and ecological services field offices, refuges, hatcheries, and research centers. Technical report, DTIC Document, 1988.

[184] M. Goodrich, B. Morse, D. Gerhardt, J. Cooper, M. Quigley, J. Adams, and C. Humphrey. Supporting wilderness search and rescue using a camera-equipped mini UAV. *Journal of Field Robotics*, 25(1–2):89–110, 2008.

[185] Google. Balloon powered internet for everyone. www.google.com/loon/how/, 2013.

[186] A. Gordon. *The American Heritage History of Flight*. American Heritage, 1962.

[187] R. Goudie and Ian L. Jones. Dose-response relationships of harlequin duck behaviour to noise from low-level military jet over-flights in central Labrador. *Environmental Conservation*, 31(04):289–298, 2004.

[188] Sudhakar Govindavajhala and Andrew W. Appel. Using memory errors to attack a virtual machine. In *Proceedings of the 2003 IEEE Symposium on Security and Privacy*, SP '03, pages 154–165, Washington, DC, USA, May 2003. IEEE Computer Society.

[189] GRASP Laboratory www.grasp.upenn.edu/.

[190] Gary B. Green, Surbhi Modi, Kevin Lunney, and Tamara L. Thomas. Generic evaluation methods for disaster drills in developing countries. *Annals of Emergency Medicine*, 41(5):689–699, 2003.

[191] Frank M. Grimsley. Equivalent safety analysis using casualty expectation approach. *AIAA 3rd Unmanned Unlimited Technical Conference, Workshop, and Exhibit*, September 2004.

[192] Teryl G. Grubb and William W. Bowerman. Variations in breeding bald eagle responses to jets, light planes and helicopters. *Journal of Raptor Research*, 31(3):213–222, 1997.

[193] D.L. Gu, G. Pei, H. Ly, M. Gerla, B. Zhang, and X. Hong. UAV aided intelligent routing for ad-hoc wireless network in single-area theater. In *Proc. IEEE Wireless Commun. and Net. Conf.*, volume 3, 2000.

[194] Bill Gunston. *Janes Aerospace Dictionary*. Janes Information Group, London, England, 3 edition, 6 1988.

[195] A. Gupta and R. K. Jha. A survey of 5G network: Architecture and emerging technologies. *IEEE Access*, 3:1206–1232, 2015.

[196] J. Haas. A new routing protocol for the reconfigurable wireless networks. *Proc. of IEEE 6th International Conference on Universal Personal Communications* 97, pp. 562–566, 1997.

[197] E.C. Haas, K. Pillalamarri, C.C. Stachowiak, and M. Fields. Multimodal controls for soldier/swarm interaction. In *2011 RO-MAN*, pages 223–228, July 2011.

[198] D. Hague, H.T. Kung, and B. Suter. Field experimentation of cots-based UAV networking. In *MILCOM 2006–2006 IEEE Military Communications Conference*, pages 1–7, October 2006.

[199] Guangjie Han, Huihui Xu, Trung Q. Duong, Jinfang Jiang, and Takahiro Hara. Localization algorithms of wireless sensor networks: A survey. *Telecommunication Systems*, 52(4):2419–2436, 2013.

[200] A. Handa, R.A. Newcombe, A. Angeli, and A.J. Davison. Real-time camera tracking: When is high frame-rate best? In Andrew W. Fitzgibbon, Svetlana Lazebnik, Pietro Perona, Yoichi Sato, and Cordelia Schmid, editors, *ECCV (7)*, volume 7578 of *Lecture Notes in Computer Science*, pages 222–235. Springer, 2012.

[201] M. Handley, S. Floyd, J. Padhye, and J. Widmer. TCP friendly rate control (TFRC): Protocol specification. RFC 3448 (Proposed Standard), January 2003. Obsoleted by RFC 5348.

[202] Leanne Hanson, Christopher Holmquist-Johnson, and Michelle L. Cowardin. Evaluation of the Raven SUAS to detect and monitor greater sage-grouse leks within the middle park population. Open File Report, US Geological Survey, 2014.

[203] Colin M. Harris. Aircraft operations near concentrations of birds in Antarctica: The development of practical guidelines. *Biological Conservation*, 125(3):309–322, 2005.

[204] Hannes Hartenstein and Kenneth P. Laberteaux. A tutorial survey on vehicular ad hoc networks. *Communications Magazine, IEEE*, 46(6):164–171, 2008.

[205] K. Hartmann and C. Steup. The vulnerability of UAVs to cyber attacks – An approach to the risk assessment. In *5th International Conference on Cyber Conflict (CyCon)*, pages 1–23, June 2013.

[206] S. Hauert, J.-C. Zufferey, and D. Floreano. Evolved swarming without positioning information: an application in aerial communication relay. *Autonomous Robots*, 26(1), 2009.

[207] S. Hayat, E. Yanmaz, and C. Bettstetter. Experimental analysis of multipoint-to-point UAV communications with IEEE 802.11n and 802.11ac. In *Proc. IEEE Intl. Symp. Pers. Indoor, Mobile Radio Commun. (PIMRC)*, August 2015.

[208] S. Hayat, E. Yanmaz, and R. Muzaffar. Survey on unmanned aerial vehicle networks for civil applications: A communications viewpoint. *IEEE Communications Surveys Tutorials*, 18(4):2624–2661.

[209] Simon Heimlicher, Merkourios Karaliopoulos, Hanoch Levy, and Thrasyvoulos Spyropoulos. On leveraging partial paths in partially-connected networks. In *Proceedings of the 28th IEEE Conference on Computer Communications (INFOCOM)*, Rio de Janeiro, Brazil, April 2009.

[210] F. Heintz, P. Rudol, and P. Doherty. From images to traffic behavior – a UAV tracking and monitoring application. In *Proc. Intl. Conf. Information Fusion*, pages 1–8, July 2007.

[211] M. Heissenbüttel, T. Braun, T. Bernoulli, and M. Wälchli. BLR: Beaconless routing algorithm for mobile ad hoc networks. *Computer Communications*, 27(11):1076–1086, 2004.

[212] Janey C. Hoe. Improving the start-up behavior of a congestion control scheme for TCP. In *SIGCOMM '96: Conference Proceedings on Applications, Technologies, Architectures, and Protocols for Computer Communications*, pages 270–280, New York, NY, USA, 1996. ACM.

[213] B. Hofmann-Wellenhof, H. Lichtenegger, and E. Wasle. *GNSS – Global Navigation Satellite Systems: GPS, GLONASS, Galileo, and More*. Springer, Vienna, 2007.

[214] J.F. Horn. Aircraft and rotorcraft system identification: Engineering methods with flight test examples (M.B. Tischler *et al.*, 2006) [bookshelf]. *IEEE Control Systems*, 28(4):101–103, Aug 2008.

[215] Vikram Hrishikeshavan, Christopher Bogdanowicz, and Inderjit Chopra. Design, performance and testing of a quad rotor biplane micro air vehicle for multi role missions. *International Journal of Micro Air Vehicles*, 6(3):155–173, 2014.

[216] Hsin-Yuan Huang, A. Khendry, and T.G. Robertazzi. Layernet: A self-organizing protocol for small ad hoc networks. *IEEE Transactions on Aerospace and Electronic Systems*, 38(2):378–387, April 2002.

[217] L. Iannone, R. Khalili, K. Salamatian, and S. Fdida. Cross-layer routing in wireless mesh networks. *1st International Symposium on Wireless Communication Systems*, pages 319–323, 2004.

[218] ICAO (website). www.icao.int.

[219] ICAO. Technical provisions for mode s services and extended squitter. 2012.

[220] ICAO. Integration of remotely piloted aircraft systems in civil controlled airspace and self-organizing airborne networks. www.icao.int/Meetings/a38/Documents/WP/wp337_en.pdf, 2013.

[221] Integration of the CORE and EMANE Network Emulators, by Jeff Ahrenholz, Tom Goff, and Brian Adamson, *IEEE MILCOM 2011*, Baltimore, MD, November 2011.

[222] ICAO. Use of self organizing airborne networks to monitor commercial aircraft globally. www.icao.int/Meetings/GTM/Documents/WP.10.Russian.Use%20of%20self%20organizing%20airborne%20networks.Revised.pdf, 2014.

[223] Richard M. Thompson III. Civilian drones, privacy, and the federal–state balance. Technical report, Congressional Research Service, 03 2015. fas.org/sgp/crs/misc/R43965.pdf.

[224] International Civil Aviation Organization. Document 9713: International civil aviation vocabulary, 2007. www1.atmb.net.cn/CD_web/UploadFile/2013052810430696.pdf.

[225] International Civil Aviation Organization. Annex 8: Airworthiness of aircraft, July 2010. www.icao.int/safety/airnavigation/nationalitymarks/annexes_booklet_en.pdf.

[226] International Civil Aviation Organization. Advisory circular: Unmanned aircraft systems, 2011. http://ICAOwebsite.pdf.

[227] International Civil Aviation Organization. Amendment 43 to ICAO Annex 2, Rules of the Air, 2012. www.icao.int/Meetings/UAS/Documents/019e.pdf.

[228] M. Iordanakis, D. Yannis, K. Karras, G. Bogdos, G. Dilintas, M. Amirfeiz, G. Colangelo, and S. Baiotti. Ad-hoc routing protocol for aeronautical mobile ad-hoc networks. In *Proceedings of the Fifth International Symposium on Communication Systems, Networks and Digital Signal Processing (CSNDSP)*, 2006.

[229] Michael Iordanakis, Dimitrios Yannis, Kimon Karras, Georgios Bogdos, Georgios Dilintas, Massimiliano Amirfeiz, Giorgio Colangelo, and Stefano Baiotti. Ad-hoc routing protocol for aeronautical mobile ad-hoc networks. In *Fifth International Symposium on Communication Systems, Networks and Digital Signal Processing (CSNDSP)*. Citeseer, 2006.

[230] Michael Iordanakis, Dimitrios Yannis, Kimon Karras, Georgios Bogdos, Georgios Dilintas, Massimiliano Amirfeiz, Giorgio Colangelo, and Stefano Baiotti. Ad-hoc routing protocol for aeronautical mobile ad-hoc networks. In *Fifth International Symposium on Communication Systems, Networks and Digital Signal Processing (CSNDSP)*. Citeseer, 2006.

[231] Abdul Jabbar, Erik Perrins, and James P.G. Sterbenz. A cross-layered protocol architecture for highly-dynamic multihop airborne telemetry networks. In *Proceedings of the International Telemetering Conference (ITC)*, San Diego, CA, October 2008.

[232] Abdul Jabbar, Justin P. Rohrer, Victor S. Frost, and James P.G. Sterbenz. Survivable millimeter-wave mesh networks. *Computer Communications*, 34(16):1942–1955, October 2011.

[233] Abdul Jabbar, Justin P. Rohrer, Andrew Oberthaler, Egemen K. Çetinkaya, Victor Frost, and James P.G. Sterbenz. Performance comparison of weather disruption-tolerant cross-layer routing algorithms. In *Proceedings of the 28th IEEE Conference on Computer Communications (INFOCOM)*, pages 1143–1151, Rio de Janeiro, April 2009.

[234] V. Jacobson. Compressing TCP/IP Headers for low-speed serial links. RFC 1144 (Proposed Standard), February 1990.

[235] V. Jacobson, R. Braden, and D. Borman. TCP Extensions for high performance. RFC 1323 (Proposed Standard), May 1992.

[236] V. Jacobson and R.T. Braden. TCP extensions for long-delay paths. RFC 1072, October 1988. Obsoleted by RFCs 1323, 2018.

[237] A. Jahn, M. Holzbock, J. Muller, R. Kebel, M. de Sanctis, A. Rogoyski, E. Trachtman, O. Franzrahe, M. Werner, and Fun Hu. Evolution of aeronautical communications for personal and multimedia services. *IEEE Communications Magazine*, 41(7):36–43, July 2003.

[238] R. Jain, F. Templin, and Kwong-Sang Yin. Analysis of l-band digital aeronautical communication systems: L-DACS1 and L-DACS2. In *Aerospace Conference, 2011 IEEE*, pages 1–10, March 2011.

[239] Japan UAV Association. Safety standards for commercial use unmanned aerial vehicle, for fixed wing aircraft, used in uninhabited areas, 2007. JUAVwebsite.pdf.

[240] Japan UAV Association. Safety Standards for Commercial Use Unmanned Aerial Vehicle, for Fixed Wing Small Aerial Vehicle, Used in Uninhabited Areas [for electrically powered], 2011. JUAVwebsite.pdf.

[241] A. Jimenez-Pacheco, D. Bouhired, Y. Gasser, J. Zufferey, D. Floreano, and B. Rimoldi. Implementation of a wireless mesh network of ultra light MAVs with dynamic routing. In *IEEE Globecom Wkshps*, pages 1591–1596, December 2012.

[242] Liu Jiong, Cao Zhigang, and K.M. Junaid. TP-satellite: A new transport protocol for satellite IP networks. *IEEE Transactions on Aerospace and Electronic Systems*, 45(2):502–515, April 2009.

[243] Charles J. John, Carmen M. Pancerella, Lynn Yang, Karim Mahrous, Gabriel R. Elkin, Adam S. Norige, Keith Holtermann, and Jalal Mapar. New technologies and processes for the homeland security exercise and evaluation program toolkit. In *IEEE International Conference on Technologies for Homeland Security (HST)*, 2011, pages 446–450. IEEE, 2011.

[244] D. Johnson, Y. Hu, and D. Maltz. The dynamic source routing protocol (DSR) for mobile ad hoc networks for IPv4. RFC 4728 (Experimental), February 2007.

[245] Eric N. Johnson and Daniel P. Schrage. System integration and operation of a research unmanned aerial vehicle. *AIAA Journal of Aerospace Computing, Information, and Communication*, 1(1), January 2004.

[246] Joint Authorities for Rulemaking of Unmanned Systems WG-3 Airworthiness. Certification specification for light unmanned rotorcraft systems, October 2013. www.nlr.nl/downloads/jarus_cs-lurs.pdf.

[247] Joint Authorities for Rulemaking of Unmanned Systems WG-5. RPAS C2 link. Required communication performance (C2 link RCP) concept, 2014. jarus-rpas.org/index.php/deliverable/category/12-external-consultation-on-jarus-c2-rcp.

[248] Joint Aviation Authority, Administrative and Guidance Material. Airworthiness and operational approval for precision rnav operations in designated European airspace, 2000. www.eurocontrol.int/sites/default/files/content/documents/navigation/tgl-10-jaa.pdf.

[249] George Pierce Jones, Leonard G. Pearlstine, and H. Franklin Percival. An assessment of small unmanned aerial vehicles for wildlife research. *Wildlife Society Bulletin*, 34(3):750–758, 2006.

[250] Tore B. Kallevig. Current status of work in the field of UAS related standards in Europe, 2012. www.eurocae.net/wgs/active/?wg=WG-73.

[251] A. Kandhalu, A. Rowe, R. Rajkumar, C. Huang, and C.-C. Yeh. Real-time video surveillance over IEEE 802.11 mesh networks. In *Proc. IEEE Real-Time and Embedded Tech. and Appl. Symp.*, pages 205–214, 2009.

[252] C. Karlof and D. Wagner. Secure routing in wireless sensor networks: attacks and countermeasures. In *Proceedings of the First IEEE International Workshop on Sensor Network Protocols and Applications*, pages 113–127, 2003.

[253] Brad Karp and H.T. Kung. GPSR: Greedy perimeter stateless routing for wireless networks. In *Proceedings of the 6th Annual International Conference on Mobile Computing and Networking*, MobiCom 2000, pages 243–254, New York, NY, USA, 2000. ACM.

[254] Matthew Keennon, Karl Klingebiel, Henry Won, and Alexander Andriukov. Development of the nano hummingbird: A tailless flapping wing micro air vehicle. In *50th AIAA Aerospace Sciences Meeting Including the New Horizons Forum and Aerospace Exposition, Nashville, TN*. January, pages 9–12, 2012.

[255] F.P. Kelly, A.K. Maulloo, and D.K.H. Tan. Rate control for communication networks: Shadow prices, proportional fairness and stability. *The Journal of the Operational Research Society*, 49(3):237–252, March 1998.

[256] Andrew J. Kerns, Daniel P. Shepard, Jahshan A. Bhatti, and Todd E. Humphreys. Unmanned aircraft capture and control via GPS spoofing. *Journal of Field Robotics*, 31(4):617–636, 2014.

[257] M.J. Khabbaz, C.M. Assi, and W.F. Fawaz. Disruption-tolerant networking: A comprehensive survey on recent developments and persisting challenges. *IEEE Communications Surveys Tutorials*, 14(2):607–640, Second 2012.

[258] Joseph King. For or against. *Soaring Magazine*, page 47, September–October 2015.

[259] Young-Bae Ko and Nitin H. Vaidya. Location-aided routing (LAR) in mobile ad hoc networks. *Wirel. Netw.*, 6(4):307–321, July 2000.

[260] Paul C. Kocher. Timing attacks on implementations of Diffie-Hellman, RSA, DSS, and other systems. In Neal Koblitz, editor, *Advances in Cryptology CRYPTO 96*, volume 1109 of *Lecture Notes in Computer Science*, pages 104–113. Springer, Berlin, Heidelberg, August 1996.

[261] Paul C. Kocher, Joshua Jaffe, and Benjamin Jun. Differential power analysis. In *Proceedings of the 19th Annual International Cryptology Conference on Advances in Cryptology*, CRYPTO 1999, pages 388–397, London, UK, 1999. Springer-Verlag.

[262] Matthew R. Koerner. Drones and the fourth amendment: Redefining expectations of privacy. *Duke LJ*, 64:1129, 2014.

[263] Oliver Kömmerling and Markus G. Kuhn. Design principles for tamper-resistant smartcard processors. In *Proceedings of the USENIX Workshop on Smartcard Technology*, WOST'99, pages 9–20, Berkeley, CA, USA, 1999. USENIX Association.

[264] Jiejun Kong, Haiyun Luo, Kaixin Xu, Daniel Lihui Gu, Mario Gerla, and Songwu Lu. Adaptive security for multi-layer ad-hoc networks. In *Special Issue of Wireless Communications and Mobile Computing*, pages 533–547. Wiley Interscience Press, 2002.

[265] M.A. Kovacina, D. Palmer, Guang Yang, and R. Vaidyanathan. Multi-agent control algorithms for chemical cloud detection and mapping using unmanned air vehicles. In *Proc. IEEE/RSJ Intl. Conf. on Intelligent Robots and Systems*, volume 3, pages 2782–2788, October 2002.

[266] Olga Kozar. Towards better group work: Seeing the difference between cooperation and collaboration. *English Teaching Forum*, 48(2):16–23, 2010.

[267] Rajesh Krishnan, James P.G. Sterbenz, Wesley M. Eddy, Craig Partridge, and Mark Allman. Explicit transport error notification (ETEN) for error-prone wireless and satellite networks. *Computer Networks*, 46(3):343–362, 2004.

[268] Sumeet Kumar and Aneesh Aggarwal. Reducing resource redundancy for concurrent error detection techniques in high performance microprocessors. In *Twelfth International Symposium on High-Performance Computer Architecture*, pages 212–221, February 2006.

[269] Greg Kuperman, Lenny Veytser, Bow-Nan Cheng, Scott Moore, and Aradhana Narula-Tam. A comparison of OLSR and OSPF-MDR for large-scale airborne mobile ad-hoc networks. In *Proceedings of the third ACM Workshop on Airborne Networks and Communications*, pages 17–22. ACM, 2014.

[270] Rémi Laplace. Applications and DTN services for cooperative UAVs fleet. Thesis, Université Sciences et Technologies – Bordeaux I, December 2012.

[271] Andreas Larsson. Report on the state of the art of security in sensor networks, 2011.

[272] LDACS2 Project Team. LDACS2 Specification. www.eurocontrol.int/sites/default/files/article//content/documents/communications/18062009-ldacs2-design-d3-v1.2.pdf, 2009.

[273] Kevin C. Lee, Uichin Lee, and Mario Gerla. Survey of routing protocols in vehicular ad hoc networks. In Mohamed Watfa, editor, *Advances in Vehicular Ad-Hoc Networks: Developments and Challenges*, Premier Reference Source, Chapter 8. Information Science Reference, Hershey, PA, USA, 2010.

[274] Valgene W. Lehmann and R.G. Mauermann. Status of Attwater's prairie chicken. *The Journal of Wildlife Management*, pages 713–725, 1963.

[275] Nancy G. Leveson. *Safeware: System Safety and Computers*. ACM Press, New York, NY, USA, 1995.

[276] Fan Li and Yu Wang. Routing in vehicular ad hoc networks: A survey. *IEEE Vehicular Technology Magazine*, 2(2):12–22, June 2007.

[277] Fan Li and Yu Wang. Routing in vehicular ad hoc networks: A survey. *Vehicular Technology Magazine, IEEE*, 2(2):12–22, 2007.

[278] Wen-Hwa Liao, Jang-Ping Sheu, and Yu-Chee Tseng. GRID: A fully location-aware routing protocol for mobile ad hoc networks. *Telecommunication Systems*, 18(1–3):37–60, 2001.

[279] Yun-Wei Lin, Yuh-Shyan Chen, and Sing-Ling Lee. Routing protocols in vehicular ad hoc networks: A survey and future perspectives. *Journal of Information Science and Engineering*, 26(3):913–932, 2010.

[280] Q. Lindsey, D. Mellinger, and V. Kumar. Construction of cubic structures with quadrotor teams. In *Proc. of Robotics: Science and Systems*, Los Angeles, CA, USA, June 2011.

[281] Haitao Liu, Baoxian Zhang, H. Mouftah, Xiaojun Shen, and Jian Ma. Opportunistic routing for wireless ad hoc and sensor networks: Present and future directions. *IEEE Communications Magazine*, 47(12):103–109, December 2009.

[282] The Loon project. www.google.com/loon/.

[283] Luftfahrt-Bundesamt. Luftverkehrs-Ordnung vom 10. August 1963 (BGBl. I S. 652), die zuletzt durch Artikel 3 des Gesetzes vom 8. Mai 2012 (BGBl. I S. 1032) gea?ndert worden ist, May 2012. www.gesetze-im-internet.de/bundesrecht/luftvo/gesamt.pdf.

[284] J.P. Macker, ed. Simplified Multicast Forwarding. *RFC 6621*, May 2012.

[285] J.P. Macker, J. Dean, and W. Chao. Simplified multicast forwarding in mobile ad hoc networks. *IEEE Military Communications Conference (MILCOM)*, Vol. 2 (2004), pp. 744–750.

[286] Joseph Macker, Ian Downard, Justin Dean, and Brian Adamson. Evaluation of distributed cover set algorithms in mobile ad hoc network for simplified multicast forwarding. *ACM SIGMOBILE Mobile Computing and Communications Review*, 11(3):1–11, 2007.

[287] S.M. Magrabi and P.W. Gibbens. Decentralized fault detection and diagnosis in navigation systems for unmanned aerial vehicles. In *IEEE Position Locations and Navigation Symposium*, March 2000.

[288] David A. Maltz and Pravin Bhagwat. TCP splice for application layer proxy performance. *Journal of High Speed Networks*, 8(3):225–240, 1999.

[289] Md. Mamun-Or-Rashid, Muhammad Mahbub Alam, Md. Abdur Razzaque, and Choong Seon Hong. Congestion avoidance and fair event detection in wireless sensor network. *IEICE Transactions on Communications*, E90-B(12):3362–3372, 2007.

[290] Jalal Mapar, Keith Holtermann, Justin Legary, Karim Mahrous, Katherine Guzman, Zach Heath, Charles J. John, Steven A. Mier, Steffen Mueller, Carmen M. Pancerella, *et al.* The role of integrated modeling and simulation in disaster preparedness and emergency preparedness and response: the summit platform. In *2012 IEEE Conference on Technologies for Homeland Security (HST)*, pages 117–122. IEEE, 2012.

[291] Steven A. Martin and Fritz L. Knopf. Aerial survey of greater prairie chicken leks. *Wildlife Society Bulletin*, pages 219–221, 1981.

[292] M. Mathis, J. Mahdavi, S. Floyd, and A. Romanow. TCP selective acknowledgment options. RFC 2018 (Proposed Standard), October 1996.

[293] M. Mauve, A. Widmer, and H. Hartenstein. A survey on position-based routing in mobile ad hoc networks. *IEEE Network*, 15(6):30–39, 2001.

[294] David B. Mayo and J. Gordon Leishman. Comparison of the hovering efficiency of rotating wing and flapping wing micro air vehicles. *Journal of the American Helicopter Society*, 55(2):25001–25001, 2010.

[295] I. Maza, F. Caballero, J. Capitan, J.R. Martinez-de Dios, and A. Ollero. Firemen monitoring with multiple UAVs for search and rescue missions. In *Proc. IEEE Intl. Wksp. Safety Security and Rescue Robotics (SSRR)*, pages 1–6, July 2010.

[296] A. J. McAuley. Reliable broadband communication using a burst erasure correcting code. *SIGCOMM Comput. Commun. Rev.*, 20(4):297–306, 1990.

[297] Thomas S. Messerges. Using second-order power analysis to attack DPA resistant software. In Çetin K. Koç and Christof Paar, editors, *Cryptographic Hardware and Embedded Systems — CHES 2000*, volume 1965 of *Lecture Notes in Computer Science*, pages 238–251. Springer, Berlin, Heidelberg, August 2000.

[298] Stuart D. Milner, Sohil Thakkar, Karthikeyan Chandrashekar, and Wei-Lun Chen. Performance and scalability of mobile wireless base-station-oriented networks. *ACM SIGMOBILE Mobile Computing and Communications Review*, 7(2):69–79, 2003.

[299] J.C. Mogul and S.E. Deering. Path MTU discovery. RFC 1191 (Draft Standard), November 1990.

[300] Amir Moradi, Markus Kasper, and Christof Paar. Black-box side-channel attacks highlight the importance of countermeasures. In Orr Dunkelman, editor, *Topics in Cryptology – CT-RSA 2012*, volume 7178 of *Lecture Notes in Computer Science*, pages 1–18. Springer, Berlin, Heidelberg, February 2012.

[301] F. Morbidi, R.A. Freeman, and K.M. Lynch. Estimation and control of UAV swarms for distributed monitoring tasks. In *American Control Conf. (ACC)*, pages 1069–1075, June 2011.

[302] S. Morgenthaler, T. Braun, Zhongliang Zhao, T. Staub, and M. Anwander. UAVNet: A mobile wireless mesh network using unmanned aerial vehicles. In *Proc. IEEE Globecom Wkshps*, pages 1603–1608, December 2012.

[303] Simon Morgenthaler, Torsten Braun, Zhongliang Zhao, Thomas Staub, and Markus Anwander. Uavnet: A mobile wireless mesh network using unmanned aerial vehicles. In *Globecom Workshops (GC Wkshps), 2012 IEEE*, pages 1603–1608. IEEE, 2012.

[304] Wojciech Mostowski and Erik Poll. Malicious code on Java card smartcards: Attacks and countermeasures. In Gilles Grimaud and François-Xavier Standaert, editors, *Smart Card Research and Advanced Applications*, volume 5189 of *Lecture Notes in Computer Science*, pages 1–16. Springer, Berlin, Heidelberg, September 2008.

[305] J. Moy. OSPF Version 2. RFC 2328 (Standard), April 1998. Updated by RFC 5709.

[306] James Alexander Muir. Techniques of side channel cryptanalysis. 2001. Master's thesis, Master of Mathematics in Combinatorics and Optimization, University of Waterloo, Ontario, Canada.

[307] Chase C. Murray and Amanda G. Chu. The flying sidekick traveling salesman problem: Optimization of drone-assisted parcel delivery. *Transportation Research Part C: Emerging Technologies*, 54:86–109, 2015.

[308] Mostafa R.A. Nabawy and William J. Crowther. On the quasi-steady aerodynamics of normal hovering flight part ii: Model implementation and evaluation. *Journal of The Royal Society Interface*, 11(94):20131197, 2014.

[309] Multi-Generator (MGEN), NRL software. http://cs.itd.nrl.navy.mil/work/mgen/index.php.

[310] Multi-Generator (MGEN). NRL software, http://cs.itd.nrl.navy.mil/work/mgen/index.php.

[311] M. Naderan, M. Dehghan, and H. Pedram. Mobile object tracking techniques in wireless sensor networks. In *International Conference on Ultra Modern Telecommunications Workshops, ICUMT '09*, pages 1–8, October 2009.

[312] N. Nakka, Z. Kalbarczyk, R.K. Iyer, and J. Xu. An architectural framework for providing reliability and security support. In *IEEE International Conference on Dependable Systems and Networks*, pages 585–594, July 2004.

[313] Hemanth Narra, Egemen K. Çetinkaya, and James P.G. Sterbenz. Performance analysis of AeroRP with ground station advertisements. In *Proceedings of the ACM MobiHoc Workshop on Airborne Networks and Communications*, pages 43–47, Hilton Head Island, SC, June 2012.

[314] NASA Safe Autonomous Systems Operations (SASO) project www.aeronautics.nasa.gov/aosp/sasop/.

[315] NASA Unmanned Aircraft System (UAS) Traffic Management (UTM) http://utm.arc.nasa.gov/.

[316] Next Generation Air Transportation System (NextGen) www.faa.gov/nextgen/.

[317] Truc Anh N. Nguyen, Justin P. Rohrer, and James P.G. Sterbenz. ResTP–A Transport Protocol for FI Resilience. In *Proceedings of the 10th International Conference on Future Internet Technologies (CFI)*, June 2015.

[318] S. Nitinawarat, G.K. Atia, and V.V. Veeravalli. Efficient target tracking using mobile sensors. In *4th IEEE International Workshop on Computational Advances in Multi-Sensor Adaptive Processing (CAMSAP)*, pages 405–408, December 2011.

[319] Oceus. Above the clouds to support public safety. http://oceusnetworks.com/, 2013.

[320] Office of Naval Research. LOCUST: Autonomous, swarming UAVs fly into the future, April 2015. www.onr.navy.mil/Media-Center/Press-Releases/2015/LOCUST-low-cost-UAV-swarm-ONR.aspx. (Retrieved May 2016)

[321] US Department of Transportation. Unmanned aircraft system (UAS) service demand 2015–2035: Literature review and projections of future usage (dot-vntsc-dod-13-01). fas.org/irp/program/collect/service.pdf, 2013.

[322] R. Ogier and P. Spagnolo. Mobile Ad Hoc Network (MANET): Extension of OSPF using connected dominating set (CDS) flooding. RFC 5614 (Experimental), August 2009.

[323] John M.H. Olmsted and Carl G. Townsend. On the sum of two periodic functions. *Two-Year College Mathematics Journal*, pages 33–38, 1972.

[324] Orion product by Aurora. www.aurora.aero/orion/.

[325] A. Ortiz, Fault detection and diagnosis in real-time, safety critical embedded systems: A methodology for uninhabited aerial vehicles. M.S. Thesis, Department of Aerospace Engineering, University of Illinois at Urbana-Champaign, 2007.

[326] A. Ortiz and N. Neogi, Optic flow: A computer vision approach to object avoidance on UAVs. *IEEE Digital Avionics Systems Conference*, Portland, Oregon, October 16–19, 2006.

[327] A. Ortiz and N. Neogi, A dynamic threshold approach to fault detection in uninhabited aerial vehicles. *AIAA Guidance, Navigation, and Control Conference and Exhibit*, Honolulu, HI, August 2008.

[328] T. Ostermann, J. Holsten, Y. Dobrev, and D. Moormann. Control concept of a tiltwing UAV during low speed manoeuvring. In *Proceedings of the 28th International Congress of the Aeronautical Sciences: ICAS*, Brisbane, Australia, 2012.

[329] J. Ott and D. Kutscher. Drive-thru internet: IEEE 802.11b for "automobile" users. In *23rd Annual Joint Conference of the IEEE Computer and Communications Societies (INFOCOM)*, volume 1, page 373, March 2004.

[330] Cüneyt Özveren, Robert Simcoe, and George Varghese. Reliable and efficient hop-by-hop flow control. In *SIGCOMM '94: Proceedings of the Conference on Communications Architectures, Protocols, and Applications*, pages 89–100, New York, NY, USA, 1994. ACM.

[331] R.C. Palat, A. Annamalai, and J.H. Reed. Cooperative relaying for ad hoc ground networks using swarms. In *Proc. IEEE Milit. Comm. Conf. (MILCOM'05)*, volume 3, pages 1588–1594, October 2005.

[332] Richard B. Parker. Definition of privacy. *Rutgers L. Rev.*, 27:275, 1973.

[333] Craig Partridge. *Gigabit Networking*. Addison-Wesley Longman Publishing Co., Boston, MA, USA, 1994.

[334] Colin Percival. Cache missing for fun and profit. In *Proceedings of BSDCan 2005*, 2005.

[335] C. Perkins, E. Belding-Royer, and S. Das. Ad hoc on-demand distance vector (AODV) routing. RFC 3561 (Experimental), July 2003.

[336] Charles E. Perkins and Elizabeth M. Royer, Ad-hoc on-demand distance vector routing. In *Proceedings of the 2nd IEEE Workshop on Mobile Computing Systems and Applications*, 1997.

[337] Charles E. Perkins and Pravin Bhagwat. Highly dynamic destination-sequenced distance-vector routing (DSDV) for mobile computers. In *ACM SIGCOMM*, pages 234–244, London, 1994.

[338] Charles E. Perkins *et al. Ad hoc Networking*, Volume 1. Addison-Wesley, Reading, 2001.

[339] Kevin Peters, Abdul Jabbar, Egemen K. Çetinkaya, and James P.G. Sterbenz. A geographical routing protocol for highly-dynamic aeronautical networks. In *Proceedings of the IEEE Wireless Communications and Networking Conference (WCNC)*, pages 492–497, Cancun, Mexico, March 2011.

[340] J. Postel. User datagram protocol. RFC 768 (Standard), August 1980.

[341] J. Postel. Transmission control protocol. RFC 793 (Standard), September 1981. Updated by RFCs 1122, 3168.

[342] Power beaming flight demonstration. www.nasa.gov/centers/dryden/multimedia/imagegallery/Power-Beaming/EC02-0232-13.html. (Retrieved May 2016)

[343] Pham Xuan Quang and Richard B Lanctot. A line transect model for aerial surveys. *Biometrics*, pages 1089–1102, 1991.

[344] Jean-Jacques Quisquater and David Samyde. ElectroMagnetic Analysis (EMA): Measures and counter-measures for smart cards. In Isabelle Attali and Thomas Jensen, editors, *Smart Card Programming and Security*, volume 2140 of *Lecture Notes in Computer Science*, pages 200–210. Springer, Berlin, Heidelberg, September 2001.

[345] K. Ramakrishnan, S. Floyd, and D. Black. The addition of explicit congestion notification (ECN) to IP. RFC 3168 (Proposed Standard), September 2001.

[346] K. K. Ramakrishnan and Raj Jain. A binary feedback scheme for congestion avoidance in computer networks. *ACM Transactions on Computer Systems*, 8(2):158–181, 1990.

[347] S. Ramanathan and Martha Steenstrup. A survey of routing techniques for mobile communications networks. *Mob. Netw. Appl.*, 1(2):89–104, October 1996.

[348] V. Ramasubramanian, Z. Haas, and E. Sirer, SHARP: A hybrid adaptive routing protocol for mobile ad hoc networks. *Proceedings of the 4th ACM International Symposium on Mobile Ad Hoc Networking and Computing*, 2003.

[349] Christian Rechberger and Elisabeth Oswald. Practical template attacks. In ChaeHoon Lim and Moti Yung, editors, *Information Security Applications*, volume 3325 of *Lecture Notes in Computer Science*, pages 440–456. Springer, Berlin, Heidelberg, August 2004.

[350] Y. Rekhter, T. Li, and S. Hares. A border gateway protocol 4 (BGP-4). RFC 4271 (Draft Standard), January 2006.

[351] L. Reynaud and T. Rasheed. Deployable aerial communication networks: Challenges for futuristic applications. In *Proc. ACM Symp. Perf. Eval. Wireless Ad Hoc, Sensor, and Ubiquitous Networks*, pages 9–16, 2012.

[352] L. Reynaud, T. Rasheed, and S. Kandeepan. An integrated aerial telecommunications network that supports emergency traffic. In *Proc. Intl. Symp. Wireless Personal Multimedia Commun. (WPMC)*, pages 1–5, October 2011.

[353] K. Ro, J.-S. Oh, and L. Dong. Lessons learned: Application of small UAV for urban highway traffic monitoring. *American Inst. of Aeronautics and Astronautics*, pages 1–19, 2007.

[354] W. Robinson and A. Lauf. Aerial MANETs: Developing a resilient and efficient platform for search and rescue applications. *Journal of Commun.*, 8(4):216–224, 2013.

[355] Justin P. Rohrer, Egemen K. Çetinkaya, Hemmanth Narra, Dan Broyles, Kevin Peters, and James P.G. Sterbenz. AeroRP performance in highly-dynamic airborne networks using 3D Gauss–Markov mobility model. In *Proceedings of the IEEE Military Communications Conference (MILCOM)*, pages 834–841, Baltimore, MD, November 2011.

[356] Justin P. Rohrer, Abdul Jabbar, Egemen K. Çetinkaya, Erik Perrins, and James P.G. Sterbenz. Highly-dynamic cross-layered aeronautical network architecture. *IEEE Transactions on Aerospace and Electronic Systems*, 47(4):2742–2765, October 2011.

[357] Justin P. Rohrer, Abdul Jabbar, Egemen K. Çetinkaya, and James P.G. Sterbenz. Airborne telemetry networks: challenges and solutions in the ANTP Suite. In *Proceedings of the IEEE Military Communications Conference (MILCOM)*, pages 74–79, San Jose, CA, November 2010.

[358] Justin P. Rohrer, Abdul Jabbar, Erik Perrins, and James P.G. Sterbenz. Cross-layer architectural framework for highly-mobile multihop airborne telemetry networks. In *Proceedings of the IEEE Military Communications Conference (MILCOM)*, pages 1–9, San Diego, CA, November 2008.

[359] Justin P. Rohrer, Kamakshi Sirisha Pathapati, Truc Anh N. Nguyen, and James P.G. Sterbenz. Opportunistic transport for disrupted airborne networks. In *Proceedings of the IEEE Military Communications Conference (MILCOM)*, pages 737–745, Orlando, FL, November 2012.

[360] Justin P. Rohrer and James P.G. Sterbenz. Performance and disruption tolerance of transport protocols for airborne telemetry networks. In *Proceedings of the International Telemetering Conference (ITC)*, Las Vegas, NV, October 2009.

[361] Allison Ryan, Xiao Xiao, Shivakumar Rathinam, John Tisdale, Marco Zennaro, Derek Caveney, Raja Sengupta, and J. Karl Hedrick. A modular software infrastructure for distributed control of collaborating UAVs. *AIAA Conference on Guidance, Navigation, and Control*, 2006.

[362] A. Ryan, M. Zennaro, A. Howell, R. Sengupta, and J.K. Hedrick. An overview of emerging results in cooperative UAV control. In *Proc. IEEE Conf. Decision and Control*, volume 1, pages 602 –607, December 2004.

[363] Safety and Airspace Regulation Group, United Kingdom. CAP 393: Air Navigation 2009: The Order and the Regulations, 2015. www.caa.co.uk/docs/33/CAP%20393%20Fourth%20edition%20Amendment%201%20April%202015.pdf.

[364] Safety and Airspace Regulation Group, United Kingdom. CAP 722: Unmanned aircraft system operations in UK airspace guidance, 2015. www.caa.co.uk/docs/33/CAP%20722%20Sixth%20Edition%20March%202015.pdf.

[365] Y.E. Sagduyu and A. Ephremides. On joint MAC and network coding in wireless ad hoc networks. *IEEE Transactions on Information Theory*, 53(10):3697–3713, October 2007.

[366] E. Sakhaee and A. Jamalipour. The global in-flight internet. *IEEE Journal on Selected Areas in Communications*, 24(9):1748–1757, September 2006.

[367] E. Sakhaee, A. Jamalipour, and Nei Kato. Aeronautical ad hoc networks. In *IEEE Wireless Communications and Networking Conference, 2006. WCNC 2006*, volume 1, pages 246–251, April 2006.

[368] J. Sanchez, P. Ruiz, and R. Marin-Perez. Beacon-less geographic routing made practical: Challenges, design guidelines, and protocols. *IEEE Communications Magazine*, 47(8):85–91, August 2009.

[369] J.A. Sanchez, R. Marin-Perez, and P.M. Ruiz. BOSS: Beacon-less on demand strategy for geographic routing in wireless sensor networks. In *IEEE International Conference on Mobile Adhoc and Sensor Systems (MASS)*, pages 1–10, October 2007.

[370] Francesc Sardà-Palomera, Gerard Bota, Carlos Vinolo, Oriol Pallares, Victor Sazatornil, Lluis Brotons, Spartacus Gomariz, and Francesc Sardà. Fine-scale bird monitoring from light unmanned aircraft systems. *Ibis*, 154(1):177–183, 2012.

[371] Akira Sato. Civil UAV applications in Japan and related safety and certification, 2003. http://Yamahawebsite.pdf.

[372] SC-228. Overview, 2013. http://RTCAwebsite.pdf.

[373] SC-228. Command and control link whitepaper, 2014. www.rtca.org/content.asp?contentid=178.

[374] SC-228. Detect and avoid whitepaper, 2014. www.rtca.org/content.asp?contentid=178.

[375] M. Schnell, U. Epple, D. Shutin, and N. Schneckenburger. LDACS: future aeronautical communications for air-traffic management. *Communications Magazine, IEEE*, 52(5):104–110, May 2014.

[376] Michael Schnell, Ulrich Epple, Dmitriy Shutin, and Nicolas Schneckenburger. LDACS: Future aeronautical communications for air-traffic management. *Communications Magazine, IEEE*, 52(5):104–110, 2014.

[377] S. Schoenung, S. Dunagan, D. Sullivan, J. Brass, and S. Wegener. UAV over-the-horizon disaster management demonstration projects. Technical report, University of Southampton, 2000.

[378] Michael A. Schroeder, Kenneth M. Giesen, and Clait E. Braun. Use of helicopters for estimating numbers of greater and lesser prairie-chicken leks in eastern Colorado. *Wildlife Society Bulletin*, pages 106–113, 1992.

[379] H. Schulzrinne, S. Casner, R. Frederick, and V. Jacobson. RTP: A transport protocol for real-time applications. RFC 3550 (Standard), July 2003. Updated by RFC 5506.

[380] K. Scott and S. Burleigh. Bundle protocol specification. RFC 5050 (Experimental), November 2007.

[381] I. Sher, D. Levinzon-Sher, and E. Sher. Miniaturization limitations of hcci internal combustion engines. *Applied Thermal Engineering*, 29(2):400–411, 2009.

[382] Sergey Shkarayev, Gunjan Maniar, and Alexander V. Shekhovtsov. Experimental and computational modeling of the kinematics and aerodynamics of flapping wing. *Journal of Aircraft*, 50(6):1734–1747, 2013.

[383] Sergei Skorobogatov. Tamper resistance and hardware security. www.cl.cam.ac.uk/~sps32/PartII_030214.pdf, February 2014. [Accessed 3 May 2014.]

[384] Sergei P. Skorobogatov and Ross J. Anderson. Optical fault induction attacks. In Burton S. Kaliski, Çetin K. Koç, and Christof Paar, editors, *Cryptographic Hardware and Embedded Systems – CHES 2002*, volume 2523 of *Lecture Notes in Computer Science*, pages 2–12. Springer, Berlin, Heidelberg, 2003.

[385] Therese Skrzypietz. Unmanned aircraft systems for civilian missions. Technical Report BIGS Policy Paper No. 1, Brandenburg Institute for Society and Security, February 2012.

[386] Ulrich Epple, Snjezana Gligorevic, and Michael Schnell. The ldacs1 physical layer design. In Dr. Simon Plass, editor, *Future Aeronautical Communications*. InTech, 2011.

[387] South African Civil Aviation Authority. Civil Aviation Act, 2009 (Act No. 13, of 2009), 2009. www.acts.co.za/civil-aviation-act-2009/.

[388] South African Civil Aviation Authority. Frequently asked questions for unmanned aircraft systems in South Africa, 2014. http://SouthAfricaCAwebsite.pdf.

[389] Raphael Spreitzer and Benoit Gérard. Towards more practical time-driven cache attacks. In David Naccache and Damien Sauveron, editors, *Information Security Theory and Practice. Securing the Internet of Things*, volume 8501 of *Lecture Notes in Computer Science*, pages 24–39, July 2014.

[390] N.K. Sreelaja and G.A. Vijayalakshmi Pai. Swarm intelligence based key generation for stream cipher. *Security and Communication Networks*, 4(2):181–194, 2011.

[391] Mark V. Stalmaster and James L. Kaiser. Flushing responses of wintering bald eagles to military activity. *The Journal of Wildlife Management*, pages 1307–1313, 1997.

[392] Martha Steenstrup. *Routing in Communication Networks*. Prentice Hall, 1995.

[393] M.E. Steenstrup, Routing under uncertainty: A comparative study, *IEEE WCNC 2000*, Chicago, September 2000.

[394] R. Steffen and W. Forstner. On visual real time mapping for unmanned aerial vehicles. In *Proc. Congress of the Intl. Soc. Photogrammetry and Remote Sensing (ISPRS)*, pages 57–62, 2008.

[395] James P.G. Sterbenz, David Hutchison, Egemen K. Çetinkaya, Abdul Jabbar, Justin P. Rohrer, Marcus Schöller, and Paul Smith. Resilience and survivability in communication networks: Strategies, principles, and survey of disciplines. *Computer Networks*, 54(8):1245–1265, 2010.

[396] James P.G. Sterbenz, David Hutchison, Egemen K. Çetinkaya, Abdul Jabbar, Justin P. Rohrer, Marcus Schöller, and Paul Smith. Redundancy, diversity, and connectivity to achieve multilevel network resilience, survivability, and disruption tolerance (invited paper). *Telecommunication Systems*, 56(1):17–31, 2014.

[397] James P.G. Sterbenz and Joseph D. Touch. *High-Speed Networking: A Systematic Approach to High-Bandwidth Low-Latency Communication*. Wiley, 1st edition, May 2001.

[398] James P.G. Sterbenz. Drones in the smart city and IoT: Protocols, resilience, benefits, and risks. In *Proceedings of the 2nd Workshop on Micro Aerial Vehicle Networks, Systems, and Applications for Civilian Use*.

[399] James P.G. Sterbenz, Rajesh Krishnan, Regina Rosales Hain, Alden W. Jackson, David Levin, Ram Ramanathan, and John Zao. Survivable mobile wireless networks: Issues,

challenges, and research directions. In *Proceedings of the 1st ACM Workshop on Wireless Security (WiSe)*, pages 31–40, Atlanta, GA, September 2002.

[400] James P.G. Sterbenz and Gurudatta M. Parulkar. AXON: Application-oriented lightweight transport protocol design. In *Proceedings of the Tenth International Conference on Computer Communication (ICCC)*, pages 379–387, New Delhi, India, November 1990. Narosa Publishing House.

[401] W. Stevens. TCP Slow Start, congestion avoidance, fast retransmit, and fast recovery algorithms. RFC 2001 (Proposed Standard), January 1997. Obsoleted by RFC 2581.

[402] M. Strohmeier, V. Lenders, and I. Martinovic. On the security of the automatic dependent surveillance-broadcast protocol. *Communications Surveys Tutorials, IEEE*, 17(2):1066–1087, Second quarter 2015.

[403] Martin Strohmeier, Matthias Schafer, Vincent Lenders, and Ivan Martinovic. Realities and challenges of nextgen air traffic management: The case of ads-b. *Communications Magazine, IEEE*, 52(5):111–118, 2014.

[404] P.B. Sujit and D. Ghose. Search using multiple UAVs with flight time constraints. *IEEE Trans. Aerospace and Electronic Systems*, 40(2):491–509, April 2004.

[405] Sun and Lisa Grow. Smart growth in dumb places: Sustainability, disaster, and the future of the American city. In *BYU Law Review (symposium), Forthcoming*, 2011.

[406] M. Suresh and D. Ghose. Role of information and communication in redefining unmanned aerial vehicle autonomous control levels. In *Proceedings of the Institution of Mechanical Engineers, Part G: Journal of Aerospace Engineering*, 224(2):171–197, 2010.

[407] Fabrice Tchakountio and Ram Ramanathan. Tracking Highly Mobile Endpoints. In *Proceedings of the 4th ACM International Workshop on Wireless Mobile Multimedia*, WOWMOM '01, pages 83–94, New York, NY, USA, 2001. ACM.

[408] Fabrice Tchakountio and Ram Ramanathan. Anticipatory routing for highly mobile endpoints. In *Proceedings of the 6th IEEE Workshop on Mobile Computing Systems and Applications (WMCSA)*, pages 94–101, Washington, DC, 2004.

[409] Tyson Thedinger, Abdul Jabbar, and James P.G. Sterbenz. Store and haul with repeated controlled flooding. In *Second International IEEE Workshop on Mobile Computing and Networking Technologies (WMCNT)*, pages 728–733, Moscow, October 2010.

[410] Nils Ole Tippenhauer, Christina Pöpper, Kasper Bonne Rasmussen, and Srdjan Capkun. On the requirements for successful GPS spoofing attacks. In *Proc. of the 18th ACM Conference on Computer and Communications Security*, CCS '11, pages 75–86, New York, NY, USA, 2011. ACM.

[411] Abhishek Tiwari, Anurag Ganguli, and Ashwin Sampath. Towards a mission planning toolbox for the airborne network: Optimizing ground coverage under connectivity constraints. In *Aerospace Conference, 2008 IEEE*, pages 1–9. IEEE, 2008.

[412] T. Tomic, K. Schmid, P. Lutz, A. Domel, M. Kassecker, E. Mair, I.L. Grixa, F. Ruess, M. Suppa, and D. Burschka. Toward a fully autonomous UAV: Research platform for indoor and outdoor urban search and rescue. *IEEE Robotics Automation Magazine*, 19(3):46–56, Sept 2012.

[413] Transport Canada. Advisory circular: Guidance material for operating unmanned air vehicle systems under an exemption, November 2014. www.tc.gc.ca/eng/civilaviation/opssvs/ac-600-004-2136.html.

[414] Transport Canada. Canadian civil aviation regulations (SOR/96-433), August 2015. http://laws-lois.justice.gc.ca/eng/regulations/SOR-96-433/.

[415] Tony Udelhoven. Selecting proximity sensors for diverse applications, September 2012. http://www.plantengineering.com/single-article/selecting-proximity-sensors-for-diverse-applications/2f48d26acd6c636a474390c3edaaeb11.html. (Retrieved May 2016)

[416] D. Uhlig, K. Bhamidipati, and N. Neogi, A safety-oriented approach to designing UAVs using COTS technology. *IEEE Digital Avionics Systems Conference*, Portland, Oregon, October 16–19, 2006.

[417] D. Uhlig, N. Kiyavash, and N. Neogi. Fault tolerant triangulation in distributed aircraft networks with automatic dependent surveillance broadcast. *International Journal of Systems, Control and Communications*, C. Hadjicostis, C. Langbort, N. Martins, and S. Yuksel (eds.), June 2009.

[418] United States Government. Title 14 code of federal regulations. http://14CFR.pdf.

[419] United States Government. Title 14 code of federal regulations, part 21 certification procedures for products and parts. www.ecfr.gov/cgi-bin/text-idx?rgn=div5;node=14%3A1.0.1.3.9.

[420] United States Government. Title 14 code of federal regulations, part 23 airworthiness standards: Normal, utility, acrobatic, and commuter category airplanes. www.ecfr.gov/cgi-bin/text-idx?SID=9f1208983b800adf381aec3ec240f673&mc=true&node=pt14.1.23&rgn=div5.

[421] United States Government. Title 14 code of federal regulations, part 39 airworthiness directives. www.ecfr.gov/cgi-bin/text-idx?c=ecfr;rgn=div5;view=text;node=14%3A1.0.1.3.20;idno=14;sid=df852333385498127731 09cf75d37dfc;cc=ecfr.

[422] United States Government. Title 14 code of federal regulations, subchapter b: Airmen. www.ecfr.gov/cgi-bin/text-idx?gp=&SID=&mc=true&tpl=/ecfrbrowse/Title14/14CIsubchapD.tpl.

[423] United States Government. Title 14 code of federal regulations, subchapter g: Air carriers and operators for compensation or hire: Certification and operations. www.ecfr.gov/cgi-bin/text-idx?tpl=/ecfrbrowse/Title14/14cfr121_main_02.tpl.

[424] Bill Vaglienti. Communications for the piccolo avionics. Cloud Cap Technology Technical Document, September 2006. {ALSO ANDRES 3}

[425] Bill Vaglienti. Piccolo. Control laws for 2.0.x. Cloud Cap Technology Technical Document, March 2007.

[426] Bill Vaglienti and Ross Hoag. A highly integrated UAV avionics system. Cloud Cap Technology Technical Document, April 2003. {ALSO ANDRES 2}

[427] A. Vahdat and D. Becker. Epidemic routing for partially-connected ad hoc networks. Technical Report CS-200006, Duke University, April 2000.

[428] Kimon P. Valavanis and George J. Vachtsevanos. *Handbook of Unmanned Aerial Vehicles*. Springer Publishing Company, Inc., 2014.

[429] Alvaro Valcarce, Tinku Rasheed, Karina Gomez, Sithamparanathan Kandeepan, Laurent Reynaud, Romain Hermenier, Andrea Munari, Mihael Mohorcic, Miha Smolnikar, and Isabelle Bucaille. Airborne base stations for emergency and temporary events. In R. Dhaou, A. Beylot, M. Montpetit, D. Lucani, and L. Mucchi, editors, *Personal Satellite Services*, volume 123 of *Lecture Notes of the Institute for Computer Sciences, Social Informatics and Telecommunications Engineering*, pages 13–25. Springer International Publishing, 2013.

[430] Bertold Van den Bergh, Tom Vermeulen, and Sofie Pollin. Analysis of harmful interference to and from aerial IEEE 802.11 systems. In *Proceedings of the First Workshop on Micro Aerial Vehicle Networks, Systems, and Applications for Civilian Use*, DroNet '15, pages 15–19, New York, NY, USA, 2015. ACM.

[431] Athanasios V. Vasilakos, Yan Zhang, and Thrasyvoulos Spyropoulos. *Delay Tolerant Networks: Protocols and Applications*. CRC Press, 2012.

[432] Dennis Vermoen, Marc Witteman, and Georgi N. Gaydadjiev. Reverse engineering Java card applets using power analysis. In Damien Sauveron, Konstantinos Markantonakis, Angelos Bilas, and Jean-Jacques Quisquater, editors, *Information Security Theory and Practices. Smart Cards, Mobile and Ubiquitous Computing Systems*, volume 4462 of *Lecture Notes in Computer Science*, pages 138–149. Springer, Berlin, Heidelberg, May 2007.

[433] Éric Vétillard and Anthony Ferrari. Combined attacks and countermeasures. In *Smart Card Research and Advanced Application*, volume 6035 of *Lecture Notes in Computer Science*, pages 133–147. Springer, Berlin, Heidelberg, April 2010.

[434] P. Vincent and I. Rubin. A framework and analysis for cooperative search using UAV swarms. In *Proc. ACM Symp. Appl. Comp.*, 2004.

[435] S. Waharte, N. Trigoni, and S.J. Julier. Coordinated search with a swarm of UAVs. In *Proc. IEEE Wkshp. Sensor, Mesh and Ad Hoc Commun. and Networks (SECON Workshops '09)*, pages 1–3, June 2009.

[436] Colin D. Walter and Susan Thompson. Distinguishing exponent digits by observing modular subtractions. In David Naccache, editor, *Topics in Cryptology — CT-RSA 2001*, volume 2020 of *Lecture Notes in Computer Science*, pages 192–207. Springer, Berlin, Heidelberg, April 2001.

[437] Chieh-Yih Wan, Shane B. Eisenman, and Andrew T. Campbell. CODA: Congestion detection and avoidance in sensor networks. In *Proceedings of the 1st ACM International Conference on Embedded Networked Sensor Systems (SenSys)*, pages 266–279, November 2003.

[438] Yan Wan, Kamesh Namuduri, Yi Zhou, and Shengli Fu. A smooth-turn mobility model for airborne networks. *IEEE Transactions on Vehicular Technology*, 62(7):3359–3370, 2013.

[439] Ruhai Wang and S. Horan. Protocol testing of SCPS-TP over NASA's ACTS asymmetric links. *IEEE Transactions on Aerospace and Electronic Systems*, 45(2):790–798, April 2009.

[440] David H. Ward, Robert A. Stehn, Wallace P. Erickson, and Dirk V. Derksen. Response of fall-staging brant and Canada geese to aircraft overflights in southwestern Alaska. *The Journal of Wildlife Management*, pages 373–381, 1999.

[441] Adam C. Watts, Vincent G. Ambrosia, and Everett A. Hinkley. Unmanned aircraft systems in remote sensing and scientific research: Classification and considerations of use. *Remote Sensing*, 4(6):1671–1692, 2012.

[442] Adam C. Watts, John H. Perry, Scot E. Smith, Matthew A. Burgess, Benjamin E. Wilkinson, Zoltan Szantoi, Peter G. Ifju, and H. Franklin Percival. Small unmanned aircraft systems for low-altitude aerial surveys. *The Journal of Wildlife Management*, 74(7):1614–1619, 2010.

[443] Roland Everett Weibel. Safety considerations for operation of different classes of unmanned aerial vehicles in the national airspace system. PhD thesis, Massachusetts Institute of Technology, 2005.

[444] Roland E. Weibel and Jr. R. John Hansman. Safety considerations for operation of different classes of UAVs. In *The NAS. AIAA 3rd "Unmanned Unlimited" Technical Conference, Workshop, and Exhibit*, 1:341–351, September 2004.

[445] A. Weinert, P. Erickson, H. Reis, P. Breimyer, T. Hackett, M. Samperi, J. Huff, C. Parra, E. Stoekl, P. Zundritsch, R. Morris, I. Iakimenko, E. Petschauer, and S. Bilen. Enabling

communications in disadvantage environments: An airborne remote communication (ARC) platform. In *2013 IEEE International Conference on Technologies for Homeland Security (HST)*, pages 797–803, November 2013.

[446] Alan Westin. *Privacy and Freedom*. The Bodley Head Ltd, London, England, 4 1970.

[447] WG-93 Light Remotely Piloted Aircraft Systems Operations. WG93 on lightweight RPAS, April 2012. www.eurocae.net/wgs/active/?wg=WG-93.

[448] M. Wheeler, B. Schrick, W. Whitacre, M. Campbell, R. Rysdyk, and R. Wise. Cooperative tracking of moving targets by a team of autonomous UAVs. In *IEEE/AIAA 25th Digital Avionics Systems Conference*, pages 1–9, October 2006.

[449] Wilde Solmecke. Die rechtlichen Probleme des Einsatzes von zivilen Drohnen, January 2014. www.wbs-law.de/internetrecht/die-rechtlichen-probleme-des-einsatzes-von-zivilen-drohnen-49854/.

[450] Mark P. Witton and Michael B. Habib. On the size and flight diversity of giant pterosaurs, the use of birds as pterosaur analogues and comments on pterosaur flightlessness. *PloS One*, 5(11):e13982, 2010.

[451] Anthony D. Wood and John A. Stankovic. Denial of service in sensor networks. *Computer*, 35:54–62, October 2002.

[452] Robert J. Wood. Liftoff of a 60mg flapping-wing mav. In *IEEE/RSJ International Conference on Intelligent Robots and Systems, 2007. IROS 2007.* pages 1889–1894. IEEE, 2007.

[453] Tom Wypych, Radley Angelo, and Falko Kuester. Airgsm: An unmanned, flying gsm cellular base station for flexible field communications. In *Aerospace Conference, 2012 IEEE*, pages 1–9. IEEE, 2012.

[454] Xamen Technologies www.xamen.fr/.

[455] E. Xargay, V. Dobrokhodov, I. Kaminer, A.M. Pascoal, N. Hovakimyan, and C. Cao. Time-critical cooperative control of multiple autonomous vehicles: Robust distributed strategies for path-following control and time-coordination over dynamic communications networks. *IEEE Control Systems*, 32(5):49–73, October 2012.

[456] Jim Anderson Xilinx. Case study: Secure FPGA technology enables UAV communications and control. http://mil-embedded.com/articles/case-enables-uav-communications-control/, April 2011. [Accessed 3 May 2014.]

[457] Enyang Xu, Zhi Ding, and S. Dasgupta. Target tracking and mobile sensor navigation in wireless sensor networks. *IEEE Transactions on Mobile Computing*, 12(1):177–186, January 2013.

[458] E. Yanmaz and H. Guclu. Stationary and mobile target detection using mobile wireless sensor networks. In *Proc. IEEE Conf. Computer Commun. Wksps (INFOCOM)*, pages 1–5, 2010.

[459] E. Yanmaz, S. Hayat, J. Scherer, and C. Bettstetter. Experimental performance analysis of two-hop aerial 802.11 networks. In *Proc. IEEE Wireless Commun. and Net. Conf.*, April 2014.

[460] E. Yanmaz, R. Kuschnig, and C. Bettstetter. Achieving air–ground communications in 802.11 networks with three-dimensional aerial mobility. In *Proc. IEEE Int. Conf. Computer Commun. (INFOCOM), Mini Conference*, April 2013.

[461] Attila Altay Yavuz, Fatih Alagoz, and Emin Anarim. HIMUTSIS: Hierarchical multi-tier adaptive ad-hoc network security protocol based on signcryption type key exchange schemes. In Albert Levi, Erkay Savaş, Hüsnü Yenigün, Selim Balcısoy, and Yücel Saygın, editors, *Computer and Information Sciences – ISCIS 2006*, volume 4263 of *Lecture Notes in Computer Science*, pages 434–444. Springer, Berlin, Heidelberg, 2006.

[462] S.P. Yeong, L.M. King, and S.S. Dol. A review on marine search and rescue operations using unmanned aerial vehicles. *World Academy of Science, Engineering and Technology, International Journal of Mechanical, Aerospace, Industrial, Mechatronic and Manufacturing Engineering*, 9(2):390–393, 2015.

[463] Harold Youngren, Steve Jameson, and Brian Satterfield. Design of the samarai monowing rotorcraft nano air vehicle. In *Proceedings of the American Helicopter Society AHS 65th Annual Forum and Technology Display*, 2009.

[464] M. Yuksel, R. Pradhan, and S. Kalyanaraman. An implementation framework for trajectory-based routing in ad hoc networks. *Ad Hoc Networks*, 4(1):125–137, 2006.

[465] Pengcheng Zhan, D.W. Casbeer, and A.L. Swindlehurst. A centralized control algorithm for target tracking with UAVs. In *Conference Record of the Thirty-Ninth Asilomar Conference on Signals, Systems and Computers*, pages 1148–1152, October 2005.

[466] Zhensheng Zhang. Routing in intermittently connected mobile ad hoc networks and delay tolerant networks: overview and challenges. *Communications Surveys & Tutorials, IEEE*, 8(1):24–37, 2006.

[467] W. Zhao, M. Ammar, and E. Zegura. A message ferrying approach for data delivery in sparse mobile ad hoc networks. In *Proceedings of the 5th ACM International Symposium on Mobile Ad Hoc Networking and Computing*, MobiHoc '04, pages 187–198, New York, NY, USA, 2004. ACM.

[468] Dimitrios Zorbas, Tahiry Razafindralambo, Di Puglia Pugliese Luigi, and Francesca Guerriero. Energy efficient mobile target tracking using flying drones. *Procedia Computer Science*, 19(0):80–87, 2013.

[469] Yi Zou and K. Chakrabarty. Distributed mobility management for target tracking in mobile sensor networks. *IEEE Transactions on Mobile Computing*, 6(8):872–887, August 2007.

[470] S. Shirazipourazad, P. Ghosh, and A. Sen. On connectivity of airborne networks in presence of region-based faults, in *Proceedings of the Military Communications Conference (MILCOM)*, pp. 197–2002, IEEE 2011.

[471] D. Hay, S. Shirazipourazad, and A. Sen. Optical tracking of multiple targets using UAVs, in *International Conference on Combinatorial Optimization and Applications*, pp. 750–763, Springer 2014.

[472] W.J. Sutherland. *Ecological Census Techniques – A Handbook*. Cambridge University Press, 2005.

[473] Rebecca A. Efroymson, I.I. Suter, W. Glenn, Winifred H. Rose, and Sarah Nemeth. Ecological risk assessment framework for low-altitude aircraft overflights: I. Planning the analysis and estimating exposure. *Risk Analysis*, 21(2):251–262, 2001.

[474] D.T. Booth, S.E. Cox, G.E. Simonds, and B. Elmore. Efficacy of two variations on an aerial lekcount method for greater sage-grouse. *Western North American Naturalist*, 69:413–416, 2009.